21世纪全国应用型本科电子商务与信息管理系列实用规划教材

数据仓库与数据挖掘

主　编　廖开际
副主编　刘凤英　胡建军
参　编　邝云英　吴　君　杨　进

北京大学出版社
PEKING UNIVERSITY PRESS

内容简介

本书比较系统地介绍数据仓库与数据挖掘的理论体系和应用。本书总的指导思想是在掌握基本知识和基本理论的基础上，强调实际应用能力的培养。全书力求深入浅出，通过通俗的语言及案例分析，介绍数据仓库及数据挖掘的基本概念及相关理论与方法。从数据仓库的定义、结构、设计、构建方法及联机分析处理应用等方面对数据仓库进行较为详细的介绍；从数据挖掘的定义、数据预处理、数据挖掘中的常用算法等方面对数据挖掘的基本知识和算法等理论进行介绍。本书强调数据仓库和数据挖掘工具的应用，重点介绍 SQL Server 2005 数据仓库和数据挖掘工具的应用。附录 A 详细介绍一个简易的数据挖掘工具——Weka，该工具可作为读者学习数据挖掘时的实验工具。

本书可作为普通高等学校电子商务、信息管理、计算机应用及其他相关专业的本科教材，也可作为经贸、管理类专业的研究生教材，以及各类管理人员的培训与自学用书。

图书在版编目(CIP)数据

数据仓库与数据挖掘/廖开际主编. —北京：北京大学出版社，2008.11
(21 世纪全国应用型本科电子商务与信息管理系列实用规划教材)
ISBN 978-7-301-14313-1

Ⅰ. 数… Ⅱ. 廖… Ⅲ. ①数据库系统—高等学校—教材②数据采集—高等学校—教材
Ⅳ. TP311.13 TP274

中国版本图书馆 CIP 数据核字(2008)第 152773 号

书　　　名：数据仓库与数据挖掘
著作责任者：廖开际　主编
责 任 编 辑：刘　丽
标 准 书 号：ISBN 978-7-301-14313-1/TP・0972
出　版　者：北京大学出版社
地　　　址：北京市海淀区成府路 205 号　100871
网　　　址：http://www.pup.cn　http://www.pup6.com
电　　　话：邮购部 62752015　发行部 62750672　编辑部 62750667　出版部 62754962
电 子 邮 箱：pup_6@163.com
印　刷　者：北京京华虎彩印刷有限公司
发　行　者：北京大学出版社
经　销　者：新华书店
787 毫米×1092 毫米　16 开本　16.75 印张　380 千字
2008 年 11 月第 1 版　2017 年 2 月第 4 次印刷
定　　　价：28.00 元

丛书序

随着电子商务与信息管理技术及应用在我国和全球的迅速发展，政府、行业和企业对电子商务与信息管理的重视程度不断提高，我国高校电子商务与信息管理人才培养的任务也不断加重。作为一个新兴的跨学科领域的专业，电子商务与信息管理的教育在快速发展的同时还存在着许多值得我们思考和改进的问题。特别是开办电子商务专业和信息管理专业的学校学科背景不同，有文科的、理工科的、经管类学科等，使得不同学校对核心课程的设置差异很大；另外，近年来有关电子商务与信息管理方面的教材出版的数量虽然不少，但适合于财经管理类知识背景本科生的电子商务系列与信息管理系列教材一直缺乏，而在开办电子商务和信息管理本科专业的高校中，财经管理类的高校占的比重很大。为此北京大学出版社于2006年11月在北京召开了《21世纪全国应用型本科财经管理系列实用规划教材》研讨会暨组稿会，会上出版社的领导和编辑通过对国内经管类学科背景的多所大学电子商务与信息管理系列教材实际情况的调研，在与众多专家学者讨论的基础上，决定成立电子商务与信息管理系列丛书专家编审委员会，组织编写和出版一套面向经管类学科背景的电子商务与信息管理专业的应用型系列教材，暨《21世纪全国应用型本科电子商务与信息管理系列实用规划教材》。

本系列教材的特点在于，按照高等学校电子商务专业与信息管理专业对本科教学的基本要求，参考教育部高等学校电子商务与信息管理专业的课程体系和知识体系，定位于实用型人才培养。

本系列教材还体现了教育思想和教育观念的转变，依据教学内容、教学方法和教学手段的现状和趋势进行了精心策划，系统、全面地研究普通高校教学改革、教材建设的需求，优先开发其中教学急需、改革方案明确、适用范围较广的教材。此次教材建设的内容、架构重点考虑了以下几个要素。

(1) 关注电子商务与信息管理发展的大背景，拓宽经济管理理论基础、强调计算机应用与网络技术应用技能和专业知识，着眼于增强教学内容的联系实际和应用性，突出创造能力和创新意识。

(2) 尽可能符合学校、学科的课程设置要求。以高等教育的培养目标为依据，注重教材的科学性、实用性和通用性，尽量满足同类专业院校的需求。

(3) 集中了在电子商务专业与信息管理专业教学方面具有丰富经验的许多教师和研究人员的宝贵意见，准确定位教材在人才培养过程中的地位和作用。面向就业，突出应用。

(4) 进行了合理选材和编排。教材内容很好地处理了传统内容与现代内容的关系，补充了大量新知识、新技术和新成果。根据教学内容、学时、教学大纲的要求，突出了重点和难点。

(5) 创新写作方法，侧重案例教学。本套教材收集了大量新的典型案例，并且用通俗易懂的方式将这些案例中所包含的电子商务与信息管理的战略问题传授给读者。

前任联合国秘书长安南在联合国2003年电子商务报告中说:“人类所表现出的创造力，几乎都没有像互联网及其他信息和通信技术在过去十年中的兴起那样，能够如此广泛和迅速地改变社会。尽管这些变革非常显著，然而消化和学习的过程却只是刚刚开始。”可以说没有一个学科像电子商务与信息管理这样如此完美地融技术与管理于一体，也没有哪一个人的知识能如此的全面丰富。参与本系列教材编写的人员涉及国内几十所高校的几十位老师，他们均是近年来从事电子商务与信息管理教学一线的高校教师，并均在此领域取得了丰富的教学和科研成果。所以本系列教材是集体智慧的结晶，它集所有参与编写的教师之长为培养电子商务与信息管理人才铺垫基础。

在本系列教材即将出版之际，我要感谢参加本系列教材编写和审稿的各位老师所付出的辛勤劳动。由于时间紧，相互协调难度大等原因，尽管本系列教材即将面世，但一定存在着很多的不足。我们希望本套系列教材能为开办电子商务和信息管理专业的学校师生提供尽可能好的教学用书，我们也希望能得到各位用书老师的宝贵意见，以便使编者们与时俱进，使教材得到不断的改进和完善。

李洪心

2007年11月于大连

李洪心　李洪心博士现任东北财经大学教授，教育部高等学校电子商务专业教学指导委员会委员，劳动和社会保障部国家职业技能鉴定专家委员会电子商务专业委员会委员，中国信息经济学会电子商务专业委员会副主任委员。

前 言

随着信息化的高速发展，各行各业、各组织单位积累了大量的业务数据，这些数据存在于各单位的数据库，各种报表、文档之中，真可谓是数据的海洋。这些数据中蕴涵着组织业务活动的大量规则，包含着组织管理决策所需要的重要知识。如何从这些数据中发掘出有价值的知识，为管理决策提供支持，是政府和企事业单位共同面临的问题。这个问题的解决依赖于两项技术：一是对整个组织各部门产生的各种业务数据进行统一和综合，把业务数据转换成商业信息，形成决策支持数据管理环境，即数据仓库；二是发现隐藏在各种数据之中有用的知识，即数据挖掘。数据挖掘也称为数据库知识发现，就是将高级智能计算技术应用于大量数据中，让计算机在有人或无人指导的情况下从海量数据中发现潜在的、有用的知识。

在发达国家，企业把数据仓库和数据挖掘看成是继 Internet 之后，企业在信息经济时代获得竞争优势的一个关键因素。美国 Meta Group 市场调查机构早在 1995 年发布的资料表明，《幸福》所列的全球 2 000 家大公司中已有 99% 将 Internet 和数据仓库这两项技术列入企业计划。目前，发达国家的大型企业几乎无一例外地把实施了以数据仓库和数据挖掘技术为核心的商业智能作为其发展战略的重要组成部分。在我国，数据仓库和数据挖掘应用虽然与发达国家相比存在一定的差距，但在电信、金融、证券、税务、零售业等行业的应用已取得了可喜的成果。可以预计，数据仓库和数据挖掘在我国同样会有广阔的应用前景。

美国计算机协会专业与教育委员会的创始人之一，Google 公司的高级技术经理 Kevin Scott 认为，员工的数据挖掘、统计建模等数据分析方面的技能是现代企业最看重的技能。人才的短缺是限制我国数据仓库和数据挖掘应用发展的一个重要“瓶颈”。如果在 Google 或百度搜索引擎中输入关键词“数据仓库　数据挖掘　人才招聘”进行搜索，就可以发现数据仓库与数据挖掘人员已成为当前企业的热门人才。数据仓库与数据挖掘人才分为两类：一类是开发型人才，其主要工作是从事数据仓库与数据挖掘工具的开发，这类人才主要受雇于大型软件开发公司，相对而言，需求量不是太大；另一类是应用型人才，对他们的要求是既懂业务，又懂工具的应用，他们的主要工作就是利用先进的数据管理工具，进行数据资源的管理与价值开发，为企业管理和决策提供支持。随着企业对数据资源管理的日益重视，高层次的数据资源管理人才将成为每一个现代化企业的必备人才。为适应这种形势的发展，数据仓库与数据挖掘人才的培养引起了各高校的高度重视，许多学校的经贸、管理类专业的本科生、研究生都开设数据仓库与数据挖掘课程。编者认为，数据仓库与数据挖掘应用人才应在具备基本知识和基本理论的基础上，注重实际应用能力的培养。本书正是在这样的指导思想下编写的。

本书共分为 8 章和 1 个附录。第 1 章介绍企业数据资源管理，旨在说明数据仓库与数据挖掘是企业数据资源管理的高级阶段，也是必然趋势。同时也介绍了数据仓库与数据挖掘能为企业做什么。第 2 章介绍数据仓库的概念与结构，读者在学完本章后可以明白什么是数据仓库，数据仓库是怎样构成的。第 3 章介绍数据仓库的设计与开发，在学完本章后，读者可以根据需求设计自己的数据仓库，并逐步地建立自己的数据仓库(或数据集市)。第 4

章介绍数据仓库的一个重要应用——联机分析处理，读者可以理解多维数据分析的方法。第 5 章介绍数据挖掘概述，在学完本章后，读者应能明白数据挖掘能做什么，有些什么方法。第 6 章介绍数据挖掘中的一个重要的也是工作量最大的一个环节——数据预处理，在学完本章后，读者应明白为什么要进行预处理，预处理的各种方法，并学会怎样进行数据的预处理。第 7 章介绍数据挖掘中的常用算法，读者可以理解这些算法的基本思想，掌握典型算法的应用。第 8 章结合一个实际案例介绍 SQL Server 2005 数据仓库与数据挖掘工具及其应用。建议读者在本章学习的基础上，自己深入钻研 SQL Server 2005 的数据仓库与数据挖掘工具。最后，以附录 A 的形式给出了一个简易的数据挖掘工具——Weka，旨在为本课程的教学提供一个方便的实验环境。

本书适合作为非计算机专业的教材及自学读物。为了让读者更容易理解数据仓库与数据挖掘的基本原理及其应用，本书每章都提供了引例、案例和适量的例题。同时，为了开阔读者的视野，每章提供一定量的阅读材料。建议在本课程的教学过程中，要理论联系实际，安排一定的实验。建议采用开放式实验方法，即学生自己准备实验数据和实验环境，解决一个实际问题，最终达到理论联系实际的目的。在教学过程中，也可以将附录 A 与数据挖掘的各章节结合起来进行讲解和学习。

参与编写本书的教师都具有丰富的教学经验。第 2 章由杨进负责编写；第 5 章由胡建军负责编写；第 6 章由邝云英负责编写；第 7 章由刘凤英负责编写；第 8 章由吴君负责编写；其他章节由廖开际负责编写。全书最后由廖开际、刘凤英和胡建军修改和统稿。在本书的编写过程中，得到了作者家人们的大力支持，在此对他们表示感谢！研究生赵兴庐为附录 A 的编写做了大量工作，在此表示感谢！

我们将在网站上(www.pup6.com)发布本书相关的教学资料，包括课件、实验环境和教学体会等。

由于编者水平有限，加之编写时间仓促，疏漏之处在所难免，欢迎广大读者批评指正。

编　者

2008 年 8 月

目　录

第 1 章　企业数据资源管理

教学目标

通过本章的学习，应认识到数据是企业的一种基本资源，了解企业数据按照不同的用途可分为操作型(业务)数据和分析型(决策)数据，相应地用数据库和数据仓库进行管理。

教学要求

知识要点	能力要求	相关知识点
数据资源管理	(1) 理解为什么数据是一种资源 (2) 了解数据资源管理的技术历程 (3) 理解数据资源管理的意义	(1) 数据文件 (2) 管理信息系统 (3) 决策支持系统
数据资源管理的技术体系	(1) 了解数据仓库产生的背景 (2) 理解数据库与数据仓库的区别与联系 (3) 了解数据仓库的应用	(1) 数据库 (2) 数据仓库 (3) OLAP 和数据挖掘

引例

美国的美洲银行2005年的数据仓库已拥有800GB存储信息。银行副总裁走入工作室可以毫不费力地查询“硅谷地区有多少居民拥有高尔夫球会员资格，多少人拥有家庭游泳池”，由此为美洲银行带来了竞争优势。因为银行通过了解自己客户的生活方式，来制定银行的服务规范，以满足客户的个性化需求，扩大客户群。

但是，要对如此大量的数据进行有效管理，让用户实现联机任意查询，并获得有用的查询结果，对企业来说是一种挑战。思考以下问题。

(1) 数据仓库中大量的数据从何而来？

(2) 数据要如何组织才有利于数据的分析查询？

(3) 如何保证查询分析结果的有效性？

随着企业信息化的不断深入，用户数据的积累已达到一定的规模。对数据进行简单的、局部的和浅层次的查询、统计是数据资源最基本的应用，而对数据资源的增值应用则是对企业财务、业务进行全面的、历史的和多角度的分析。传统定制的报表应用由于技术上的缺陷，无论从功能还是效率方面都难以满足企业对信息快速增长的需求。企业业务系统沉淀下来的数据就像是一座尚未开发的金矿，不但没有得到很好的利用，相反还可能成为一种负担。企业在信息化建设方面的巨大投入却只获得了部分回报，造成了资源极大的浪费。

本章介绍数据资源管理的基本概念和主要内容。

1.1 数据资源的概念

人、财、物是企业的有形资源，描述这些资源和企业过程的数据是企业的另一种重要资源，称为数据资源。掌握数据资源概念的关键在于理解其内涵：数据资源不仅限于数据本身，还包括用以产生数据的资源和人的因素。

1.1.1 企业资源

企业通过资源的交换与外部环境相互作用。企业经营管理者的任务是优化企业资源，最大限度地利用企业资源。

企业资源包括如下要素。

(1) 人：人力资源。

(2) 财：资金资源。

(3) 物：包括材料、设备和能源在内的资源。

(4) 数据：对物理资源的特征、状态及其相互作用关系的描述。

人、财、物资源是物理存在的，是有形的，称为物理资源。

数据资源的价值不在于它的物理存在，而在于它所表现的内容。数据资源是对物理资源的描述和表达，也称为元资源。利用数据资源可以有效地对物理资源进行调度、控制和计划。因此，数据资源是一种管理资源。

在企业中，管理人员利用数据资源来管理物理资源。企业管理人员的任务是管理这些资源，以便最有效地利用它们。

1.1.2 数据资源

1. 定义

狭义的数据资源是指数据本身，即企业运作中积累下来的各种各样的数据记录，如客户记录、销售记录、人事记录、采购记录、财务数据和库存数据等。

广义的数据资源涉及数据的产生、处理、传播、交换的整个过程，包括数据本身、数据的管理工具(计算机与通信技术)和数据管理专业人员等。广义的数据资源概念更能反映现代数据资源开发利用的要求。

作为管理资源的数据资源不仅限于数据本身，还包括用以产生、加工、存储和使用数据的资源。

2. 从数据中获取信息和知识

企业的信息系统由输入(数据)部分、数据处理部分和输出(信息和知识)部分组成，如图1.1所示。

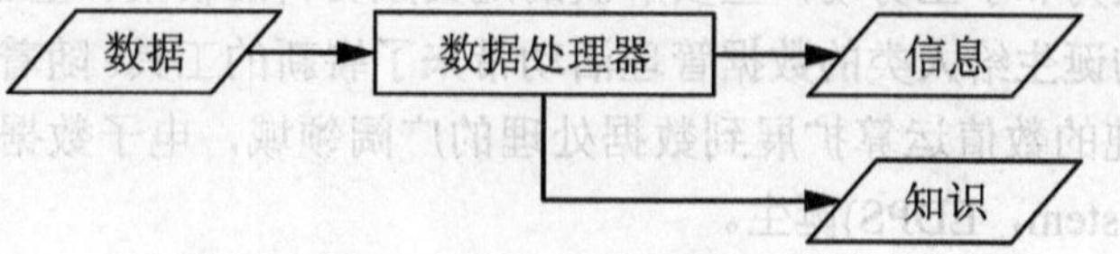

图1.1 企业的信息系统

(1) 数据：信息系统的输入。

(2) 信息和知识：信息系统的输出，体现数据资源的经济价值。信息反映的是数据本身之间的关系，知识反映的是数据描述的物理资源之间的关系。

(3) 数据处理器：将数据转换成信息或者从数据中挖掘出知识，是对数据资源价值的提升，也是数据资源的基本要素。数据处理器既包括计算机元素，也包括非计算机元素。从广义上讲，数据处理器是企业数字神经系统的基础，其中包括系统的硬件和软件、开发和使用系统的人员、计算机网络以及安置这些资源的设施。

3. 数据资源的组成

数据资源由以下3个要素组成。

(1) 有用的数据。

(2) 作为企业神经系统的信息基础设施(Information Infrastructure)，如计算机硬件、软件以及网络系统。

(3) 人的因素，如系统人员和用户。

1.1.3 数据资源管理及其发展历程

数据资源管理涉及数据资源生命周期的各个过程。

(1) 数据获取：确保能够收集到必要的原始数据。

(2) 数据加工：将原始数据加工成有用的信息。

(3) 数据利用：确保能够在适当的时间、以适当的形式得到必要的数据和信息，从数据中发现决策所需要的知识。

(4) 数据报：在适当的时候废弃过时的数据，并代之以及时、准确的数据。

狭义的数据资源管理是指对数据本身的管理，即获取数据、有效地利用数据、在适当的时候废弃过时数据的整个活动过程。

广义的数据资源管理是指在对数据本身进行管理的基础上，增加信息系统管理的内容，即对涉及数据活动的各个要素(数据、技术、人员、机构等)进行合理的计划、集成和控制，以实现对数据资源的充分开发和有效利用，从而满足社会数据的需求。

本章讨论的数据资源管理是指狭义的概念。

随着信息技术的飞速发展和社会竞争的日趋激烈，组织的数据管理活动日渐活跃，各种各样的信息系统应运而生。为适应社会信息环境的变化和组织经营管理的需要，组织的数据管理模式也在不断地进行调整和变革。这种演变大致遵循“电子数据处理系统→管理信息系统→决策支持系统”的路线。

传统上，企业等社会组织的信息系统和图书馆一样，管理对象主要是纸质文献资料，管理作业基本靠人力和手工劳动，主要解决的是文献资料的收集、整理和保存问题。

电子计算机的诞生给人类的数据管理活动带来了崭新的工具。随着计算机技术的发展，计算机应用从单纯的数值运算扩展到数据处理的广阔领域，电子数据处理系统(Electronic Data Processing System，EDPS)诞生。

20世纪50年代至60年代企业计算机应用的热潮导致了计算机信息系统的形成和发展，并带来了组织信息系统的首次繁荣。但是，随着时间的推移，它也逐渐暴露出许多局限性和不足。EDPS 只能完成单纯的数据处理工作，缺乏分析预测能力，不能满足组织经营管理的需要。

管理信息系统(Management Information System，MIS)是在 EDPS 的基础之上于 20 世纪 60 年代中期逐步发展而来的。MIS 避免了 EDPS 的一些弊端，在信息处理的方法、手段和技术方面都有明显的进步。较之 EDPS，MIS 具有如下特点。

(1) 更加强调科学管理方法和定量化管理模型的运用，强调系统优化的作用。

(2) 更加强调对数据的深层次开发利用，强调信息系统对生产经营过程的预测和控制作用。

(3) 更加强调科学的、系统化的开发方法，强调高效率、低成本的系统结构和数据处理模式。

MIS 采用标准的工具和技术手段对组织的数据进行加工处理，在组织的数据管理中得到了十分广泛的应用。但是，随着信息技术突飞猛进的发展和组织信息环境日新月异的变化，MIS 的管理决策功能薄弱、只管理内部数据而不管理外部数据、只有业务信息而没有办公信息的局限性日益突出。针对这些不足，20 世纪 70 年代以后又先后兴起了决策支持系统(Decision Support System，DSS)和办公自动化系统(Office Automation System，OAS)。

DSS 是 20 世纪 70 年代初期在 MIS 的基础上发展起来的支持决策者对半结构化管理问

题进行决策的信息系统，它的进步在于将信息系统的注意力转向高层管理决策者，并相应地引入外部数据，以及强调人机交互和用户友好。决策模型和用户共同驱动系统的运行最终为决策者提供了切实可行的决策方案。但是，DSS 对 MIS 的发展仍然还是沿着技术的路线，试图通过技术手段和模型化的方法提高决策的效益，这对于在当今急剧变化的社会信息环境下日益复杂化的战略决策问题是很难奏效的。

1.2 数据资源管理的意义

数据资源管理的意义可从以下 3 个方面来理解。

(1) 从信息系统的发展过程来看，对数据资源进行有效的管理是信息系统进入成熟阶段的重要标志。

(2) 数据资源管理是解决企业内部由于数据重复而导致的各种问题的根本途径。

(3) 数据资源是企业取得竞争优势的关键。

1.2.1 信息系统进入成熟阶段的重要标志

企业的信息系统的成长过程分为 5 个阶段：初级、普及、整理、集成、成熟。

在初级阶段，计算机刚进入企业，只作为办公设备使用，应用非常少，通常用来完成一些报表统计工作，甚至大多数时候被当做打字机使用。随着企业对计算机应用认识的深入，人们体会到计算机应用的价值，开始学习、使用和维护计算机。

在普及阶段，计算机应用在一些部门见到成效，从最初的一些应用部门向其他部门蔓延，大量的人工数据处理转向计算机处理，人们对计算机的热情增加，需求增长。

在整理阶段，由于人们对计算机信息处理需求的增长，造成财务支出的大幅度上涨，企业领导不得不对之进行控制，注重采用成本/效益去分析应用开发。并针对各项已开发的应用项目之间的不协调和数据冗余等问题进行统一规划。这一阶段的效益可能比第二阶段还要低。

在集成阶段，企业高层领导意识到信息战略的重要，信息成为企业的重要资源，企业的信息化建设也真正进入到数据处理阶段。在这一阶段中，工作的重点是对数据资源进行管理和控制，包括数据的质量控制、数据的有效利用和数据价值的提升。企业开始选定统一的数据库平台、数据管理体系和信息管理平台，以统一数据的管理和使用，各部门、各系统基本实现资源整合、信息共享。

在成熟阶段，信息系统已经可以满足企业各个层次的需求，从简单的事务处理到支持高效管理的决策。工作的重点是建立以数据资源为基础的系统计划和战略计划，将信息系统作为取得竞争优势的有力手段。

1.2.2 解决企业内部数据不一致问题的根本途径

在计算机化事务处理的初级阶段，事务相关的数据以文件的形式组织和保存，并作为编制处理程序的基础。同一组数据在不同的应用系统中不能共享，需要重复存储，如图 1.2

所示。因而导致在数据文件之间数据的重复和不一致问题，这将对企业的经营活动产生严重的影响。

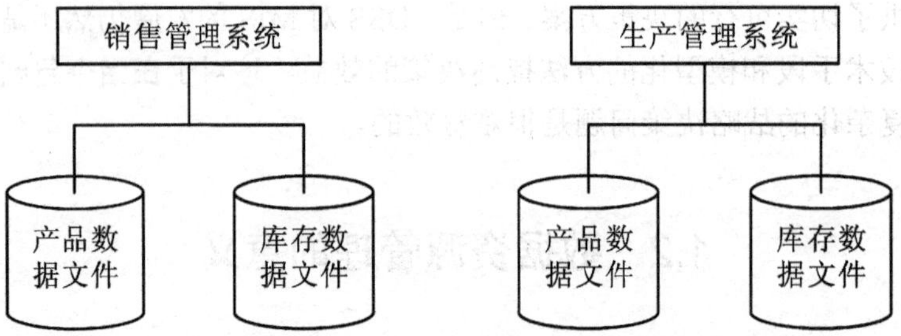

图 1.2　以文件系统方式管理数据造成的数据重复问题

数据重复从根本上影响着信息系统的管理和应用。为了解决数据重复的问题，必须通过数据库系统对数据资源进行全面管理，确保相互重复的数据文件在任何时候都可以得到同步更新，如图 1.3 所示。

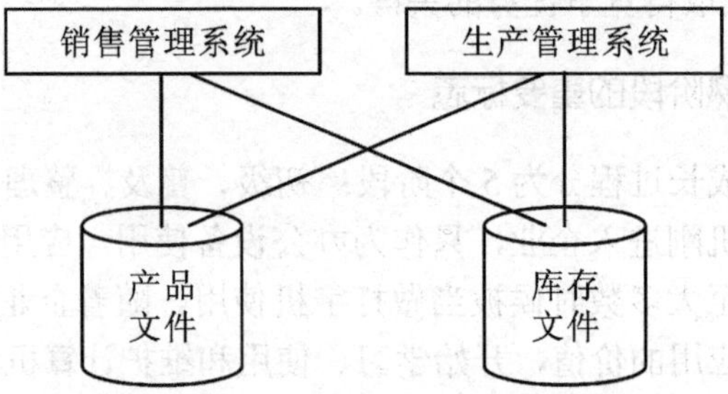

图 1.3　以数据库方式管理数据解决数据重复问题

1.2.3　数据资源的管理和应用是取得竞争优势的关键

在高度信息化时代，数据资源的管理和应用是取得竞争优势的关键。关于这一观点，可以通过对企业价值链和价值系统的分析来得到答案。

1. 企业价值链

企业通过一系列的价值活动来实现价值增值，企业内部的所有价值活动联结在一起形成了价值链。

价值链由一系列的价值活动构成，每个价值活动又都包括资源输入、人力资源和技术等基本要素，并且每个价值活动都使用和产生数据资源。

在这一系列的活动中，涉及信息基础设施(如数据库系统和计算机设备)、人的因素(如系统开发人员、使用系统的领导)和数据本身这 3 个信息资源的基本要素。

2. 价值系统

随着互联网和电子商务的普及，经营管理者在建立和完善企业内部价值链的同时，更加致力于将企业内部的价值链与其他企业的价值链相连，以取得进一步的附加价值。这种企业间的价值链的连接被称做价值系统。例如，一个制造厂家可以通过采购管理系统将内部价值链与供应商的价值链相连，以便在必要的时候获得必要的输入资源，达到降低采购和材料库存成本的目的。同时，该厂家也可以通过销售系统与销售商的价值链相连，以达到降低销售成本和产品库存成本的目的。与企业内部价值链一样，价值系统的每个环节也都使用和产生数据资源。

无论是在企业价值链还是在连接企业价值链的价值系统中，每个价值活动都包括数据元素，数据资源的利用成为企业取得竞争优势的关键。在高度信息化时代，竞争优势意味着利用数据获得更大的市场份额和利益。企业要想在竞争中获胜，不仅需要优越的物理资源，还需要优越的数据资源。企业的经营管理者应该综合利用物理资源和数据资源，来实现企业的战略目标。

1.3 数据资源管理的相关技术

本节主要从技术构成的角度来讨论数据资源管理过程中的关键要素和它们之间的相互关系。

1.3.1 数据资源管理的技术框架

图 1.4 给出了一个数据资源管理的技术框架。从图中可以看出，数据资源管理的技术框架主要由 3 部分构成。

(1) 面向业务操作的数据资源管理：包括数据库、事务处理系统以及管理信息系统。

(2) 面向决策分析的数据资源管理：包括数据仓库以及与之紧密相关的决策支持系统。

(3) 知识资源的管理和利用：包括知识库以及基于知识的系统。

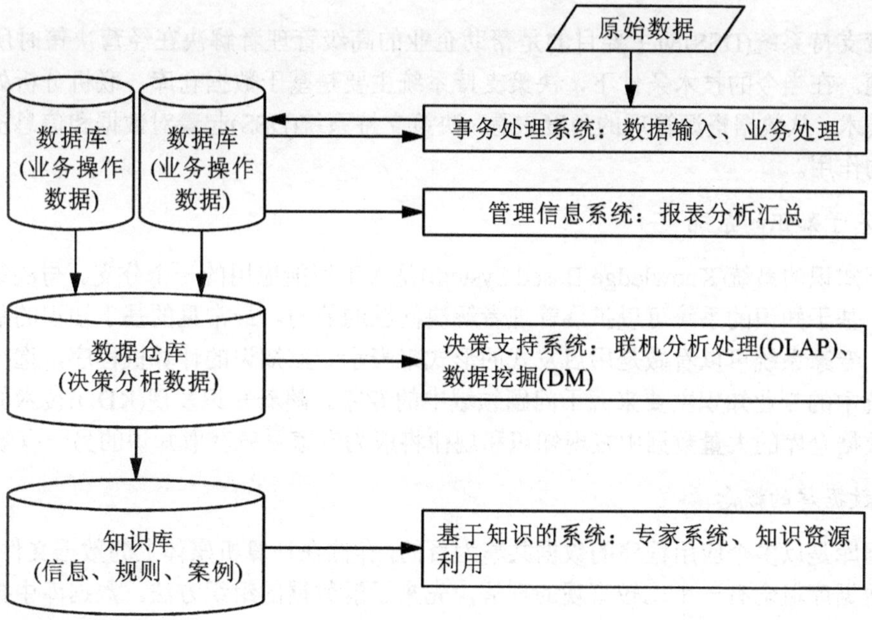

图 1.4　数据资源管理的技术框架

1.3.2 技术框架中的构成要素

1. 业务数据

企业中的业务数据主要来源于企业的业务运作层，如客户订单、采购合同、工时卡片、生产记录、入库记录、发票、收据、工资单、出库记录以及财务报表等在企业基本业务中产生的各种单据、记录和报表。这些业务数据通过事务处理系统输入到数据库中，成为企业的数据资源。

2. 事务处理系统

事务处理系统(TPS)的主要目的是支持企业内各种基础业务的活动。这些系统不需要综合或复杂的处理，但需要大量的数据输入和输出。基于计算机的事务处理系统(TPS)包括数据收集、数据编辑、数据修改、数据操作、数据存储和文档生成等处理功能。从数据资源管理的角度来看，事务处理系统(TPS)起着获取详细业务数据，确保业务数据的完整性、准确性和及时性的作用。

3. 管理信息系统

管理信息系统(MIS)的主要作用是为企业各个业务领域的管理者提供信息支持，以便使他们能够更好地把握日常业务，对日常业务进行有效的管理。管理信息系统(MIS)大多基于汇总后的分析报表，这些报表对事务处理数据库中的详细数据进行筛选和分析，向管理者提供有意义的信息。从数据资源管理的角度来看，管理信息系统(MIS)起着将事务处理数据库中的详细数据转换成管理者所需的管理信息的作用。

4. 决策支持系统

决策支持系统(DSS)的主要目的是帮助企业的高级管理者解决在经营决策时所面临的特殊问题。在当今的技术条件下，决策支持系统主要是基于数据仓库、联机分析处理和数据挖掘技术。从数据资源管理的角度来看，决策支持系统(DSS)起着对数据和信息资源深层次利用的作用。

5. 基于知识的系统

基于知识的系统(Knowledge-Based System)是人工智能应用的一个分支。与决策支持系统不同，基于知识的系统可以扩展管理者解决问题的能力。最常见的基于知识的系统是专家系统。专家系统可以看做是用启发式的形式来表示专家知识的计算机程序，迄今为止，专家系统中的专业知识主要来源于问题领域中的专家。随着知识发现(KDD)技术的不断成熟，从数据仓库的大量数据中发现知识和规律将成为专家系统获取知识的另一有效途径。

6. 数据库的概念

数据库是以多个应用程序的数据共享为目的，存储在计算机媒体上的数据文件的集合。为了对数据库概念有一个比较直观的理解，先来了解数据的组织方法。数据库中数据的组织分成以下层次。

(1) 字符：字符是数据处理中不可分割的最小部分，是字节(Byte)的组合，可以是大写字母、小写字母、数字或特殊符号等。在 ASCII 中，一个字符用一个字节来存储，一个汉字用两个字节来存储。

(2) 字段：字段是字符的组合，可以表示姓名、数字、业务对象或业务活动。

(3) 记录：记录是相关字段的集合，可以描述一条信息。例如，一条员工记录可以由某个员工的姓名、住址、电话号码、工资等字段组成。

(4) 文件：文件是相关记录的集合。例如，员工文件由公司所有员工的记录构成。在关系型数据库中，数据文件以二维表的形式组织数据。

(5) 数据库：数据库是相关文件的集合。例如，人事管理数据库由员工文件、组织机构文件、业务岗位文件等构成。

在上述的数据层次中，字段组成了记录，记录组成了文件，文件又组成了数据库。数据库中不仅包括这些数据层次，还包括它们之间的关系。

数据库的基本目标是减少数据冗余和增加数据的独立性。减少数据冗余和增加数据的独立性是大规模信息系统以及企业范围信息资源管理获得成功的前提条件。

从数据资源管理的角度来看，数据库不仅是面向业务操作的数据资源的核心，也是对整个企业的数据资源进行管理的基础。

7. 数据仓库的概念

前面已提到数据库的基本目标是减少数据冗余和增加数据的独立性。数据仓库则是对数据库概念的进一步深化，它提供了可以用更直观的方式对数据进行操作的数据源。这个数据源就是数据仓库，它通常是企业长期以来积累下来的对多个业务系统的数据进行提炼，重新按分析主题组织起来的数据。在目前的技术条件下，数据仓库可以有效地处理数百亿字节(GigaByte)以上的数据。

数据仓库与数据库的区别体现在以下几点。

(1) 数据库中的数据是与当前业务相关的数据，数据仓库中的数据是企业一段时间以来的历史数据。

(2) 数据仓库中的数据是从多个业务领域的数据库中抽取出来的，经过整理，并按分析主题重新组织起来的。

关于主题的概念将在第 2 章中详细讨论。

8. 联机分析处理(OLAP)和数据挖掘(DM)

联机分析处理和数据挖掘都是与数据仓库相关的两个主要应用。其中，联机分析处理是在数据仓库的基础上，针对特定问题的联机数据访问和分析。数据挖掘表示在大量的数据中寻找用户未知的潜在关系的过程，在这一过程中包括多个步骤，如图 1.5 所示。数据挖掘可以帮助用户发现数据中的相互关联，并以直观的方式表现这些关联。

通过数据挖掘，可以在数据仓库巨大(通常是 TB 数量级上的数据量)的业务数据中发现新的关联、模式和趋势。数据挖掘软件运用高级模式识别算法以及许多数学和统计学技术，从庞大的数据中精选、提取出前所未知的战略业务信息。例如，许多公司利用数据挖掘完成以下的工作。

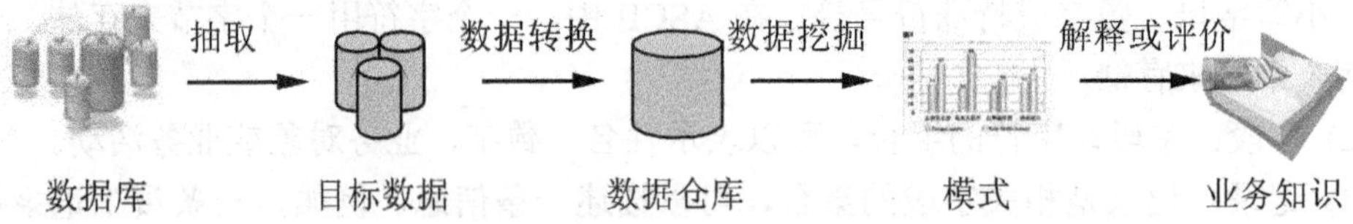

图 1.5　数据挖掘从数据仓库中提出业务知识的过程

(1) 执行“市场一篮子分析”，以确定新的产品捆绑模式。

(2) 找出产生质量和制造问题的根源。

(3) 防止客户流失并且获取新的客户群。

(4) 对已有客户进行交叉销售。

(5) 对客户进行更精确的描述。

在后面的章节中还要更深入地讨论数据挖掘、联机分析处理以及其他一些对数据库和数据仓库数据进行分析、对企业决策支持有重要作用的技术。下面介绍一个实例。

案例 1-1

美国银行：数据挖掘见成效

美国银行(Bank of America，B of A)运用数据仓库和数据挖掘软件提升了其理财产品的营销和定价的精确度，如家庭权益贷款。美国银行的数据仓库非常庞大，有些客户的数据有 300 多个数据点，传统的分析方法根本不能奏效。对于每个市场，美国银行通过调整费率、利息率和提供特色等定制多样化的产品包，结果是抓住了很多有利可图的潜在客户。从众多的数据里筛选出有用的数据需要软件有明察秋毫的能力。

从数据仓库中提取出的数据用数据挖掘软件进行分析，以发现暗含的模式。例如，数据挖掘发现了有些客户会购买 15 次以上的某种高边际贷款产品，银行也在确定什么是导致客户购买的相关因素。他们采用 HYPERparalled 公司的数据挖掘软件，输入参数，建立模型来发现更多的客户。经过验证，这个模型非常精确地找到了已经在申请或正在被审核的该类供货产品的客户。运用这种概括方式，最后可以把符合要求的申请该业务的预期名单找出来，结果是市场销售的反馈与以前相比成倍地增长。

1.3.3　技术框架中各部分的关联

从企业基础业务的角度来看，TPS 在减轻业务人员的负担、确保业务的准确性和稳定性方面起着关键的作用。另一方面，企业的详细业务数据主要来自 TPS，TPS 的完整、可靠和及时的程度直接影响到数据库中详细业务数据的完整性、准确性和时效性。在数据资源管理的框架中，TPS 和业务数据库既是数据资源管理的核心，也为 MIS、DSS 以及基于知识的系统提供基础数据。

从企业经营管理的角度来看，在企业经营活动中，管理者所面临的决策问题可以分为以下 3 种类型。

(1) 结构化问题：常规的、有一定规律可循的问题。对于这类问题，可以通过设计适当的算法和规则，由计算机加以解决。

(2) 非结构化问题：非常规的、没有一定规律可循的各种问题。对于这类问题，通常无法用普通的计算机程序加以解决。

(3) 半结构化问题：介于结构化问题和非结构化问题之间的各种问题。

MIS 主要针对结构化问题提供程序化的决策支持。MIS 起着将相关的各种 TPS 连接在一起、实现进一步的价值增值的作用。在数据资源管理的框架中，MIS 的作用是将来自 TPS 的详细业务数据转换成面向管理者的综合信息。

DSS 主要针对半结构化问题提供决策支持。与 MIS 不同，DSS 不是基于面向业务操作的数据库，而是基于面向分析的数据仓库。数据仓库、OLAP 以及 DM 技术为 DSS 这个产生于 20 世纪 60 年代的概念带来了实际应用的可能性。在数据资源管理的框架中，DSS 的作用是对数据和信息进行深层次利用。

基于知识的系统主要用来处理非结构化问题。包括数据仓库、OLAP 和 DM 技术在内的 KDD 技术的发展为基于知识的系统带来了新的生机，同时，KDD 也为促使企业的数据资源向知识资源转化提供了一个可行的技术方向。

1.4 企业通过数据仓库与数据挖掘获得竞争优势

在发达国家，企业把数据仓库和数据挖掘看成是继 Internet 之后，企业在信息经济时代获得竞争优势的又一关键因素。美国 Meta Group 市场调查机构早在 1995 年发布的资料表明，《幸福》所列的全球 2 000 家大公司中已有 99% 将 Internet 和数据仓库这两项技术列入企业计划。

企业常采用的竞争战略有成本领先战略、差异化战略、创新战略、成长战略和联盟战略。数据仓库与数据挖掘技术应用于企业经营效率分析、客户关系管理、供应链管理和行为分析等领域，可以提高决策的正确性，提高企业的效能，为客户提供个性化服务等，有利于降低企业成本，形成企业产品和服务差异，促进企业快速成长等，从而形成企业的竞争优势。

为让读者初步认识数据仓库和数据挖掘能帮助企业做什么，下面简要介绍它们在企业中各个方面的应用。

1. 在企业经营效率分析中的应用

数据仓库和数据挖掘比较常见的一种应用是关于企业经营效率方面的分析。通过对企业经营活动中积累的大量数据进行综合和分析，可以找出经营管理中存在的问题，为经营决策提供依据。表 1-1 列出了数据仓库与数据挖掘技术在企业经营效率分析中的作用。

表 1-1 数据仓库与数据挖掘技术在企业经营效率分析中的应用

应用名称	数据仓库与数据挖掘技术应用说明
产品质量分析	当公司之间进行产品质量竞争的时候，这种分析可以帮助用户发现产生质量问题的原因，比如时间不足、原材料问题或者是生产人员素质问题等
优化物资使用效率	了解企业所有物理设备的利用率，可以帮助实现合理的物理资源管理

续表

应用名称	数据仓库与数据挖掘技术应用说明
财经报表	行业有很多自己的游戏规则，定期披露自己的财务报表就是其中重要的一项。同时，这种分析也为高级领导者掌握企业运行的脉搏和分析特定的领域提供了帮助
风险管理	这个分析允许管理者决定分配资源的方式和时间．以便使企业经营风险最小化。另外，这个分析也可以用来帮助实现对每一种类合同的业务决策
捆绑销售分析	假设一个计算机配件供应商生产了大量的产品，但是却遇到市场的淡季，这种分析可以帮助他结合市场分析和供应链管理分析，决定是否需要将这些产品配件组装在一起，销售整台计算机
资产管理与资源计划	这个分析集成了企业资本利用率、企业生产行为、企业资产生命循环信息，以提供资产的长期和短期配置计划，同时这种分析也包括怎样协调资源以提高企业生产优化的方法

2. 在客户关系管理中的应用

客户关系管理(Customer Relationship Management，CRM)是在对大量客户数据进行分析的基础上形成的客户管理技术，能帮助公司更好地管理客户群以及最大限度地提升每个客户的价值。表 1-2 列出了数据仓库与数据挖掘在 CRM 中的主要应用。

表 1-2 数据仓库与数据挖掘在 CRM 中的主要应用

应用名称	数据仓库与数据挖掘技术应用说明
客户属性分析	企业总是希望能够找到尽可能多的新客户。每一个独立的客户都有自己的想法，企业无法单独了解这些完全独立的思想，不过可以按照一定规则对他们进行分类。客户属性分析就是采用这种设想，根据诸如人口统计学、心理统计学、每一个客户的行为数据等因素，对每一个独立的客户数据进行分类，希望从中找到发现新客户的途径
目标市场定位分析	客户喜好方面的信息可以帮助销售人员发现具有相同属性的客户，根据客户对公司提供的产品的信息是否感兴趣，从而发现新客户
个性化服务	为每个客户建立独立的档案，帮助企业实现一对一的客户服务，从而提高客户服务满意度
交叉销售	在销售某种产品的时候，是否可以向同一个客户推销另一种产品？数据挖掘中著名的“啤酒和尿布”的故事就是交叉销售的典范之作
客户满意度调查	区分客户信息的另一个好处是可以得到客户对公司产品的满意度，以帮助提高客户对公司产品及服务的满意程度
客户生命周期分析	谁是企业的最优客户？客户生命周期价值分析是一种客户利润关系分析，它将管理客户关系的成本和收益结合起来，提供对客户价值的评估和分析
客户忠诚度分析	实践证明，最好的客户是现有的客户。这说明公司进行新产品销售时最优对象是那些对公司非常满意的客户。那么怎样区分和发现他们呢？这个就是客户忠诚度分析器完成的任务

3. 在供应链管理中的应用

供应链管理是根据不同的投资者和供货渠道，最大限度地降低材料成本和物流成本，最快速地将产品递交给客户以及最低成本地保留原材料和库存产品。表 1-3 列出了数据仓库与数据挖掘在供应链管理中的主要应用。

表 1-3 数据仓库与数据挖掘在供应链管理中的主要应用

应用名称	数据仓库与数据挖掘技术应用说明
供应商和投资者管理	很多企业无法区分哪些人是企业的投资者，哪些供应商提供了产品和服务。这个分析可以帮助企业管理者跟踪供应商的效率和可信度，评估供应商等级，并为其建立评级，同时也帮助企业按照预算、收益和风险，优化与供应商的关系
物流成本管理	有很多种方法可以将企业的产品交付给客户，每一种方法都有其成本价值。例如空运比船运贵，但是速度更快。通过这个分析，企业可以把运输成本最小化
存货控制	保持一定的存货并控制存货的数量，是这种分析所要完成的任务。当然，不能允许存货为零，因为销售需要随时给客户提供产品。在销售渠道信息、生产信息和供应链信息中，可能会产生精确的存货信息，也可能包括了存货数量和可缓解的存货价值风险，特别是可减少资金浪费方面
物流分析	在一个全球性大生产企业中，每一个企业周围都有个小型的仓库，优化物流方式可以帮助每个生产企业将产品送到最近的仓库中。而每一个仓库又可以使用最优的方式将产品分发到零售商场中。对于企业和客户来说，这个分析是非常有价值的。如果公司能够预测在个特定的领域需要特定的产品，那么管理者不仅仅能将恰当的产品数量发送到合适的位置，而且还可以最小化产品运输的成本，进而最大限度地调配有限的企业资金

4. 在行为分析中的应用

其实，数据仓库和数据挖掘最大的作用是帮助管理者优化某些特定的工组流程，如优化销售渠道和促销措施，优化物流分配方式等。同样，在行为分析中还有一个重要的应用领域就是控制行为风险，如建立欺诈行为分析模型，控制业务操作的风险等。表 1-4 列出了数据仓库与数据挖掘在行为分析中的主要应用。

表 1-4 数据仓库与数据挖掘在行为分析中的主要应用

应用名称	数据仓库与数据挖掘技术应用说明
销售趋势分析	虽然许多产品生命周期可以很容易地预测和规划，但是有一些非线性的因素不在预测范围内。最明显的例子是玩具销售，在每年的特殊日子里，玩具销售会呈现波峰的销售趋势。这种分析有助于建立销售倾向分析模型，以便提高公司对产品销售趋势做出反应的速度
Web 行为分析	在电子商务中，这种分析有助于描述和管理客户点击率。因为不同种类的产品将会导致不同种类的客户点击，从而导致不同种类的销售行为，所以这种分析其实就是一种客户兴趣行为分析。著名的亚马逊图书销售网站就使用了这种分析

续表

应用名称	数据仓库与数据挖掘技术应用说明
欺诈行为分析	模型是容易理解的，如保险业中保单欺诈行为分析，它可以从购买人、地理区域、代理渠道等方面进行分析，尽可能地发现和总结欺诈行为发生的规律，进而杜绝新的欺诈行为
客户流失分析	当客户不再希望保持与公司联系的时候，就发生了客户流失。在竞争激烈的行业中，流失客户是非常容易的。为了分析客户流失的可能性，可以建立客户流失分析模型，进而帮助销售人员控制客户流失的数量
企业经营环境分析	有时，分析特定的实体和它们的行为之间的关系是非常有好处的，如骆驼模型分析。这种分析过程可以用来评估法律强制行为、市场行为和销售优化行为等

5. 在企业中其他方面的应用

数据仓库与数据挖掘技术除了在上述领域中的应用外，还可以应用于销售渠道分析和关键经营指标(Key Performance Indicator，KPI)分析等领域。

通过对销售行为和销售渠道的统计分类，可以帮助销售部门合理地组织销售团队，降低销售成本，提高经济效益。按照客户属性进行市场细分就是一个典型的应用。这种分析也可以按照销售渠道进行分析，从而发现预期结果和实际结果之间的差别，以便总结现有的销售行为，规划新的促销措施。这种分析得到的结果可以帮助决策者决定新的分析内容，这是市场分析的特殊之处。

应用数据挖掘技术可以帮助企业建立经营指标体系，在部门指标的基础上管理这些经营指标，提供类似方向盘一样的 KPI 度量集合(这就是经常被人提到的“仪表盘”)供管理者使用。KPI 是评估企业业务经营成果是否成功的度量值的集合，某些 KPI 还是业务计分卡的组成部分之一。

KPI 可以分解成多种业务行为指标，如客户满意度、生产力指标、供应渠道性能和利润指标等，常用的 KPI 指标可能包括按照销售地点区分的区域销售图表、个性化的人口统计结果、按供应商区分的实时供应链报告和利润贡献度等。实际上，KPI 可以包括上面提到的很多应用分析的结果。

本章小结

数据是对物理资源的记录和表达，管理人员利用数据资源来管理物理资源。数据资源产生于组织事务处理系统，用于支持组织业务运作、组织管理和决策。在技术上，数据库管理用于支持业务运作和组织管理的数据；当数据资源用决策分析时，需要综合与决策分析对象相关的全面的数据，建立适合决策分析的数据资源管理环境，即数据仓库。目前，在数据仓库的基础上进行决策分析的方法有联机分析处理和数据挖掘两种常用技术。

关键术语

数据资源：Data Resource
数据库：Database
数据仓库：Data Warehouse
数据挖掘：Data Mining
联机事务处理：On Line Transaction Processing (OLTP)
联机分析处理：On Line Analytical Processing (OLAP)
管理信息系统：Management Information System (MIS)
决策支持系统：Decision Support System (DSS)

阅读材料

如何利用IT手段整合企业数据资源

在IT界经常可以看到两个词“数据滞后”、“信息孤岛”，这反映出IT行业的通病。在如今的信息化时代，对于小企业来说还不会造成太大的损失，但对于大企业来说，信息化的反应速度是企业的命脉。“一招先，招招先；一招损，招招损”，就是要求企业反应迅速、决策果断，具体到企业信息化中，就是要求提供准确、全面的企业决策数据。而做到这种地步就需要很好的信息化手段，信息化的主要作用之一就是整合企业数据资源。如何利用IT手段整合企业的数据资源呢？

企业数据资源的整合需要实时性、互补性，信息化建设需要系统性。

实时性：计算机数据滞后是企业的普遍现象，不妨现在就上网看一下很多企业的网页。本来企业有网页是件好事，是企业的门户，起到宣传企业的目的，实时向客户传递着企业的最新信息。但从网页上经常看到的是企业几个月以前的数据，房地产行业是信息化非常薄弱的行业。也许是企业的领导不重视，也许是具体操作人员还没有体会到计算机带来的价值，常常只能从计算机上看到一些过时的数据；也常常看到企业的领导守着计算机，为了统计一个月房子的销售情况，还要动用很多人，搞得手忙脚乱，为什么呢？不是不想用计算机，而是计算机中的数据不能提供最新的信息。对于处于异地销售的房地产企业来说，由于数据的不及时，导致一个房间多人订购的事情时有发生。再看一个拥有call center、网络建设比较发达的房地产企业客服，客户投诉后，由于操作人员没有把数据及时地在系统中体现出来，导致客户投诉升级，客户投诉满意度降低，给公司带来很多负面的影响。只有计算机里的数据多了，数据的实时性强了，才能在最短的时间内得到最新的报告，做出及时准确的决策，为企业创造最大的价值。

互补性：信息孤岛是指企业的信息不能很好地整合，不能相互补充，形成资源浪费。在房地产企业中，由于售楼软件、物业管理软件、财务软件等都分布在不同的部门，只能看做是一个部门软件，没有一个很好的企业级软件平台支撑，不能把分布在不同的部门里的数据整合起来。特别是一些大型房地产公司的领导，他们是跨城市、跨地区、多楼盘的经营者，由于资金、人员有限，市场竞争激烈，只能通过合理利用公司资源，优势互补，才能决胜千里之外。一位房地产企业的老总说：“我们建立了自己的客户服务中心，但在服务中心却没有任何客户的资料，真正做起服务来，我们自己心里都没有底。我们需要建立整个企业级管理平台，让散落在销售中心的数据和客户服务中心以及财务等相关部门的数据整合起来，为整个企业所用，让信息共享起来，加快我们的反应速度，为我们做决策服务。”这也体现企业信息互补性的作用。

系统性：可以从两方面看，一是企业建立信息化需要系统性；二是企业的数据资源需要系统性。企业在进行信息化建设时，要从长计议。企业无远虑必有近忧，要进行系统的规划信息化建设方案，不能哪痛治哪。现在有很多企业由于当初进行信息化建设时没有系统规划，使得公司信息化建设一片混乱，头痛治头，脚痛医脚，致使信息化系统臃肿不堪，逼到现在不得不重新规划方案，重新整合企业信息化资源，真可谓是劳民伤财。企业有了很好的信息化建设，要求很好地利用信息化手段，不能想起了就做一点，想不到就算了，要形成很好的使用网络的习惯，让网络给自己带来方便。在企业信息化建设初期，也可以通过一些行政手段加强员工对网络的使用效率，提高员工对网络的依赖性，使整个网络可以有序地源源不断地给企业输入新鲜血液。

企业只有系统的规划信息化方案，建立统一的平台，才能更好地整合企业资源和社会资源，才能减少"信息孤岛"，这并不是要求一步到位，可以根据企业的状况统一规划，分步、分阶段进行实施。有了篮子才能向里面放菜，有了骨头才可以长肉。好的信息化方案，需要不断地给养，这样才能不断达到企业建立信息化的目的。

资料来源：中国营销传播网，http://www.emkt.com.cn/article/349/34900.html，2008-01-10。

数据仓库之于零售商

1. 何谓数据仓库

数据仓库，一个熟悉又陌生的名词，对于今天生活在信息海洋中的人类来说，它就像是司南和锚锭，给人们指引正确的航向又能安全停泊。比如信用卡，在中国还难以体会"信用"二字，而在美国却可以通过这张小小的卡片读取个人的历次交易数据，信用卡使用者是富翁还是乞丐、是出手阔绰还是锱铢必较、是否有恶意透支前科，一目了然，是名副其实的"信用卡"。能够做到这一点，源自于强大的数据仓库。再比如身份证，一张 USA 身份证可以走遍美国，身份证号也是社保福利号，一个旧金山人在纽约同样可以买车、买房，失业了还可以领取失业救济金。这也是因为数据仓库的存在。

但目前，即使在美国，数据仓库一词尚没有一个统一的定义，著名的数据仓库专家 W.H.Inmon 在其著作 *Building the Data Warehouse* 一书中给予如下描述：数据仓库(Data Warehouse)是一个面向主题的(Subject Oriented)、集成的(Integrate)、相对稳定的(Non-Volatile)、反映历史变化(Time Variant)的数据集合，用于支持管理决策。

对于数据仓库的概念可以从两个层次予以理解。首先，数据仓库用于支持决策，面向分析型数据处理，它不同于企业现有的操作型数据库，两者虽一字之差，却是天壤之别；其次，数据仓库是对多个异构数据源的有效集成，集成后按照主题进行了重组，并包含历史数据，而且存放在数据仓库中的数据一般不再修改。

根据数据仓库概念的含义，数据仓库有以下 4 个特点。

1) 面向主题

操作型数据库的数据组织面向事务处理任务，各个业务系统之间各自分离。数据仓库中的数据按照一定的主题域进行组织。主题是一个抽象的概念，是指用户使用数据仓库进行决策时所关心的重点方面，一个主题通常与多个操作型信息系统相关。

2) 集成的

面向事务处理的操作型数据库通常与某些特定的应用相关，数据库之间相互独立，且往往是异构的。数据仓库中的数据是在对原有分散的数据库数据抽取、清理的基础上经过系统加工、汇总和整理而得到的，必须消除源数据中的不一致性，以保证数据仓库内的信息是关于整个企业的一致的全局信息。

3) 相对稳定的

操作型数据库中的数据通常实时更新，数据根据需要及时发生变化。数据仓库中的数据主要供企业决策分析之用，所涉及的数据操作主要是数据查询。一旦某个数据进入数据仓库以后，一般情况下将被长期保留，也就是数据仓库中一般有大量的查询操作，但修改和删除操作很少，通常只需要定期地加载、刷新。

4) 反映历史变化

操作型数据库主要关心的是当前某一个时间段内的数据，而数据仓库中的数据通常包含历史信息，系统记录了企业从过去某一时点(如开始应用数据仓库的时点)到目前各个阶段的信息，通过这些信息，可以对企业的发展历程和未来趋势做出定量分析和预测。

2. 数据仓库在零售业中的奇迹

数据仓库的应用广泛，在能源、通信、制造、物流……中无处不在。在零售业中的应用也可谓历史悠久，20 世纪 80 年代初期，零售巨头沃尔玛(Wal-Mart)投入巨资引进 NCR Teradata 数据仓库解决方案。利用数据仓库，Wal-Mart 对商品进行购物篮分析(Marketing Basket Analysis)，即分析哪些商品顾客最有希望一起购买。Wal-Mart 数据仓库里集中了各个商店一年多来详细的原始交易数据。在这些原始交易数据的基础上，Wal-Mart 利用自动数据挖掘工具(模式识别软件)对这些数据进行分析和挖掘。问跟尿布一起购买最多的商品是什么，系统的回答竟是啤酒！原因是这样的：在美国，由于太太们要在家照顾小宝宝，所以购买尿布的任务大都由丈夫们完成，可下班后的男人们又不想仅仅拎着两包尿布回家，那就再来两瓶啤酒吧。就这样，尿布和啤酒走到了一起。后来 Wal-Mart 的啤酒货架紧邻尿布货架，尿布和啤酒销售量双双增长。

成立于 1886 年的美国 Sears 公司曾风光无限，可在 20 世纪 90 年代却濒临倒闭。而今，Sears 却是美国第二大零售企业。在力挽狂澜的过程中，数据仓库功不可没。1994 年 3 月，Sears 公司引进 NCR 数据仓库系统。之后，Sears 从各种应用系统采集来各种数据，经条件分类后送入数据仓库，利用数据仓库挖掘、分析了 8 000 万家庭的购买习惯，从而有的放矢地制定了相应的销售、广告策略和促销计划。借助数据仓库，Sears 公司库存降低了 60%；1994 年和 1995 年，Sears 公司连续两年营业额攀升 20%；1996 年，Sears 公司新开 300 家分店，新增员工 1.2 万人。

"如果不发生戏剧性变化，Sears 公司可能会沿着恐龙的足迹一直走下去。如果说在美国存在利用信息技术扭转公司局势的动人故事的话，那应归功于 Sears。"——美国《信息周刊》

现在，Sears 公司数据仓库里存有 50 亿条记录，保存了最新 121 周来自 3 500 个不同地点各个商店的原始销售数据和库存数据；每天要接收 1 万余次查询，产生 1 400 张日常业务报表，而平均响应时间仅为 25 秒；公司经理和采购人员每天要不断地访问数据仓库，以获取成千上万种商品和近 3 000 个商店的最新情况。

但遗憾的是，这些引人入胜的故事还不曾在中国的零售业行业中上演。有些国外数据仓库专家认为，中国零售企业还不存在数据仓库，如果与 Wal-Mart 的 24TB 数据仓库(1997 年容量)相比，也可以说是没有。中国不少的能源、金融、通信、制造等企业引进了大容量数据，中国的零售企业不是没有数据仓库，只是他们的数据仓库较小，不能以 TB 计。道理很简单，我国服务行业尤其是零售业对国民经济的贡献远不及发达国家，零售业经营成本过高；受国民购买力限制，企业规模偏小，中国最大的零售企业——上海百联全年销售额不及沃尔玛的 7%。当然，如果按严格的概念，许多自认为拥有数据仓库的企业就不得不排除在外了。自问所谓的数据仓库是否保留大量历史数据，这些数据是否能够根据多个主题进行重组，重组之后能否产生确切数值，这个数值能否支持企业决策；更重要的是这个主题是自定义的，非系统自带的。数据仓库概念的歧义颇多，但有一点可以肯定：只重规模不重管理的粗放式经营的企业是不可能拥有数据仓库的，不管是哪种概念的。

3. 数据仓库的实际应用

数据仓库应用广泛，如众所周知的 CRM(客户关系管理)和近几年逐渐兴起的 BI(商业智能)，其实 CRM 和 BI 也只是一个泛指的概念，具体业务具体开发，数据仓库不是只有 CRM 和 BI，CRM 和 BI 也非千篇一律。以 CRM 和 BI 看数据仓库，也只能算是以管窥豹。

CRM 是基于数据仓库技术的一种应用，不同的客户群需要不同的客户管理，CRM 自然也就千差万别。但所以称之为 CRM，就是因为它们有共同之处，Sybase 面向电信、金融、保险和医疗保健四大行业推出的 CRM 有 20%的功能需要 Sybase 和合作伙伴共同针对不同客户的不同需求进行开发，其余 80%的功能则是共同的。Sybase 的 CRM 由 7 个模块组成，即 CRM 中所谓的"7P"。

(1) 客户概况分析(Profiling)，包括客户的层次、风险、爱好和习惯等。

(2) 客户忠诚度分析(Persistency)，指客户对某个产品或商业机构的重视程度、持久性和变动情况等。

(3) 客户利润分析(Profitability)，指不同客户所消费的产品的边缘利润、总利润额和净利润等。

(4) 客户性能分析(Performance)，指不同客户所消费的产品按种类、渠道和销售地点等指标划分的销售额。

(5) 客户未来分析(Prospecting)，包括因客户数量、类别等情况的未来发展趋势恶化而争取客户的手段等。

(6) 客户产品分析(Produce)，包括产品设计、关联性和供应链等。

(7) 客户促销分析(Promotion)，包括广告和宣传等促销活动的管理。

CRM 在我国零售业已有初步的应用，也极大地提高了企业的销售水平，但对 CRM 的使用还有诸多问题。由于企业还多以电话和面谈方式与客户进行沟通，所以很难获取客户资料和反馈信息。没有细分客户，以传统方式与客户交流，忽视那些有购买能力和购买意图但又不习惯出入商场、超市的人群。多数企业的网上销售不足 5%。CRM 讲究个性化营销方案，传统的折扣、积分、会员制与个性化营销相去甚远。不能实现个性化营销，不是 CRM 无此功能，而是意识缺位。

BI 与 CRM 相比，稍显新鲜和陌生。关于 BI，Business Objects 公司 CEO Bernard Liautaud 所著 BI 一书中有这样一段描述。

数据是未经加工和修饰的原料，它是交易数据库的一项记录(数据库)。

信息是含有一定量商务信息和意义的数据，它是经过提炼、加工和集成的数据(数据仓库)。

智能是把信息提高到一个更高的层次。数据和信息是无生命的，而智能是有机的，在对业务的深入分析和见解被更多人分享后，就会形成一种非常强大的力量(BI)。

IDC 的调查结果表明，企业用于商务智能的投资回报率平均 2.3 年高达 400%。

BI 包括多项技术，如联机分析处理和数据挖掘。联机分析处理是以海量数据为基础的复杂分析技术，它支持各级管理决策人员从不同的角度、快速灵活地对数据仓库中的数据进行复杂查询和多维分析处理，并且能以直观易懂的形式将查询和分析结果展现给决策人员。数据挖掘是从海量数据中提取隐含在其中的、人们事先不知道的但可能有用的信息和知识的过程。数据挖掘的数据有多种来源，包括数据仓库、数据库或其他数据源。所有的数据都需要再次进行选择，具体的选择方式与任务相关。挖掘的结果需要进行评价才能最终成为有用的信息，按照评价结果的不同，数据可能需要反馈到不同的阶段，重新进行分析计算。数据挖掘的常用方法包括关联分析、分类和预测、聚类、检测离群点、趋势和演变分析等。也可以说联机分析处理和数据挖掘是数据仓库之上的增值技术。

BI 功能强大，比原数据仓库更加丰富，如 NCR Teradata 的新版零售逻辑数据模型(RLDM 4.0 版本)。该模型大幅度增加了支持的主题区域(Subject Area)，包括 RFID、药品零售、产品类别、序列产品跟踪和第三方联合数据等。此外，新版本也扩展了一些原有的主题区域，包括客户/合作伙伴、库存(内部供应链管理的基础)、付款账户、销售等。RLDM 4.0 能够以图形表述数据仓库环境的信息要求，并准确指出独立数据组件的存储位置以及不同数据组件之间的关联，从而提供一个商业活动的模型。

数据仓库代表一个企业的规模和层次，它日益成为企业的必需品。数据仓库也是企业建设的过程，它的发展是与企业同步的，不温不火、不失时机才是应用数据仓库的最好态度。在 2003 年，一项来自美国 MetaGroup 的市场分析指出，92%的企业将在今后 3 年内使用数据仓库。至少从现在看来，这个数字还远未达到。

4. 如何建立数据仓库

Wal-Mart 在数据仓库方面的成功毋庸置疑，但是，又有几个企业具有 Wal-Mart 的规模呢？明白自身企业的状况，这才能称为“知己知彼”。企业是否可以引入数据仓库要量力而行，这说起来简单，实际上却有很多人陷在了技术狂热之中。数据仓库是好技术，前提是企业引入的系统规模要合适。

数据仓库建设起来务必要小心。建立一个数据仓库和成功建立一个数据仓库是有很大差距的。建立数据仓库时，有些项目规划者脑海里充斥着很多不切实际的目标，他们想要数据仓库实现的功能面面俱到，结果反而导致了失败。成功建立一个数据仓库，企业必须在规划时就充分考虑该数据仓库的规模、功能以及未来扩展情况。这些工作有时不得不引入第三方的智力，如有经验的咨询公司专业人员。

借助数据仓库，企业能够从海量信息中探寻数据与数据之间的关系。但是，不要把所有能找到的数据都放到数据仓库中，凭借数据仓库，企业也并不能预知商务活动中所有的事情。要保证关键信息的及时、准确，例如客户信息、产品信息、财政报表、人事信息，处理好这些信息比一味贪大求全要有意义。把无关紧要的数据都放到数据仓库中，很快就会导致过于庞大的数据库，响应缓慢、难于维护，这使得数据仓库华而不实，难以使用。

"不要贪大求全"是定性分析，"估计好数据量"则偏重定量分析。如果一个数据仓库刚刚投入使用就发现磁盘空间不够，那会令人非常沮丧。

与 OLTP 系统不同，数据仓库系统需要更大的临时空间用于排序操作和数据汇总；它也需要较大的缓存空间用于驻留经常被访问的数据。估算数据量时要考虑如下因素：现有数据日、月、年的增长率；预计要保留多长时间的历史数据。一般情况下，数据空间=数据量估算×2，索引空间=数据量估算。

估算完数据数量后，还要关注数据质量。数据的抽取、转换和装载(ETL)是一项非常繁琐的工作，在系统实施过程中最好由专门小组或人员负责。不同业务系统的数据编码大多是不同的，统一编码常常是一项费时、费力的工作，要做好心理准备。此外，系统运行之后，必须制定一个行之有效的数据抽取时间和方式(前面提到的两家零售业巨头都是每天夜间为数据仓库补充各个零售店的业务数据)，为系统不断补充合格的数据。

数据仓库并没有严格的数学理论基础，也没有成熟的基本模式，它偏向于工程，具有强烈的工程性。因此，从立项那一天开始，就要树立这样的信念：这是一个建设者、使用者共同参与的项目。与电子邮件一类的系统不同，搭建数据仓库不是一个"水到渠成"的事情，"水到"之后还需要继续对"渠"进行改造。

资料来源：商业经理人，http://info.feno.cn/2006/110316/c000036395.shtml，2006-12-22。

思考与练习

1．企业资源有哪些形式？

2．什么是数据资源？

3．数据资源对企业有什么价值？

4．企业怎样实现数据资源的增值？

5．数据资源的管理有哪些技术手段？

6．事务处理系统、管理信息系统和决策支持系统对数据的操作有什么不同？

7．什么是数据仓库？什么是联机分析处理？什么是数据挖掘？

8．怎样从数据库中获得知识？

(下面练习题为读者回顾、巩固数据库知识而设)

9．设有关系模式 S(学号,姓名,系别)，C(课号,课名,预修课号)，SC(学号,课号,成绩)，分别用关系代数和 SQL 查询语言完成下述操作。

(1) 求选修了全部课程的学生的学号和姓名。

(2) 求选修了"database"课程且成绩为"A"的学生名单。

(3) 将数学系的张三同学的名字改为“张一”。

10. 设有系、教师、学生、课程等实体，其中每一个系包括系名、系址、系主任姓名、办公电话等属性；教师实体包括工作证号码、教师名、出生日期、党派等属性；学生实体包括学号、姓名、出生日期、性别等属性；课程实体包括课程号、课程名、预修课号等属性。设一个系可以有多名教师，每个教师教多门课程，一门课程由一个教师教。其中有的教师指导多个研究生，每一个学生可选多门课程，每门课程只有一个预修课程，每一个学生选修一门课程有一个成绩。试根据以上语意完成下述要求。

(1) 画出 E-R 图。

(2) 将以上的实体及实体之间的联系用关系模型表示出来。

(3) 写出各关系模式中的函数依赖集。

(4) 写出各关系的关键字。

(5) 写出各关系模式的规范化级别。

(6) 所有的关系模式的规范化级别都达到 3NF 了吗？若没有达到则将其分解以达到 3NF。

案例研究

上海证券交易所的数据仓库为终端客户带来价值

在很多人还在纳闷数据仓库该怎么带来收益的时候，上海证券交易所(简称为“上证所”)早已把他们建设数据仓库的成本收回来了，数据真的直接转换成了财富。从 2005 年上证所重构他们的数据仓库系统以后，推出了非常有商业意义的一个产品 TopView。

TopView(赢富)是上证所信息服务的品牌名。上证所于 2005 年建设完成当时国内金融行业数据容量最大的数据仓库，该数据仓库涵盖了上证所成立以来所有的历史数据及最新增量数据，范围包括交易核心数据、交易相关数据和上市公司数据等，数据类型则包含结构化数据和非结构化数据，是一个涵盖从数据清洗、存储、整合、查询、统计分析运用到高端分析、挖掘和预测的企业智能信息平台。

TopView 信息正是基于上证所数据仓库海量、权威的信息资源，特别为满足广大投资者、上市公司、证券经营机构和所有市场参与者的需求而精心设计开发的。TopView 品牌旗下的系列服务包含：盘中交易统计服务、盘后交易统计服务、上市公司个性化信息服务、证券机构个性化信息服务等。

TopView 能做什么呢？

1. 分类账户统计(月、周)数据

该组数据是核心数据，它是指以月或者周为统计周期，机构账户(D 类)、企业法人账户(B 类)和普通账户(A 类)分别持有某只股票的数量，他们持股数量的总和就是流通盘总股数。显然，该组数据将阳光基金、QIII 等九大类主力机构以及企业法人、解禁的“大非小非”资金每个月或者每周的动向完全“曝光”了。据此，投资者可以清楚地发现任何跟着机构账户及企业法人账户巨额资金投资的机会。

2. 账户区间统计(月、周)数据

为了防止某些“非阳光”机构利用个人身份开立普通账户，以隐藏其机构的真实身份而采取的一种统计数据，它是按单一账户持股数量的区间统计得到的(月、周)数据，是上述核心数据“账户分类数据”的补充。据此，投资者可以清楚地发现任何跟着私募基金、超大户等投资的重大机会。

有用户形象地说出了 TopView 的作用：“知道机构仓位，就知道哪个股票庄家持股数量多。庄家跑，你跟着跑；庄家进货，你跟着进货。跟庄坐轿，减小你的风险，提高盈利水平。”

上证所把 TopView 的功能开放给各个证券运营商，如金融界、证券之星、大智慧等，现在上证所又把领土开拓到了网络上，新浪网联合北京指南针科技发展股份有限公司，推出赢富专家版主力数据产品，这是国内首家 Web 版赢富数据产品。

上证所的 TopView 运营得很成功，上证所花了大笔的钱购买了 Teradata 数据仓库管理系统，它并没有像 Teradata 的很多其他用户一样，仅仅把数据仓库当成了一个内部运营的数据支持系统，而是直接把数据产品化。

真正了解了终端用户而不是内部用户对数据的渴求，切入了用户的核心需求，这样的数据仓库的运营模式才是值得学习和提倡的。数据仓库的建设者们如果想真正发挥出数据仓库的价值，不妨多从终端用户方面进行考虑，用消费者的心态去考虑如何把数据价值最大化。

第2章 数据仓库的概念与结构

教学目标

通过本章的学习，应掌握数据仓库的概念、数据仓库系统的构成、数据仓库的内部结构。

教学要求

知识要点	能力要求	相关知识点
数据仓库的概念	(1) 理解数据仓库、数据集市的定义 (2) 掌握数据仓库的特点	数据仓库的定义
数据仓库的结构	(1) 熟悉数据仓库系统的结构 (2) 理解数据仓库中的数据组织方式	(1) 数据仓库系统的体系结构 (2) 数据粒度、元数据、数据分割

引例

AllElectronics 的数据仓库

假设 AllElectronics 是一个成功的跨国公司，其分部遍布全世界。每个分部都有一组自己的数据库。AllElectronics 的总裁要求提供公司第三季度每种类型的商品、每个分部的销售分析。这是一项困难的任务，特别是相关数据散布在多个数据库中，物理上驻留在多个站点。

如果 AllElectronics 有一个数据仓库，该任务将很容易。数据仓库是一个从多个数据源收集信息的储存库，存放在一个一致的模式下，并且通常驻留在单个站点上。数据仓库通过数据清理、数据变换、数据集成、数据装入和定期数据刷新过程来构造。图 2.1 给出了 AllElectronics 的数据仓库构造和使用的典型框架。

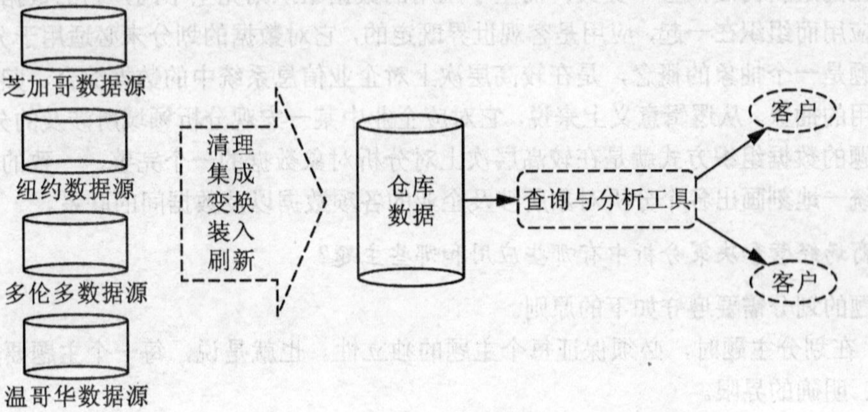

图 2.1 AllElectronics 的数据仓库构造和使用的典型框架

为便于决策，数据仓库中的数据围绕诸如顾客、商品、供应商和活动等主题进行组织。数据存储从历史的角度(如过去的 5～10 年)提供信息，并且通常是汇总的。例如，数据仓库不是存放每个销售事务的细节，而是存放每个商店每类商品的销售事务的汇总或汇总到更高层次，如每个销售地区的汇总。

对于数据仓库的概念，可以从两个层次予以理解。首先，数据仓库用于支持决策，面向分析型数据处理，它不同于企业现有的操作型数据库；其次，数据仓库是对多个异构数据源的有效集成，集成后按照主题进行了重组，并包含历史数据，而且存放在数据仓库中的数据一般不再修改。

2.1 数据仓库的概念

2.1.1 数据仓库的定义

数据仓库概念的创始人 W. H. Inmon 博士在《建立数据仓库(*Building the Data Warehouse*)》一书中给出了数据仓库的定义：数据仓库就是面向主题的、集成的、不可更改的、随时间不断变化的数据集合，用于支持经营管理中的决策制定过程。由于 Inmon 本人在数据仓库发展中的作用，他的上述定义成了一种权威的定义且被普遍接受。

Inmon 博士在数据仓库的定义中指出了数据仓库中的数据具有面向主题的、集成的、不可更改的、随时间不断变化的 4 个特征。下面详细介绍这 4 个特征。

2.1.2 数据仓库的特征

1. 数据仓库中的数据是面向主题的

面向主题描述的是数据仓库中数据的组织特征。传统数据库中的数据是面向应用而组织起来的，而数据仓库的数据是面向主题进行组织的。如一个保险公司的数据仓库所组织的主题可能为客户、政策、保险金、索赔等，而按应用来组织则可能为汽车保险、生命保险、伤亡保险等。由此可以看出，基于主题组织的数据被划分为各自独立的领域，每个领域有自己的逻辑内涵，互不交叉；而基于应用的数据组织则完全不同，它的数据只是为处理具体应用而组织在一起，应用是客观世界既定的，它对数据的划分未必适用于分析所需。

主题是一个抽象的概念，是在较高层次上对企业信息系统中的数据综合、归类并进行分析利用的抽象。从逻辑意义上来说，它对应企业中某一宏观分析领域所涉及的分析对象。面向主题的数据组织方式就是在较高层次上对分析对象数据的一个完整、一致的描述，能完整、统一地刻画出各个分析对象所涉及企业的各项数据以及数据间的联系。

思考：商场经营和决策分析中有哪些应用和哪些主题？

主题的划分需要遵守如下的原则。

(1) 在划分主题时，必须保证每个主题的独立性。也就是说，每一个主题要具有独立的内涵、明确的界限。

(2) 在划分主题时，需要保证对主题进行分析时所需的数据都可以在此主题内找到，保证主题的完备性。

(3) 在确定主题以后，需要确定主题应该包含的数据，此时应该注意不能将围绕主题的数据与业务处理系统的数据相混淆。

在主题的数据组织中应该注意，不同的主题之间可能出现相互重叠的信息，这种主题间重叠是逻辑的，而不是同一数据内容的物理存储重复。例如，“客户”主题与“产品”主题在产品购买信息方面有相互重叠的信息，是源于与客户和产品都有关的销售业务处理系统。

2. 数据仓库中的数据是集成的

集成性是指数据仓库中的数据必须是一致的。数据仓库的数据是从原有的、分散的多个数据库、数据文件和数据段中抽取出来的，数据来源可能既有内部数据又有外部数据。面向应用的数据与面向主题的数据之间差别很大。因此，在数据进入数据仓库之前，必然要经过转换、统一与综合。这是数据仓库建设中关键而复杂的一步。

1) 统一源数据

面向应用的设计人员经过多年的不同设计，会有许多不同的表示方法，不同的设计人员也会采用不同的表示形式，没有一个统一的标准。例如，表示性别，可以用“男”、“女”，也可以用 male、female 等。因此，当数据进入数据仓库时，必须消除面向应用数据的不一致性，将源数据统一，包括命名规则、编码、数据特征和度量单位的统一。

2) 综合和计算

在许多情况下，在从原有数据库中抽取数据生成数据仓库时，并不仅仅是将数据原封不动地“复制”过来，而是需要进行综合和计算。例如，在商场的销售子系统的销售数据库中，把顾客每次的购买作为一条记录。而在数据仓库中，顾客主题的“顾客购物信息”可以按天、周、月等来组织数据。很明显，在这种情况下，就需要对数据进行综合和计算。

数据仓库中的数据综合工作可以在从原有数据库中抽取数据时进行，但许多情况下是在数据仓库的内部进行，即进入数据仓库以后进行综合生成。

3. 数据仓库的数据是不可更改的

不可更改性描述的是数据仓库中数据的历史性。从事务处理系统中提取出的数据和从外部数据源中提取出的数据在数据仓库中被转换、综合并存储。数据仓库中的数据可以简单地理解为按主题组织的企业历史数据，是对企业运行历史的记载。因此，数据仓库中的已有数据不可以修改，只供查询和分析。也就是说，数据一经载入数据仓库，就不可随意修改(即不可篡改历史)。这种不可更改性可以支持不同的用户在不同的时间查询相同的问题时获得相同的结果。

因为对数据仓库中的数据只能进行查询和追加等操作，不可进行修改，因此数据仓库的存储管理相对于数据库管理系统来说要简单得多。

4. 数据仓库中的数据是随时间不断变化的

1) 数据仓库中的数据随时间变化

数据仓库中的数据不可更改是指数据一经载入数据仓库，用户不可以修改数据仓库中数据的值，但并不是说数据仓库中的数据内容是永远不变的。

数据仓库中的数据随时间的不断变化主要体现在数据仓库随时间变化不断增加新的数据内容，删去旧的无用的数据内容，数据仓库中所包含的综合数据经常按照时间段进行综合，隔一定的时间片进行抽样等操作。因此，数据仓库数据的码键都包含时间项，以标明数据的历史时期。

2) 数据仓库的数据追加

如何定期地向数据仓库追加数据也是一项十分重要的技术。数据仓库的数据初装完成后，再向数据仓库输入数据的过程称为数据追加。数据追加的内容仅限于上次向数据仓库输入后原来数据库中变化了的数据。因此，要完成数据追加，必须能够明确哪些数据是在上一次追加过程之后新生成的，这项工作称为变化数据的捕捉。捕捉变化数据的常用方法有如下几种。

(1) 时标方法。如果数据含有时标，那么只需根据时标即可判断哪些数据是上次追加后变化了的，但许多数据库中的数据并不含有时标。

(2) DELTA 文件。DELTA 文件是由应用生成的，记录了应用改变的所有内容。利用 DELTA 文件，效率比较高，避免扫描整个数据库。但生成 DELTA 文件的应用并不普遍。

(3) 前后映像文件的方法。将抽取数据到数据仓库时的数据库单独“保存”(称之为“快照”)；在抽取数据库数据时，对数据库再做一次快照，比较两幅快照的不同，从而确定实现数据仓库追加的数据。这种方法需占用大量的资源。

(4) 日志文件。最可取的技术是利用日志文件，因为它是数据库的固有机制，不会额外增加工作量和占用系统资源，并且提取数据只局限于日志文件，不用扫描整个数据库。当然，原来日志文件的格式是依据数据库系统的要求而确定的，它包含的数据对于数据仓库而言可能有冗余。如对一个记录的多次更新，日志文件将全部变化过程都记录下来，而对于数据仓库，只需要最终结果。因此，在利用日志文件进行数据仓库的数据追加时，同样需要进行数据的转换、综合和鉴别等。

2.1.3 数据集市

1. 数据集市的概念

在一个企业中，数据仓库存储了从各个操作型数据库、外部数据库以及其他数据库中提取出来的数据，它是一个已经被净化、转换和编码化了的中心数据源，所以，可以被管理者和其他业务人员用于数据挖掘、在线分析、市场研究以及决策支持等。数据仓库可被细分为若干个数据集市(Data Marts)，其中包含侧重于公司特定业务方面的数据子集。如一个公司的某个部门或者某个业务流程。

如图 2.2 所示，数据集市可以分成两种：一种是从属数据集市；另一种是独立数据集市。

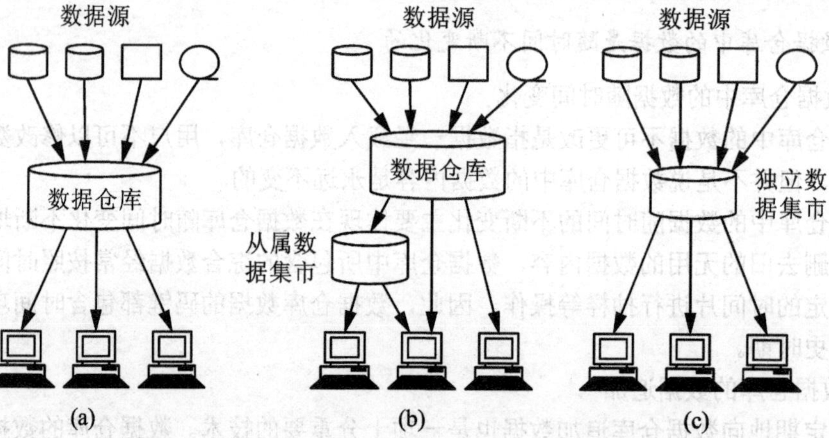

图 2.2 数据仓库、从属数据集市和独立数据集市示意图

图 2.2 中(a)表示的是数据仓库的逻辑结构。其中的数据来自各个不同的数据源，这种中央数据仓库的做法可以保证数据的一致性，也方便数据的维护。

图 2.2 中(b)表示的是从属数据集市的逻辑结构。所谓从属，是指它的数据直接来自中央数据仓库。显然，这种结构仍能保持数据的一致性。一般为那些访问数据仓库十分频繁的关键业务部门建立从属的数据集市，这样可以很好地提高查询的反应速度。

图 2.2 中(c)表示的是独立数据集市的逻辑结构，它的数据直接来源于各生产系统。许多企业在计划实施数据仓库时，往往出于投资方面的考虑，最后建成的就是这种结构的独立数据集市，用来解决个别部门比较迫切的决策问题。从这个意义上讲，它和企业数据仓库除了在数据量的大小和服务对象上有所区别外，逻辑结构并无多大区别，也许这是把数据集市称为部门数据仓库的主要原因。

2. 创建数据仓库与数据集市的模式

创建数据仓库的方式根据其出现的先后顺序，主要分为两种：自顶向下(Top-Down)和自底向上(Bottom-Up)。

1) 自顶向下

这种模式首先把联机分析处理数据通过 ETL 汇集到数据仓库中，然后再把数据通过复制的方式推进各个数据集市中，其优点如下。

(1) 数据来源固定，可以确保数据的完整性。

(2) 数据格式与单位一致，可以确保跨越不同数据集市进行分析的正确性。

(3) 数据集市可以保证有共享的字段，因为它们都是从数据仓库中分离出来的。

2) 自底向上

这种模式首先将联机分析处理数据通过 ETL 汇集到数据集市中，然后通过复制的方式提升到数据仓库中，其优点如下。

(1) 由于首先构建数据集市的工作相对简单，所以容易成功。

(2) 这种模式也是实现快速数据传送的原型。

2.2 数据仓库系统

数据仓库系统(Data Warehouse System，DWS)就是对进入数据仓库的原始数据完成抽取、转换、过滤、清理等处理，最终进入数据仓库，以及对数据仓库中存储的数据进行更新、管理、使用、表现等的相关软件/工具进行集合，用以支持数据仓库应用或管理决策。

数据仓库系统通常被分为管理层(ETL 管理工具)、存储层(数据仓库和数据集市)和分析工具层(OLAP、数据挖掘等)3 个部分，这 3 个部分之间的关系如图 2.3 中虚线部分所示。

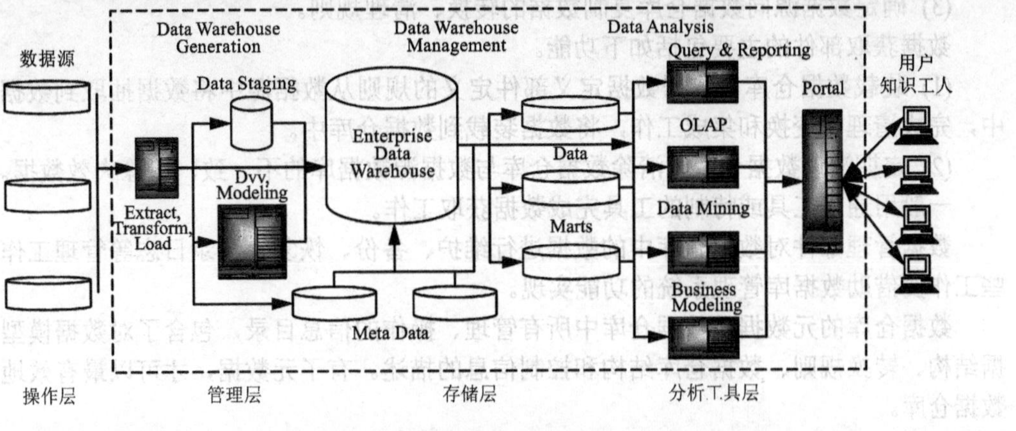

图 2.3 数据仓库系统组成

虽然把数据源排除在数据仓库系统的范围之外，但是，在数据仓库系统的开发与应用中，数据源是出发点。因此，把数据源也纳入本节讨论的范围之内。

2.2.1 数据源

数据仓库的数据来自多个数据源。由于企业在长期的事务处理过程中随数据库管理系统本身的发展，形成了企业内部从简单到复杂、从小型到大型的各种数据库，其中包括各种关系数据库、对象数据库、桌面数据库以及各种非格式化的数据文件等。

常见的数据源包括如下几种。

(1) 流行的关系数据库系统：Oracle、Sybase、SQL Server、DB2 等。

(2) 面向对象数据库系统：Objectstore 等。

(3) 传统的桌面数据库系统：Foxbase、FoxPro 等。

(4) 文件系统中的数据文件：UNIX、Windows 等。

(5) 其他数据源：Word、Excel 等。

数据源可以是递归的。数据仓库的数据源可以是另外一个数据仓库(或数据集市)或OLAP 服务器。

2.2.2 数据仓库管理层

数据仓库的数据来自多个数据源，包括企业的内部数据和市场调查与分析的外部数据。在确定了数据仓库的信息需求以后，需要进行数据建模，确定从数据源到数据仓库的数据抽取、清理和转换过程，分析、划分维数以及确定数据仓库的物理存储结构；数据仓库建立好以后，需要对数据仓库的安全、归档、备份、维护及恢复等工作进行管理。

数据仓库管理层的功能就是完成数据仓库的定义，完成数据的抽取、转换、装载，完成数据的归档、备份、维护、恢复及元数据的管理等。

数据仓库的管理部分由数据仓库定义部件、数据获取部件、数据管理部件和元数据管理部件 4 部分组成。

数据仓库定义部件用于定义和建立数据仓库，包括如下内容。

(1) 设计和定义数据仓库的数据库。

(2) 定义数据源。

(3) 确定数据源向数据仓库复制数据的转换、清理规则。

数据获取部件的主要包括如下功能。

(1) 装载数据仓库。依据数据定义部件定义的规则从数据源中将数据抽取到数据仓库中，完成清理、变换和集成工作，将数据装载到数据仓库中。

(2) 定期清理数据仓库。清除数据仓库与数据源数据库的不一致，清除失效数据。

一般用通用工具或特制的工具完成数据获取工作。

数据管理部件对数据仓库中的数据进行维护、备份、恢复、记录日志等管理工作。这些工作要借助数据库管理系统的功能实现。

数据仓库的元数据是数据仓库中所有管理、操作的信息目录，包含了对数据模型、数据结构、转换规则、数据仓库结构和控制信息的描述。有了元数据，才可以最有效地利用数据仓库。

数据仓库的元数据包括技术元数据和业务目录两部分。技术元数据由关于数据源、目标、转换规则及数据源与数据仓库之间的映射组成。业务目录由数据仓库管理员生成，由数据来源、当前值、预定义的查询等方面组成，是针对具体应用数据的源数据管理。

2.2.3 数据仓库工具集

数据仓库工具集主要由一些分析工具组成，包括检索查询工具、多维数据的 OLAP 分析工具、统计分析及数据挖掘工具等。

数据仓库应用是一个典型的客户商/服务器结构，其客户端的工作主要包括客户交互、格式化查询、可视化以及数据报表生成等；服务器端完成多种辅助的查询、复杂的计算和各类综合功能等。一般有 OLAP 服务器和 DM 服务器两种。

2.3 数据仓库中的数据组织

数据仓库中的数据组织方式与数据库不同，通常是采用分级的方式进行组织。一般分为早期细节级、当前细节级、轻度综合级、高度综合级以及元数据 5 部分，如图 2.4 所示。数据源经过综合后，首先进入当前细节级，并根据具体需要进行进一步综合，从而进入轻度综合级乃至高度综合级，老化的数据将进入早期细节级。数据仓库中存在着不同的数据综合级别，将其称为“数据粒度”。

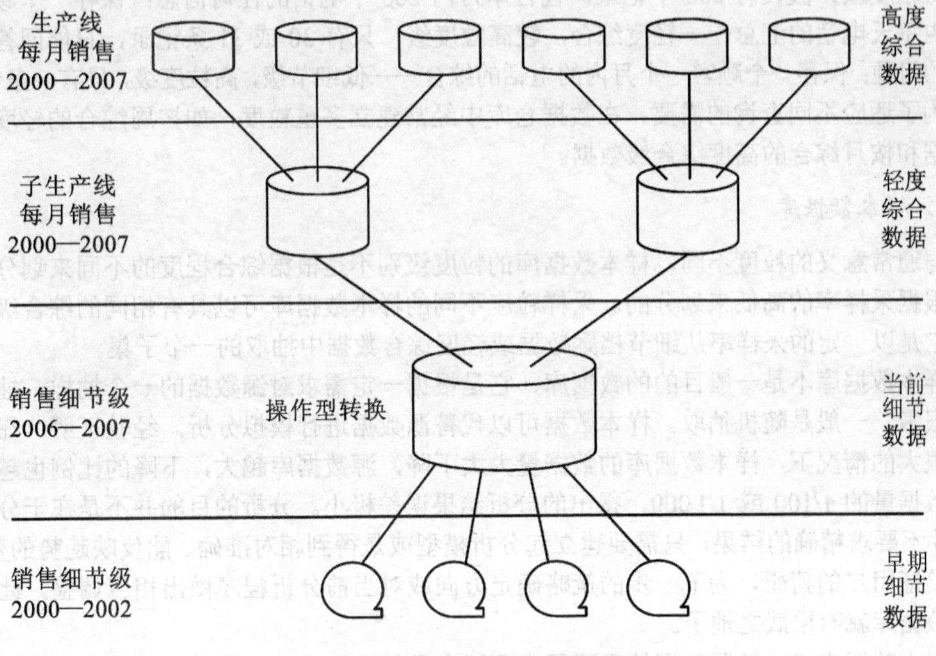

图 2.4 数据仓库中的数据组织方式

(1) 早期细节数据存储过去的详细数据，反映真实的历史情况，这类数据随着时间的增加，数据量很大，使用频率低，一般存储在转换介质(如磁带)中。

(2) 当前细节数据存储最近时期的业务数据，反映当前业务的情况，数据量大，是数据仓库用户最感兴趣的部分。随着时间的推移，当前细节数据由数据仓库的时间控制机制转为早期细节数据。

(3) 轻度综合数据是从当前的基本数据中提取出来，通常以较小的时间段(粒度)统计而成的数据，其数据量较当前细节级数据少得多。

(4) 高度综合级的数据十分精炼，是一种准决策数据。

2.3.1 粒度的概念

粒度是数据仓库中一个最重要的概念，是指数据仓库的数据单位中保存数据细化或综合程度的级别。粒度影响存放在数据仓库中数据量的大小，同时影响数据仓库所能回答查询问题的细节程度。粒度可以分为两种形式：按时间段综合数据的粒度和按采样率高低划分的样本数据库。

1. 按时间段综合数据的粒度

按时间段综合数据的粒度是对数据仓库中数据的综合程度高低的一个度量，一般是按照不同的时间段来综合数据，它既影响数据仓库中数据量的多少，也影响数据仓库所能回答询问的种类。粒度越小，细节程度越高，综合程度越低，回答查询的种类就越多。反之，粒度的增大将会提高查询效率，但同时也造成回答细节问题能力的下降。

例如，在电讯公司的数据仓库中，保存一个顾客一个月内每个电话的细节——高细节级，低粒度级，假设有 200 个记录，包含本月内 200 个电话的任何信息；保存一个顾客一个月内每天电话的汇总——轻度综合，较高粒度级，只有 30 或 31 条记录，只能回答汇总查询的问题；保存一个顾客一个月内的电话的综合——低细节级，高粒度级，只有一条记录。

为了适应不同查询的需要，在数据仓库中经常建立多重粒度，如按周综合的轻度综合级数据和按月综合的高度综合级数据。

2. 样本数据库

与通常意义的粒度不同，样本数据库的粒度级别不是根据综合程度的不同来划分的，而是根据采样率的高低来划分的。采样粒度不同的样本数据库可以具有相同的综合级别，一般它是以一定的采样率从细节档案数据或轻度综合数据中抽取的一个子集。

样本数据库不是一般目的的数据库，它是根据一定需求对源数据的一个抽样。抽样的方法很多，一般是随机抽取。样本数据可以代替源数据进行模拟分析。经验证明，在源数据量很大的情况下，样本数据库的数据量大大下降，源数据库越大，下降的比例也越大。如源数据量的 1/100 或 1/1 000，得出的分析结果误差极小。分析的目的并不是在于分析本身，并不要求精确的结果，只需要建立起分析模型或是得到相对准确、能反映趋势的数据，从而验证用户的猜想，为下一步的策略确定方向或对当前分析程序做出相应调整，此时，样本数据库就有用武之地了。

样本数据库可以按照数据的重要程度不同来进行抽取，样本数据库是建立在不同时点上的粒度。

2.3.2 面向主题的数据组织

为了更好地理解主题与面向主题的概念，说明面向主题的数据组织与传统的面向应用的数据组织方式的不同，下面介绍一个例子。例如，一家采用“会员制”经营方式的商场，按业务已建立起销售、采购、库存管理以及人事管理子系统。

1. 面向应用的数据组织

该商场按照不同的应用建立了各自的数据库模式，各子系统建立数据库的情况见表 2-1。

表 2-1　各子系统建立数据库的情况

子系统(应用)	数据库表名	数据字段
销售子系统	顾客	顾客号，姓名，性别，年龄，文化程度，地址，电话
	销售	员工号，顾客号，商品号，数量，单价，日期
采购子系统	订单	订单号，供应商号，总金额，日期
	订单细则	订单号，商品号，类别，单价，数量
	供应商	供应商号，供应商名，地址，电话
库存管理子系统	领料单	领料单号，领料人，商品号，数量，日期
	进料单	进料单号，订单号，进料人，收料人，日期
	库存	商品号，库房号，库存量，日期
	库房	库房号，仓库管理员，地点，库存商品描述
人事管理子系统	员工	员工号，姓名，性别，年龄，文化程度，部门号
	部门	部门号，部门名称，部门主管，电话

上述数据模式基本上是按照企业内部的业务活动及其需要的相关数据来组织数据存储的，没有实现真正的数据与应用分离，其抽象程度也不够高。

2. 面向主题的数据组织

按照面向主题的方式，数据的组织应该分为两个步骤：抽取主题以及确定每个主题所应包含的数据内容。

主题的抽取应该是按照分析的要求来确定的。概括各种分析领域的分析对象，可以综合得到主题。上例的主题应包括商品、供应商、顾客等。每个主题有着各自独立的逻辑内涵，对应了一个分析对象。面向主题的数据组织见表 2-2。

表 2-2　面向主题的数据组织

主　题	信 息 类	数据字段
商品	商品固有信息	商品号，商品名，类别，颜色等
	商品采购信息	商品号，供应商号，供应价，供应日期，供应量等
	商品销售信息	商品号，顾客号，售价，销售日期，销售量等
	商品库存信息	商品号，库房号，库存量，日期等
供应商	供应商固有信息	供应商号，供应商名，地址，电话等
	供应商品信息	供应商号，商品号，供应价，供应日期，供应量等
顾客	顾客固有信息	顾客号，顾客名，性别，年龄，文化程度，住址，电话等
	顾客购物信息	顾客号，商品号，售价，购买日期，购买量等

在每个主题中都包含了有关该主题的所有信息，同时又抛弃了与分析处理无关或不需要的数据，从而将原本分散在各个子系统中的有关信息集中在一个主题中，形成有关该主题的一个完整一致的描述。面向主题的数据组织方式所强调的就是要形成一个这样一致的信息集合。以“商品”主题为例，关于商品的各种信息已综合在“商品”这一个主题中，包含了商品的固有信息(商品名称、商品类别、型号和颜色等商品的描述信息)和商品的流动信息(商品采购信息、商品销售信息及商品库存信息)，丢弃了原来不必要的、不适于分

析的信息，如有关订单、领料单等信息；并将原来分散在不同数据库中的商品信息集中在一起，形成了关于商品一致的信息集合。

不同的主题之间有重叠的内容。例如，“商品”主题的商品销售信息同“顾客”主题的顾客购物信息有些数据字段是相同的，这表现了“顾客”和“商品”这两个主题之间的联系；同样，“商品”主题中有些信息同“供应商”主题中的某些信息相同，这表现的是“商品”和“供应商”之间的联系。但主题间的重叠并不是两两重叠，如“供应商”和“顾客”主题间是没有重叠内容的，这表现了“供应商”和“顾客”之间不发生直接的联系，而是通过“商品”主题来表现它们之间的间接联系。“商品”、“顾客”和“供应商”这3个主题间的重叠关系如图2.5所示。

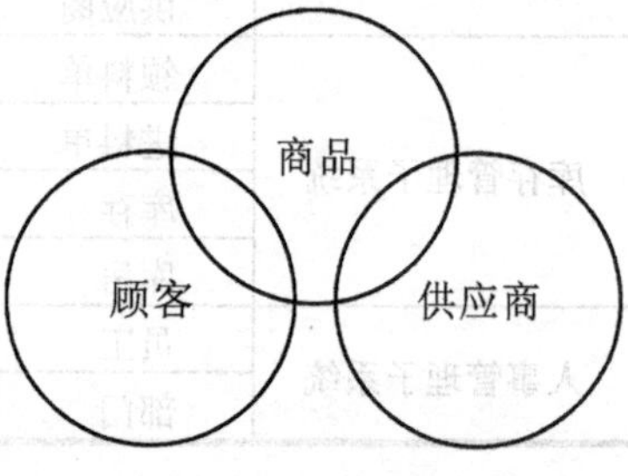

图2.5 主题间的重叠关系

一个主题可以划分成多个表，基于一个主题的所有表都含有一个称为公共码键的属性作为其主码的一部分。公共码键将各个表统一联系起来，体现了它们是属于一个主题，如“商品”主题的公共码键是“商品号”。

2.3.3 数据分割

分割也是数据仓库中的一个重要概念，它是指将数据分散到各自的物理单元中以便能分别进行独立处理，以提高数据处理的效率。数据分割后的数据单元称为分片。分割之后，小单元内的数据相对独立，处理起来更快、更容易。

一般在进行实际的分析处理时，对于存在某种相关性的数据集合的分析是最常见的。如对某时间或某时段的数据分析、对某一地区的数据分析、对特定业务领域的数据分析等，将有这种相关性的数据组织在一起，就会提高效率。

1. 分割的优点

对当前细节数据进行分割的总体目的就是把数据划分成小的物理单元，为操作者和设计者在管理数据时提供更大的灵活性。小物理单元具有容易重构、自由索引、顺序扫描、容易重组、容易恢复和容易监控等优点。数据仓库的本质之一就是灵活地访问数据，大块数据达不到这个目的。

2. 分割的标准

数据分割的标准可以根据实际情况来确定，通常可选择按日期、地域、业务领域或组织单位等来进行分割，也可以按多个分割标准的组合来进行，但一般情况下，分割标准应包括日期项。

例如，数据分割的标准是由开发人员选择的，在数据仓库中按日期总是必需的。

3. 分割的层次

分割的层次一般分为系统层和应用层。系统层的分割由数据库管理系统和操作系统完成；应用层的分割由应用系统完成，在应用层上的分割更有意义。

2.3.4 元数据的管理

元数据作为数据的数据，可对数据仓库中的各种数据进行详细的描述与说明，说明每个数据的上下文关系，使每个数据具有符合现实的真实含义，使最终用户了解这些数据之间的关系。

1. 元数据的类型

1) 按元数据的类型分类

(1) 关于基本数据的元数据：基本数据是指数据源、数据仓库、数据集市和应用程序管理的所有数据。基本数据的元数据包括定义、结构的所有描述。

(2) 用于数据处理的元数据：对数据装载、更新处理、分析处理、管理方面的信息，如数据抽取、转换、聚合规则等的描述。

(3) 关于企业的组织结构的元数据：包括与企业相关的管理方面的数据和信息，如用户访问数据仓库、数据源、数据集市的权限信息等。

2) 按抽象级别分类

(1) 概念级：包括业务的全部描述，如定义主要的业务实体、特征及其相互关系，系统的使用方法、已定义的查询、视图和现有的应用等相关的信息。

(2) 逻辑级：包括数据库的关系方案、逻辑多维模型等一般用伪码或数学语言描述数据抽取/转换的规则等。

(3) 物理级：包括业务规则相应的 SQL 代码、关系的索引文件、分析应用的代码。

3) 按元数据承担的任务分类

根据元数据在数据仓库中所承担的任务分类，可分成静态元数据和动态元数据。

静态元数据主要与数据结构有关，包括如下要素。

(1) 名称类：用于为系统提供标识时区分数据的符号。

(2) 描述类：对数据仓库中的多种数据元素进行说明。

(3) 格式类：提供数据仓库中数据的表达规则。

(4) 数据类型：数据仓库中数据的类型。

(5) 关系类：说明数据仓库中多种数据对象之间的关系。例如，客户与商品之间有购买关系。

(6) 域类：用于说明数据仓库中数据的有效值范围。

(7) 业务规则类：用于说明数据仓库中数据在业务处理中所要遵守的规则。例如，Customer_ID 表示客户的编号，开头字母为 A 表示集体客户，B 表示个人客户。

动态元数据主要与数据的状态与使用方法有关，包括如下要素。

(1) 数据质量表：用于描述数据仓库中数据的精确度、完整性、一致性和有效性。

(2) 统计信息类：统计访问数据的用户、访问时间和访问次数。这些统计信息对于数据仓库性能的提高具有较高的参考价值。

(3) 状态类：用于跟踪数据仓库的运行状况。例如，数据最近一次的备份时间、备份所需要的时间、出现的错误情况等状况。这些系统运行中的状况有助于数据仓库管理人员对数据仓库性能的了解。

(4) 处理类：描述数据仓库系统的使用方法和管理的特性。例如，数据的使用方法、概括数据的概括公式等。

4) 从用户的角度分类

这种分类方法与元数据的使用目的相关。从用户的角度来看，这种分类方法没有一个统一的标准，在实际中往往按习惯、可行、适用的原则进行划分。

目前一般分为两大类：技术元数据和业务元数据。技术元数据是关于开发、维护和管理信息技术环境中所有的分析、设计、开发、管理等与技术关系密切的元数据，它是连接开发工具、应用程序和系统的技术纽带。业务元数据则使企业环境的服务更易于为终端用户所理解，它为业务目标和过程的解释提供便捷的浏览、导航和数据查询。

(1) 技术元数据包括对数据库、数据仓库、数据集市的数据字典、数据转换规则的代码等的描述数据。例如：

① 关于操作系统、数据仓库和 OLAP 系统的体系结构和方案的描述信息，表的结构、属性限制、视图信息等。

② 对不同信息源、数据仓库和 OLAP 系统之间在物理和实现级上的映射和依赖关系的描述。

③ 抽取调度的元数据，包括抽取调度的复杂关系、源数据与目标数据之间的映射。

④ 时间同步的元数据。

⑤ 用户权限信息。

(2) 业务元数据包括特定应用的文档(用户简介、存储映射、使用提示、导航帮助等)、业务概念和术语、预定义的查询和报表的细节、上下文信息、度量衡描述、日期格式、字典、主题词表等。例如：

① 企业概念模型。

② 多维数据模型，维、维类别、数据立方体、数据集市的聚合原则。

③ 业务概念模型和物理模型之间的依赖关系。

④ 支持面向业务概念的浏览、导航。

⑤ 支持动态立即查询、数据挖掘。

2. 元数据的内容

1) 数据源的元数据

(1) 每个来源的所有者描述信息。

(2) 每个来源的业务描述信息。

(3) 原始来源的更新频率。

(4) 每个来源使用的法律约束。

(5) 存取方法、存取权利、特权以及来源的存取口令。

(6) 用来实现抽取过程的程序代码。

(7) 自动抽取工具设置。

(8) 特定抽取作业的结果信息，包括抽取时间、抽取内容以及完成情况。

2) 数据模型的元数据

(1) 企业概念模型。

(2) 数据仓库数据模型。
(3) 数据源到目标的映射。
3) 数据准备区元数据
(1) 数据传输调度以及特定传输的结果。
(2) 数据准备区文件的使用情况。
(3) 用于连接来源、删除字段、查找属性的作业规范。
(4) 数据清理规范。
(5) 数据增强和映射转换。
(6) 数据挖掘所要求的转换(如解释空值的度量值)。
(7) 目标模式设计、来源到目标系统的数据流、目标数据的所有者。
(8) 聚集定义、聚集使用统计、基本表使用统计。
(9) 数据来源情况和审核检查记录(该记录真正来自何地、何时)。
(10) 数据转换运行时间。
(11) 数据转换软件的版本号。
(12) 数据抽取处理的业务描述。
(13) 有关抽取文件、软件以及元数据的安全性设置。
(14) 数据传输的安全性设置。
(15) 数据准备区的存档日志和恢复程序。
(16) 数据准备区存档的安全性设置。
4) 数据库管理系统元数据
(1) 分区设置。
(2) 索引。
(3) 数据库管理系统层次的安全性特权与授权。
(4) 视图定义。
(5) 存储过程与 SQL 管理脚本。
(6) 数据库管理系统备份状态、备份程序以及备份安全性。
5) 前台元数据
(1) 业务名称和有关列、表以及分组的描述。
(2) 现有的查询和报告定义。
(3) 连接规范工具设置。
(4) 打印工具规范。
(5) 最终用户文档。
(6) 网络安全性用户特权概况。
(7) 网络安全性身份验证证书。
(8) 网络安全性使用统计，包括登录尝试、存取尝试以及按位置报告的用户标识符。
(9) 个人用户概况。
(10) 有关数据源、表、视图以及报告的使用及存取映射。

本章小结

数据仓库就是面向主题的、集成的、不可更改的、随时间不断变化的数据集合，用于支持经营管理中的决策制定过程。数据集市是数据仓库中针对某特定业务领域或组织部门的一个数据子集。数据仓库系统就是对进入数据仓库的原始数据完成抽取、转换、过滤、清理等处理，最终装入数据仓库，以及对数据仓库中存储的数据进行更新、管理、使用、表现等的相关软件/工具进行集合。数据仓库中的数据按主题进行组织，以适当的粒度进行存储；为提高数据的处理效率，有时需要将数据分散到各自的物理单元中，以便能分别独立处理；元数据在数据仓库管理中具有非常重要的意义，是数据仓库中所有管理、操作的信息目录，包含对数据模型、数据结构、转换规则、数据仓库结构和控制信息的描述。

关键术语

数据仓库：Data Warehouse
数据集市：Data Marts
元数据：Meta Data
维度：Dimension
主题：Topic
粒度：Granularity
数据分割：Data Partitioning

阅读材料

主流数据仓库产品对比分析

1. 介绍

目前主要的数据仓库产品供应商包括 Oracle、IBM、Microsoft、SAS、Teradata、Sybase、Business Objects(BO，已被 SAP 收购)等。Oracle 公司的数据仓库解决方案包含了业界领先的数据库平台、开发工具和应用系统，能够提供一系列的数据仓库工具集和服务，具有多用户数据仓库管理能力、多种分区方式、较强的与 OLAP 工具的交互能力及快速和便捷的数据移动机制等特性；IBM 公司的数据仓库产品称为 DB2 Data Warehouse Edition，它结合了 DB2 数据服务器的长处和 IBM 的商业智能基础设施，集成了用于仓库管理、数据转换、数据挖掘以及 OLAP 和报告的核心组件，提供了一套基于可视化数据仓库的商业智能解决方案；微软的 SQL Server 提供了三大服务和一个工具来实现数据仓库系统的整合，为用户提供了可用于构建典型和创新的分析应用程序所需的各种特性、工具和功能，可以实现建模、ETL、建立查询分析或图表、定制 KPI、建立报表和构造数据挖掘应用及发布等功能；SAS 公司的数据仓库解决方案是一个由 30 多个专用模块构成的架构体系，适应于对企业级的数据进行重新整合，支持多维、快速查询，提供服务于OLAP操作和决策支持的数据采集、管理、处理和展现功能；Teradata公司提出了可扩展数据仓库基本架构，包括数据装载、数据管理和信息访问几个部分，是高端数据仓库市场最有力的竞争者，主要运行在基于UNIX操作系统平台的NCR硬件设备上；Sybase提供了称为Warehouse Studio的一整套覆盖整个数据仓库建立周期的产品包，包括数据仓库的建模、数据集成和转换、数据存储和管理、元数据管理和数据可视化分析等产品；Business Objects是集查询、报表和OLAP技术为一身的智能决策支持系统，具有较好的查询和报表功能，提供多维分析技术，支持多种数据库，同时它还支持基于Web浏览器的查询、报表和分析决策。

根据IDC发布的2006年数据仓库市场分析报告，上述公司占据了全球近90%的市场份额，提供的数据仓库产品的功能特性已经成为市场的主流。这些公司在推出各自的数据仓库产品的同时也提供了相应的数据仓库解决方案。本文的后续内容将针对这些数据仓库产品和解决方案的主要支撑技术进行比较，并结合IDC和ChinaBI相关报告，给出相应的市场情况分析。

2. 支撑技术

在数据仓库系列技术中，主要的支撑技术包括数据库技术、ETL技术、OLAP技术、报表技术、数据挖掘技术。

1) 数据库技术

数据库技术是支撑数据仓库技术的基础技术。尽管在数据仓库技术存储模型方面，基于数据库技术而发展的关系模式的理念已经被颠覆，取而代之的是各种各样的数据仓库数据模型，如星型模型、雪花模型等，然而，在已有的数据仓库实践中，关系数据库实质上仍然是数据库存储工具，只是将数据库表改称为事实表和维表，将属性域之间的关系重新定义为维度、量度、层次、粒度等。

成熟的数据仓库其后台数据库包括Oracle、DB2、SQL Server、Teradata和Sybase IQ。在查询效率方面，Sybase IQ由于采用了列存储技术，查询效率比较高；在兼容性方面，Teradata从软件到硬件都必须是专用的，因而兼容性最差；在管理平台和海量数据管理方面，Oracle、DB2和SQL Server都提供了一系列完整的工具，相对于其他产品有着明显的优势；在磁盘空间利用方面，Sybase IQ的压缩比是所有数据库中最好的，而Teradata最为浪费。

另外，SAS公司和BO公司也拥有自己的数据管理能力，但对于大型数据仓库的数据管理来说，仍然需要使用上述的数据库产品，SAS和BO都提供了与这些数据库进行连接的专门接口。

2) ETL技术

数据仓库系统是集成的、与时间相关的数据集合，ETL作为数据仓库的核心，负责将分散的、异构数据源中的数据进行抽取、清理、转换、集成，最后加载到数据仓库或数据集市中，成为联机分析处理、数据挖掘的基础。ETL能够按照统一的规则集成并提高数据的价值，是负责完成数据从数据源向目标数据仓库转化的过程，是实施数据仓库的重要步骤。要实现数据仓库中数据的自动更新运转，ETL技术是必不可少的关键技术之一。

主流数据仓库产品供应商都拥有各自的ETL能力。IBM的ETL工具称为IBM WebSphere DataStage，它为整个ETL过程提供了一个图形化的开发环境，支持对多种操作数据源的数据抽取、转换和维护，并将其输入数据集市或数据仓库中；Teradata的ETL工具称为ETL Automation，它利用Teradata数据库本身的并行处理能力，通过SQL语句实现数据的转换，提供对ETL流程的支持，包括前后依赖、执行和监控等；SAS的ETL工具称为ETL Studio，提供管理ETL流程和建立数据仓库、数据集市和OLAP结构的单控制点。其他几家公司则将其工具融合在大的数据仓库组件中，如Oracle的Oracle Warehouse Builder (OWB)、SQL Server的Integration Services、Sybase的Data Integration Suite、BO的可扩展数据整合平台Data Integrator。

上述各公司提供的ETL相关工具功能相近，在易用性、效率、价格等方面各有千秋，但就工具的二次开发、集成和开放性而言，与专业的数据集成平台如Informatica公司的PowerCenter相比还是存在一定的差距。

3) OLAP 技术

联机分析处理是针对特定问题的联机数据访问和分析，通过对信息进行快速、稳定、一致和交互式的存取，对数据进行多层次、多阶段的分析处理，以获得高度归纳的分析结果。联机事务处理已不能满足终端用户对数据库查询分析的需要，SQL 对大数据库进行的简单查询也不能满足用户分析的需求。用户的决策分析需要对关系数据库进行大量的计算才能得到结果，而查询的结果并不能满足决策者提出的需求，由此出现了多维数据库和多维分析的概念。

目前主流的 OLAP 产品有 Oracle Express/Discoverer、SQL Server Analysis Services、DB2 OLAP Server、SAS OLAP Server 等，这些产品都可以生成多维数据立方体，提供多维数据的快速分析，支持所有的主流关系型数据库，如 DB2、Oracle、SQL Server、Sybase 等，同时可读取关系数据库中的细节数据，实现混合联机分析(HOLAP)或关系型联机分析(ROLAP)。并且，各厂商的 OLAP Server 对自己的数据库产品的支持均好于其他数据库，各自的分析工具也都基于开放的 OLE DB 标准，可以访问支持 OLE DB 标准的数据立方体。

BO 公司和 Sybase 公司则分别提供了各自的 OLAP 分析工具 OLAP Intelligence 和 Power Dimension，支持标准的 OLAP API，如 OLEDB for OLAP，能够对 Microsoft、IBM 等 OLAP 数据进行划分、抽取等处理，兼容第三方报表和展现工具。Teradata 尽管不提供独立的 OLAP 工具，但提供了相关技术，用于提升运行于 Teradata 数据库上的 OLAP 应用系统的性能。

4) 报表技术

报表技术主要是将集成在数据模型中的数据按照复杂的格式，指定行列统计项，计算形成特殊的表格。一般的简单报表可以使用通用的前台展现技术实现，而复杂的报表则需要使用特定的报表技术。主流的报表技术都可以灵活地制定各种报表模版库和指标库，并根据每个区块或单元格的需要引用指标，实现一系列复杂的符合要求的报表的自动生成。

在主流数据仓库厂商的报表工具中，较为有影响的包括 IBM 的 Cognos ReportNet、BO 的 Crystal Reports、Oracle 的 Oracle Reports。IBM 通过收购 Cognos 公司获得了完整的报表产品 Cognos ReportNet，覆盖了各种报表需求，包括管理报表、商业报表、账单和发票等；BO 公司提供了一个完整的企业报表解决方案 Crystal Reports Server，支持通过 Web 快速便捷地创建、管理和交付报表；Oracle Reports 工具提供了自由的数据格式方式，可以自动生成个性化字母或矩阵风格的布局，包括动态、数据驱动的图表；SQL Server 的报表功能包含在 Reporting Services (SSRS)中，包括处理组件、一整套可用于创建和管理报表的工具、在自定义应用程序中集成和扩展数据和报表处理的 API。与上述产品相比，Sybase 的 InfoMaker、Teradata 的 BTEQ 和 SAS 的 Report Studio 等报表产品在功能、性能、二次开发等方面都还存在着一定的差距。

总体来说，这些产品在大部分通用软件领域相对国产软件都要优秀，但在有中国特色的报表领域内却是例外，在处理能力方面存在一定的不适应性。另外，这些产品的数学模型都是基于 SQL/OLAP 理论设计的，在技术上也不能满足国内复杂报表的制作需求。

5) 数据挖掘技术

当数据积累到一定数量时，某些潜在的联系、分类、推导结果和待发现的价值隐藏在其中，可以使用数据挖掘工具帮助发现这些有价值的数据。数据挖掘就是从海量数据中提取隐含在其中的、人们事先不知道的但又可能有用的信息和知识的过程。通过数据挖掘能找出数据库中隐藏的信息，实现用模型来拟合数据、探索型数据分析、数据驱动型的发现、演绎型学习等功能。

目前，IBM 公司的 IBM Intelligent Miner 支持典型的数据集自动生成、关联发现、序列规律发现、概念性分类和可视化呈现，可以自动实现数据选择、数据转换、数据挖掘和结果呈现这一整套数据挖掘操作；Oracle 公司提供的数据挖掘平台称为 Oracle Data Miner，它提供了一个图形用户界面，通过简单易用的向导来指导完成数据准备、数据挖掘、模型评估和模型评价过程，根据需要自动生成将数据挖掘步骤转换成一个集成的数据挖掘、BI 应用程序所需的代码；SAS 公司的 SAS Enterprise Miner 将数据挖掘过程简单流程化，支持关联、聚类、决策树、神经元网络和经典的统计回归技术；Teradata公司的挖掘工具称为Teradata Warehouse Miner，它通过将数据挖掘技术整合到数据仓库来简化数据挖掘流程，该工具还可实现将多家厂商的数据挖掘技术嵌入Teradata企业级数据仓库环境中运行；Microsoft数据挖掘平台不同于传统的数据挖掘应用程序，它支持组织中数据的整个开发生命周期，允许第三方添加自定义算法以支持特定的挖掘需求，支持根据挖掘的数据集进行实时数据验证。对比于上述公司，Sybase和BO公司并没有推出专门的数据挖掘平台或工具。

和前几项支撑技术相比，数据挖掘技术的专业性更强，与应用领域的特殊背景结合得更加紧密。上述产品除了在性能、通用性、数据展示、二次开发上有一定的差异外，没有一个能够占据绝对技术和市场优势，反而是一些专门领域内的专业挖掘工具更具竞争性，如Fair Isaac公司占据了全球信用卡积分市场近70%的份额。

3. 市场分析

国际权威市场分析机构IDC将数据仓库平台工具市场细分为数据仓库生成(Data Warehouse Generation)工具市场和数据仓库管理(Data Warehouse Management)工具市场两个部分，前者涵盖数据仓库的设计和ETL过程的各种工具，后者指数据仓库后台数据库的管理工具，如DBMS。根据IDC发布的《全球数据仓库平台工具2006年度供应商市场份额》分析报告，2006年该市场增长率为12.5%，规模达到57亿美元，其中，数据仓库生成工具和数据仓库管理工具两个市场的比重分别为23.3%和76.7%，相对于数据仓库管理工具市场，数据仓库生成工具市场的增长进一步放缓。可以预见，整个数据仓库市场将进一步向拥有强大后台数据库系统的传统厂商倾斜。从供应商来看，Oracle公司继续占据数据仓库管理领域的领先供应商地位，并且与其主要竞争者IBM之间的这种领先优势正在逐渐扩大。Microsoft紧追IBM之后，与其之间的差距则在逐渐缩小。

在国内，商业智能已经成为企业信息化中最重要的组成部分，而数据仓库相关技术在其中扮演着无可替代的重要角色。据ChinaBI统计，2007年中国大陆地区的BI市场份额约为20亿元人民币，同比2006年增长35%，其中BI产品许可证约为9亿元人民币，BI系统集成约为11亿元人民币。现有BI厂商包括产品提供商、集成商、分销商、服务商等近500家，在未来几年内，商业智能市场需求旺盛，市场规模增长迅速。从国内数据仓库实践来看，根据ChinaBI评选的2007年中国十大数据仓库的初步结果，传统数据库厂商占7个，分别是IBM 3个、Oracle 3个、SQL Server 1个，其余3个属于NCRTeradata公司；从数据仓库的规模来看，传统数据库厂商占有巨大优势，总数据量为536.3TB，Teradata则为54TB。涉及的行业包括通信、邮政、税务、证券和保险等。

在数据仓库市场快速发展的同时，市场竞争也日趋激烈，其中尤以Oracle收购Hyperion、SAP收购BO、IBM收购Cognos具有代表意义。截至2007年年底，混乱的市场已经基本明朗化，3个层次逐渐浮现出来。Oracle、IBM、Microsoft和SAP位居第一层次，能够提供全面的解决方案；第二层次是NCR Teradata和SAS等产品相对独立的供应商，可以提供解决方案中的部分应用；第三层次是只专注于单一领域的专业厂商，但其在并购的硝烟中日趋难以存活。

资料来源：IT专家网，http://database.ctocio.com.cn/tips/164/7829664.shtml，2008-03-04。

思考与练习

1. 什么是数据仓库？数据仓库有什么特点？
2. 什么是数据集市？数据仓库和数据集市有什么联系和区别？
3. 什么是元数据？元数据在数据仓库中有什么作用？
4. 数据仓库系统由哪几部分组成？

5. 数据仓库管理的内容是什么？
6. 什么是数据仓库的粒度？粒度划分的原则是什么？
7. 什么是数据分割？为什么要进行数据分割？
8. 保险公司数据分析有哪些主题？
9. 查找资料，分析目前主流数据仓库管理工具的构成和功能。

案例研究

中国银行广东分行数据仓库成功应用案例

信用卡业务是商业银行业务中非常重要的一部分，中国的商业银行开展信用卡业务已多年，相关数据积累相对完备且真实，信用卡业务的经营运作也已从简单的扩大规模、以量取胜阶段进入到成熟竞争、以质取胜阶段，各商业银行不断推出新的服务品种和花样繁多的增值服务，以提高市场占有率并强化品牌意识来获得利润。

中国加入 WTO 后，当时的银行卡业务计划在 3～5 年内对外资银行开放，而银行卡业务不依赖于分支机构的特点使得中国的商业银行信用卡业务面临更加激烈的竞争。信用卡业务竞争本质上就是客户的竞争，而且是优质客户的竞争。针对客户发现、客户提升、客户保持、市场细分、忠诚度、贡献度、个性化服务乃至个人信用风险等一系列围绕客户关系的新问题，支持日常运作的信用卡生产系统是面向柜员和交易的日常营运和客户服务基础设施，无法提供众多分析、决策型用户对大量历史数据同时进行突发的、复杂的决策分析，而建立一套以客户为中心的信用卡业务分析系统则是实现上述命题必要可行的手段。

在这种情况下，中国银行广东分行引入了海波龙的 Hyperion Intelligence，希望通过利用 Hyperion Intelligence 实现这样的目标:建立一套以客户为中心的信用卡业务分析系统，方便企业中各级工作人员获取各类信息，实现对成本收益、风险控制、绩效评估、客户管理、营销战略等决策目标的支持，并达到风险管理和控制、客户关系管理与个性化服务、商户分析与市场策略、费用控制与利润分析四大应用目的。

1. 成功典范

中国银行广东分行是国内金融界最早成功实施数据仓库应用解决方案的单位，其在 1996 年投产的省市两级金融管理信息系统(FMIS)因首次采用并成功实施先进的数据仓库、OLAP 技术而荣获“八五”国家科技攻关重大成果奖，并成为目前业界反复引用的典型成功案例。

在随后的数年中，中国银行广东分行在决策支持、数据仓库应用研发方面的投入一直保持相当大的力度，陆续推出数项新的应用，应用领域也从最初的财务管理、资产负债指标监控等分析主题逐步延伸至目前的客户及消费行为分析、个人信用评估、授信风险监控、客户关系管理以及一对一的个性化营销等分析主题。

广东华际友天信息科技有限公司和中国银行广东分行共同实施的信用卡分析系统采用了 Hyperion 和 IBM 在业界领先的数据仓库技术和工具，这是专门针对信用卡业务的商业智能应用。该系统的研制目的是为与信用卡业务有关的各级管理人员、统计分析人员、风险监控人员特别是业务发展人员提供灵活有效的实时数据分析、决策支持环境，使他们能够便捷地获得并分析客户的特征信息、各交易要素信息以及市场统计信息，从而支持成本收益、风险控制、绩效评估、客户管理、营销战略等决策目标的实现。

信用卡业务分析系统是构建在企业级数据仓库基础上的，它整合了银行内部信用卡相关的所有重要数据，通过对数据进行快速而准确的分析和挖掘以及提供的全方位、多层次的辅助决策支持手段，帮助银行领导者在短时间内对市场变化及趋势做出更好的战略性商业决策，以挖掘重点客户，提高服务质量，减少运作成本，为银行带来有利的市场竞争优势。实现这一思想的技术基础包括数据仓库技术、数据挖掘技术、联机分析处理技术以及先进的决策支持与报表工具。具体地，在硬件层面，系统采用一台 IBM RS6000M80 小型机分两个 LPAR，一个 LPAR 作为数据存储服务器和 ETL 服务器，一个 LPAR 作为应用服务器和 Web 服务器，这些服务器通过局域网来连接各类相关的分析客户端；在软件层面，系统采用 DB2 UDB 作为数据存储和管理软件，ETL 开发工具采用 UNIX Shell 结合 DB2 SQL Procedure，前端数据分析工具使用 Hyperion Intelligence。

前端工具 Hyperion Intelligence 在商业智能技术和产品中处于领先水平。Hyperion Intelligence 提供丰富的信息展现能力:强大的查询功能，灵活的报表设计和编辑功能，并且提供多项 OLAP 引擎扩展功能。同时，海波龙强大的数据 PULL/PUSH 技术，特别是其服务器端的分析任务计划调度、基于 Web 的报表分发、客户端零管理等功能，可为用户搭建出了高效的数据分析环境。

2. 系统功能

该系统结合信用卡业务的特点，对信用卡业务信息的分析涉及客户信息分析、交易信息分析、商户信息分析、透支风险信息分析、综合信息分析以及财务信息分析等，全面覆盖了信用卡业务的关键性内容，分析产生的各种分析报表、图表、统计数据等，以直观友好的形式呈现于最终用户面前。

该系统提供如下功能。

1) 客户关系管理与个性化服务

根据客户的风险度和消费能力进行分类；根据客户的消费行为进行分类；根据客户的个人特征(年龄、性别、职业、收入等)进行分类；根据客户的喜好制订客户服务计划，提供个性化服务。

2) 风险管理和控制

对客户信用级别进行科学评估；挖掘分析风险因素，归纳和总结产生坏账的原因和种类；监控客户的异常消费行为，减少恶意透支和欺诈行为；及时提供支付名单；基于原有客户的信息分析，有针对性地发展新客户。

3) 商户分析与市场策略

分析商户行业的客户群、消费特征；根据商户种类和给银行带来利润的状况进行归类分析，有针对性地发展商户；分析客户和商户的特定联系，有计划地推出满足不同客户群的营销计划；根据客户的交易变化情况，制订相关的捆绑销售计划。

4) 费用控制与利润分析

利润分析、比较，收入与费用的结构和比例分析，发卡行的经营指标分析、考核，发卡行的经营管理分析。

具体的分析应用包括：客户分析、特约商户分析、透支风险分析、授权交易分析、交易动态分析、业务发展分析、效益综合分析，此外还有国际卡分析功能和金卡分析功能。

3. 应用状况

自 2002 年初正式推出以来，该系统已成为中国银行广东分行信用卡业务相关人员进行决策分析和经营管理的有效支持工具。一方面，通过对客户信息的分析，识别出给银行带来更多利润并且信用好的客户，对这些客户提供更多更好的服务；另一方面，对信用差的客户，则想办法防止其坏账、呆账行为，降低风险。除此之外，还找出那些使用了银行其他服务，却没有使用信用卡服务的客户，并针对具有较好潜在利润的客户群体设计促销活动，将这些客户吸引到银行来，进行交叉销售，这样既拓展了信用卡业务，又降低了促销成本。

资料来源：中国银行，http://solution.chinabyte.com/38/2089038.shtml，2005-08-26。

讨论：

(1) 中国银行广东分行数据仓库案例中研究的主题是什么？讨论该主题分析的事实表和维表。

(2) 中国银行广东分行数据仓库的商业价值是什么？

第3章 数据仓库的设计与开发

教学目标

通过本章的学习，应掌握数据仓库的设计和开发方法，包括数据模型的设计，粒度、维度设计以及数据仓库的开发步骤。

教学要求

知识要点	能力要求	相关知识点
数据仓库的开发过程与方法	(1) 掌握数据仓库的开发过程 (2) 掌握数据仓库设计的内容与步骤	(1) 数据仓库开发的3个阶段 (2) 数据驱动的设计 (3) 数据模型设计的重点
数据模型的设计	(1) 掌握概念模型的设计 (2) 掌握逻辑模型的设计 (3) 掌握物理模型的设计 (4) 掌握粒度的设计原则	(1) 面向主题的E-R模型 (2) 星型模型和雪花模型 (3) 事实表与维度表 (4) 粒度
数据仓库的创建	掌握创建数据仓库的步骤	(1) 运行环境 (2) 实现技术 (3) ETL (4) 数据仓库的维护

引例

沃尔玛的数据仓库

在美国或其他发达国家，超市的管理者会津津乐道尿布与啤酒的故事，这个故事的主角就是沃尔玛。利用数据仓库技术，沃尔玛对商品进行市场类组分析，即分析哪些商品顾客最有希望一起购买。沃尔玛数据仓库里集中了各个商店一年多来详细的原始交易数据。在这些原始交易数据的基础上，沃尔玛利用自动数据挖掘工具(模式识别软件)对这些数据进行分析和挖掘。沃尔玛公司近年来用大容量的数据仓库来进行数据挖掘和客户关系管理，对其 3 000 多家零售店的 8 万种产品时刻把握利润最高的商品品种和数量。

沃尔玛利用 NCR 的 Teradata 对 7.5TB 的数据进行存储，这些数据主要包括各个商店前端设备(POS、扫描仪)采集来的原始销售数据和各个商店的库存数。Teradata 数据库里存有 196 亿条记录，每天要处理并更新 2 亿条记录，要对来自 6 000 多个用户的 4.8 万条查询语句进行处理。销售数据、库存数据每天夜间从 3 000 多个商店自动采集过来，并通过卫星线路传到总部的数据仓库里。沃尔玛数据仓库里最大的一张表格(Table)容量已超过 300GB，存有 50 亿条记录，可容纳 65 个星期 3 000 多个商店的销售数据，而每个商店有 5 万～8 万个商品品种。沃尔玛的领导者们在从事由数据变信息、由信息变知识的知识挖掘工作，通过全球全集团、全方位、全过程、全天候的自动数据采集技术，改变传统的依靠假设和推断来确定订货的方式，从数据的不断积累过程中以小时为单位动态地运行决策模型，导出数亿个品种的最佳订货量最和佳商品组合分配、降价以及商品陈列等。如今，沃尔玛已将其数据仓库容量扩充了一倍以上，由 44TB 扩大到 101TB，容量为全球第二大数据仓库的两倍以上。利用数据仓库，沃尔玛在商品分组布局、降低库存成本、了解销售全局、进行市场分析和趋势分析等方面均有卓越的表现。

传统的关系数据库一般采用二维表的形式来表示数据，一维是行，另一维是列，行和列的交叉处就是数据元素。关系数据的基础是关系数据库模型，通过标准的 SQL 语言来加以实现。

数据仓库是多维数据库，它扩展了关系数据库模型，以星型架构为主要结构方式，并在它的基础上，扩展出理论雪花型架构和数据星座等方式。但不管是哪一种架构，维度表、事实表和事实表中的量度都是必不可少的组成要素。

DW 设计是一个由操作型系统设计方法演变而来的范例。DW 设计者不仅要设计一个数据库(DW 用 DB 实现)和一个用户接口(数据展现部分)，而且还必须设计数据与 OLTP 系统的接口、数据装载策略、数据存取工具、用户培训方案和不间断的维护方案，即必须考虑许多在操作型系统设计中不必考虑的问题。本章主要介绍如何建立和实现 DW 和在设计一个完整的 DW 时必须考虑的问题。

3.1 数据仓库的开发过程及特点

按照生命周期法可将数据仓库开发的全部过程分成 3 个阶段。

(1) 数据仓库规划分析阶段。

(2) 数据仓库设计实施阶段。

(3) 数据仓库的使用维护阶段。

这 3 个阶段不是简单循环往复的过程，而是不断完善提高的过程。在一般情况下，数据仓库系统都不可能在一个循环过程中完成，而是要经过多次循环开发，每次循环都会给系统增加新的功能，这种循环的工作永远不会终结，数据仓库也就一直处于一个不断完善、不断提高的循环过程中。

3.1.1 数据仓库开发的生命周期

数据仓库的开发与应用阶段是对数据仓库开发应用的生命周期的描述。按照生命周期法将数据仓库开发应用的全过程分成 3 个阶段，完成这 3 个阶段并不意味着数据仓库开发的终止，而是数据仓库开发向更高阶段发展的一个转变。一方面通过这 3 个阶段的数据仓库开发，积累了数据仓库开发应用的经验，可对原数据仓库提出改进的建议，使原数据仓库通过改进得到提高；另一方面，用户新的需求也会丰富原数据仓库的设计，这就是螺旋式周期性开发的方法。数据仓库开发的生命周期如图 3.1 所示。

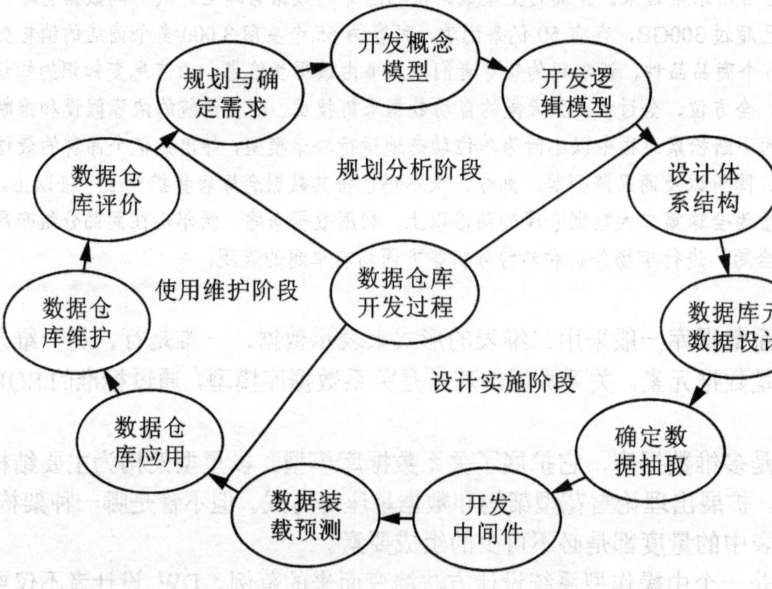

图 3.1 数据仓库开发的生命周期

1. 数据仓库规划分析阶段

调查、分析数据仓库环境，完成数据仓库的开发规划，确定数据仓库开发需求，建立包括实体图、星型模型、雪花模型、元数据模型及数据源分析的主题域数据模型，并且根据主题域数据模型开发数据仓库逻辑模型。

2. 数据仓库设计实施阶段

根据数据仓库的逻辑模型设计数据仓库体系结构；设计数据仓库与物理数据库，用物理数据库元数据装载面向最终用户的元数据库；为数据仓库中每个目标字段确定它在业务系统或外部数据源中的数据来源；开发或购买用于抽取、清理、转换和聚合数据等中间件程序；将数据从数据源加载到数据仓库，并且进行测试。

3. 数据仓库使用维护阶段

数据仓库投入使用，且在使用中进行改进和维护；对数据仓库进行评价，为下一个循环开发提供依据。

3.1.2 数据仓库开发的特点

数据仓库的使用就是在数据仓库中建立决策支持系统应用，这与业务处理系统应用环境有着本质的区别，这也导致数据仓库开发与传统的 OLTP 系统开发在开发出发点、需求确定、开发过程中有相当大的差异。

1. 数据仓库的开发是从数据出发的

创建数据仓库是在原有的数据库系统中的数据基础上进行的，即从存在于操作型环境的数据出发，进行数据仓库的创建工作，称之为“数据驱动”。

数据驱动设计方法的中心是利用数据模型有效地识别原有数据库中的数据和数据仓库中主题数据的“共同性”。

2. 数据仓库使用的需求不能在开发初期完全明确

面向应用的数据库系统设计往往有一组较确定的应用需求，这是数据库系统设计的出发点和基础。而在数据仓库环境中，并不存在操作型环境中固定的且较确切的物流、数据流和信息流，数据分析处理的需求更加灵活，没有固定的模式，甚至用户自己也对所要进行的分析处理不能事先全部确定。因而在数据仓库开发初期不能明确了解数据仓库用户的全部使用需求。

3. 数据仓库的开发是一个不断循环的过程，是启发式的开发

数据仓库的开发是一个动态反馈和循环的过程。一方面，数据仓库的数据内容、结构、力度、分割以及其他物理设计应该根据用户所返回的信息不断地进行调整和完善，以提高系统的效率和性能；另一方面，通过不断理解用户的分析需求，不断的调整和完善，以求向用户提供更准确、更有效的决策信息。

3.1.3 数据仓库设计的主要内容

数据仓库设计的主要任务是进行数据建模，确定数据仓库中数据的内容及其构成关系。数据仓库的设计就是在概念模型、逻辑模型和物理模型的依次转换过程中实现的，如图 3.2 所示。图 3.2 中涉及 5 种数据模型，第 2 章已经讨论了元数据模型，其余 4 种模型简述如下。

1. 概念模型

数据仓库的概念模型是一个数据仓库的粗略蓝本，以此为工具确认数据仓库的设计者是否已经正确地理解了数据仓库最终用户的信息需求。在概念模型的设计中，必须将注意力集中在对业务的理解上，保证数据仓库的所有业务都被归纳进概念模型。与数据库的概

念模型设计类似，也采用“实体-关系”(E-R)方法来建模，但不同的是需要用分析主题代替传统 E-R 方法中的实体。

2. 逻辑模型

传统业务数据库设计中的逻辑模型一般采用范式规范的表及其关系。数据仓库设计中的逻辑模型也采用表来存储数据，因此，数据仓库中使用的也是关系模型，不过表与表之间不再通过三大范式进行规范，而是以星型架构、雪花型架构和星座型架构等方式组成。

3. 物理模型

物理模型是关系表在物理上实现的模型，通常进行索引、簇集和视图的设计等，以及为提高性能而做的一些工作。

4. 粒度模型

数据粒度模型也在数据仓库的设计中发挥着指导作用，指导着数据仓库的具体实现。

(1) 单粒度模型，在系统中只设计一个粒度。

(2) 多粒度模型，在系统中涉及多个粒度，低粒度、中粒度、高粒度并存。

(3) 混合粒度，在系统中，有些维度用单粒度，有些维度用多粒度。

图 3.2 表达了数据仓库设计中各种概念之间的关系。

在图 3.2 的关系图中，元数据是在对企业商业智能需求分析和概念模型设计阶段就应该设计好并且一直贯穿于数据仓库应用全程的重要部分，而数据粒度和聚合的设计则是在逻辑模型的设计过程中完成的，物理模型则需要做一些存储优化方面的工作。具体而言，这 3 级数据模型设计的每一个阶段都有相应的详细设计步骤，图 3.3 是对这些步骤的一个总结。

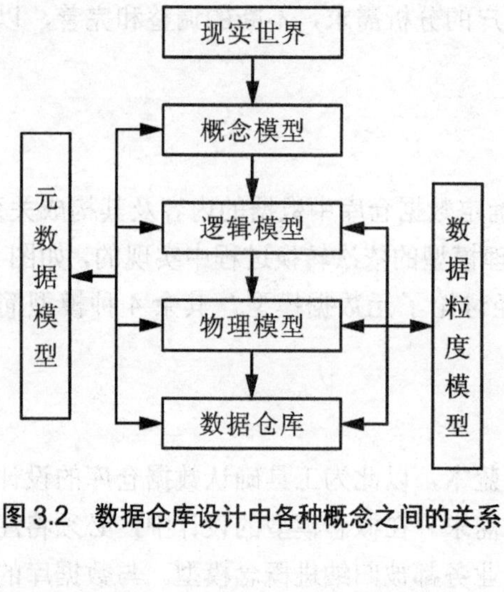

图 3.2　数据仓库设计中各种概念之间的关系

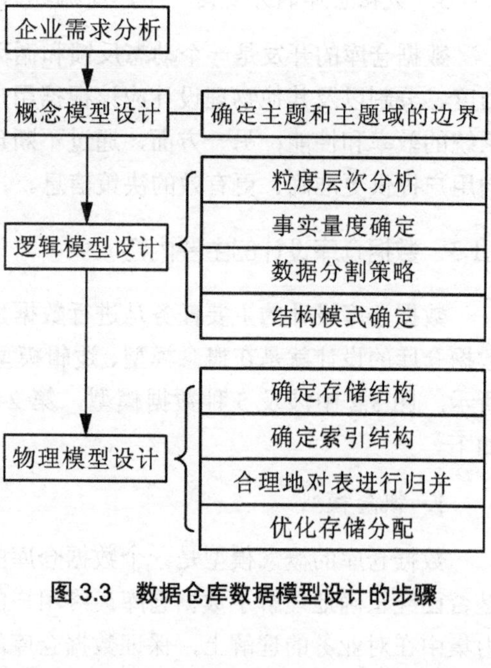

图 3.3　数据仓库数据模型设计的步骤

3.2 数据模型设计

在创建数据仓库时需要使用各种数据模型对数据仓库进行描述，数据仓库的开发人员依据这些数据模型才能开发出一个满足用户需求的数据仓库。因此，数据仓库的设计需要先进行数据模型的设计。

数据仓库的数据模型具有如下特点。

(1) 去掉纯操作性的数据。

(2) 给键码增加时间因素。

(3) 在合适之处增加导出数据。

(4) 把 OLTP 系统中的数据关系变为人工关系。

数据仓库中的数据模型源于 OLTP 系统数据模型以及企业数据模型。

3.2.1 概念模型设计

在设计数据仓库的概念模型时，可以采用在业务处理系统中经常采用的实体-关系模型，即 E-R 图。这是一种描述组织概况的蓝图，包括整个组织系统中各部门的业务处理数据，蓝图设计中涉及各个部门所需要的元数据，并且提供本部门所拥有系统的元数据。从概念模型中应体现出哪些部门需要哪些共同的数据。

1. 设计方法

在建模之前先定义数据模型的边界，然后建立企业内不同群体的实体-关系模型，最后集成企业的总体概念模型。

2. 注意事项

(1) 在数据仓库的数据模型中不包含操作性数据，只包含用户感兴趣的分析数据、描述数据和细节数据。

例如，在商品销售分析数据仓库模型中，商品的销售数量、金额、企业利润等是分析数据；销售的时间、地点等是用户感兴趣的描述数据；销售产品的详细情况、购买商品的客户详细情况等是细节数据。

(2) 数据的历史变迁性。数据仓库的数据模型增加时间属性作为键码的一部分，在数据仓库的数据模型中需要反映销售组织的历史变迁、业务的发展，而业务处理系统只包含当前的数据。

(3) 数据的概括性。数据仓库的数据模型中增加了一些衍生数据，专门用于分析数据仓库系统需要的一些概括性的数据，这些数据在业务处理系统的数据模型中是不需要的。例如，在销售管理的业务系统的数据模型中，通常只需要记录当前的细节数据，而在数据仓库的数据模型中，需要保存一些统计、累加而来的综合数据。

3. E-R 图的描述方法

E-R 图的描述方法如下。

(1) 矩形。矩形表示实体，在数据仓库中表示主题，在矩形框内写上主题名。

(2) 椭圆形。椭圆形表示主题的属性，用无向边把主题与其属性连接起来。

(3) 菱形。菱形表示主题之间的联系，菱形框内写上联系的名字。用无向边把菱形与有关的主题连接，在无向边旁标上联系的类型。若主题之间的联系也具有属性，则把属性和菱形也用无向边连接起来。

例如，某商场的商品、顾客和供应商之间的概念模型的 E-R 图如图 3.4 所示。

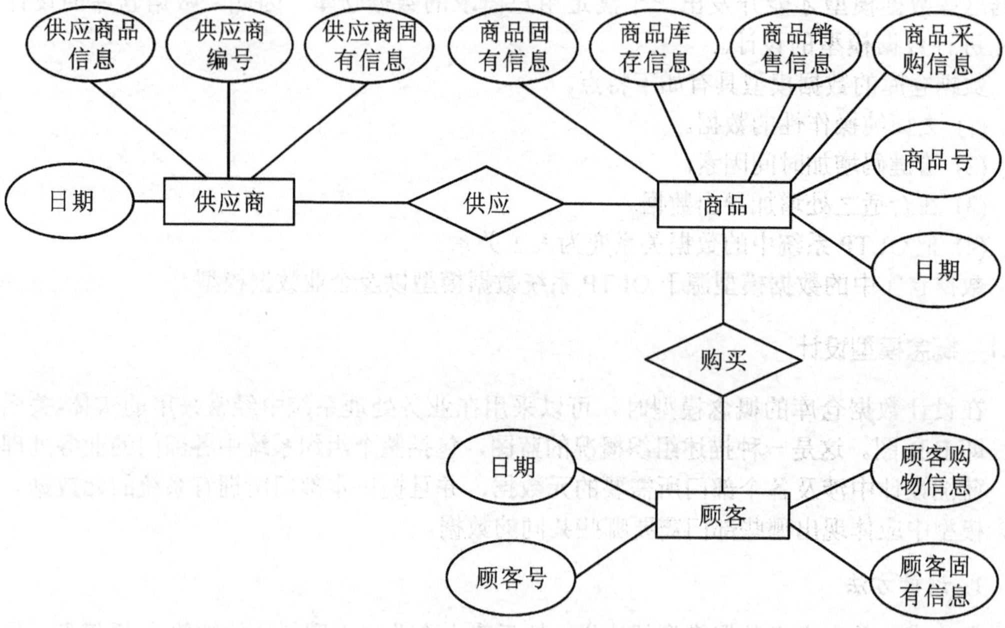

图 3.4 商品、顾客和供应商之间的概念模型的 E-R 图

3.2.2 逻辑模型设计

传统的关系数据库一般采用二维数据表的形式来表示数据，数据仓库是多维数据库，它扩展了关系数据库模型。下面讲解数据仓库的架构方式。

1. 星型模型

1) 星型模型的概念

星型模型是最常用的数据仓库设计结构的实现模式，它使数据仓库形成了一个集成系统，为最终用户提供报表服务，为用户提供分析服务对象。星型模型通过使用一个包含主题的事实表和多个包含事实的非正规化描述的维度表来支持各种决策查询。星型模型可以采用关系型数据库结构，模型的核心是事实表，围绕事实表的是维度表。通过事实表将各个不同的维度表连接起来，各个维度表都连接到中央事实表。维度表中的对象通过事实表与另一维度表中的对象相关联，这样就能建立各个维度表对象之间的联系。每一个维度表通过一个主键与事实表进行连接，如图 3.5 所示。

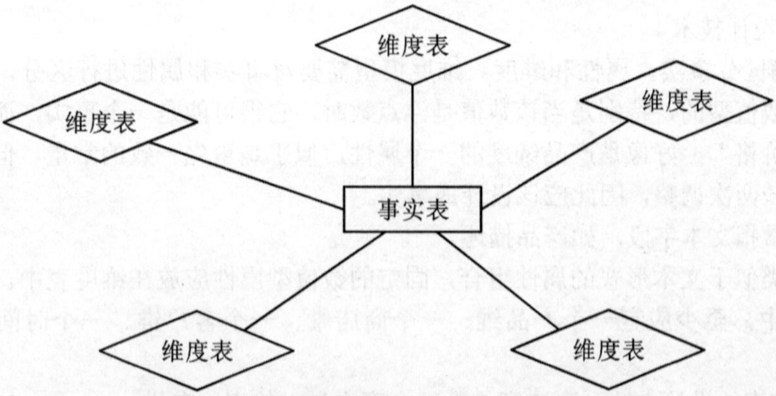

图 3.5 星型架构示意图

事实表主要包含描述特定商业事件的数据，即某些特定商业事件的度量值。在一般情况下，事实表中的数据不允许修改，新的数据只是简单地添加进事实表中。维度表主要包含存储在事实表中数据的特征数据。每一个维度表利用维度关键字通过事实表中的外键约束于事实表中的某一行，实现与事实表的关联，这就要求事实表中的外键不能为空，这与一般数据库中外键允许为空是不同的。这种结构使用户能够很容易地从维度表中的数据分析开始，获得维度关键字，以便连接到中心的事实表进行查询，这样就可以减少在事实表中扫描的数据量，以提高查询性能。

星型模型虽然是一个关系模型，但却不是一个规范化的模型。在星型模型中，维度表被故意地非规范化了，这是星型模型与 OLTP 系统中关系模型的基本区别。

使用星型模型主要有两方面的原因。一是可以提高查询的效率。采用星型模式设计的数据仓库的优点是数据的组织已经过预处理，主要数据都在庞大的事实表中，所以只要扫描事实表就可以进行查询，而不必把多个庞大的表连接起来，查询访问的效率较高。同时由于维度表一般都很小，甚至可以放在高速缓存中，与事实表进行连接时其速度较快，便于用户理解。二是对于非计算机专业的用户而言，星型模型比较直观，通过分析星型模型，就可很容易地组合出各种查询。

2) 逻辑模型与 E-R 图之间的关系

E-R 图是代表企业中每一个可能的业务过程，一个 E-R 图可以拆分成多个由维度表、事实表构成的逻辑模型。

由于 E-R 图在一个图中表示多个处理，因此将 E-R 图转换成维度建模时的步骤如下。

(1) 将 E-R 图分成独立的业务处理，然后对每个业务单独处理建模。

(2) 在 E-R 图中，对包含数值型事实和可加性非码事实的实体选择其中的多对多关系，并且将它们设计成各个事实表。

(3) 将剩下的实体进行非规范化处理，设计成为表。如果一个维度表连接到一个以上的事实表，这个维度表一定要设计成一致性的维度表。大型企业数据仓库的主维度模型大致包括 10～25 个星型模型，每个星型模型通常连接 5～15 个维度表。在进行设计时，不同事实表之间就能共享其中的许多维度表。

3) 基本设计技术

(1) 正确区分事实、属性和维度。维度模型需要对事实和属性进行区分，业务层的很多事实都是数值型的，特别是当该数值是浮点数时，它很可能是一个事实，而不是属性。例如“标准价格”，好像是产品维度的一个属性，似乎是事先一致的常量，但每年都对标准价格进行一两次调整，因此应该设计成事实。

属性通常指文本字段，如产品描述。

维度是类似于文本形式的属性组合，固定的数值型属性应放在维度表中。例如，在零售数据仓库中，至少应有一个产品维、一个商店维、一个客户维、一个时间维、一个促销维。

(2) 事实表的设计方法。事实表是数据仓库中最大的表，在进行设计时，一定要注意使事实表尽可能地小，因为过大的事实表在表的处理、备份和恢复、用户查询等方面要用较长的时间。具体方法主要有：减少列的数量；降低每列的大小；把历史数据存档；对行进行分割。

例如，零售营销事实表设计如图 3.6 所示。

日期关键字
产品关键字
商场关键字
促销关键字
POS 事务编号
销售量销售额
成本金额
毛利润金额

图 3.6 零售营销事实表

(3) 维度表的设计。维度表的属性必须具有以下特征：可用文字描述；离散值；有规定的约束；在分析时可提供行标题。

时间维度在数据仓库中占有特定的位置，建议使用时间维度。

图 3.7 是零售业营销分析的星型模型图。

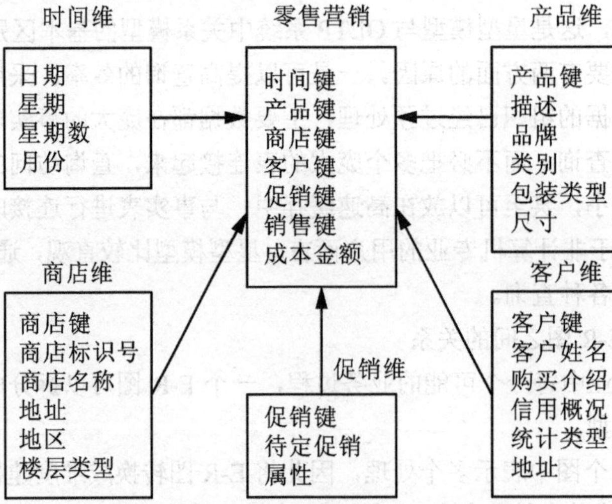

图 3.7 星型数据模型示例

2. 雪花模型

雪花模型是对星型模型的扩展，每一个维度都可以向外连接多个详细类别表。在这种模型中，维度表除了具有星型模型中维度表的功能外，还连接对事实表进行详细描述的详细类别表。详细类别表通过对事实表在有关维上的详细描述，达到了缩小事实表和提高查询效率的目的，如图 3.8 所示。

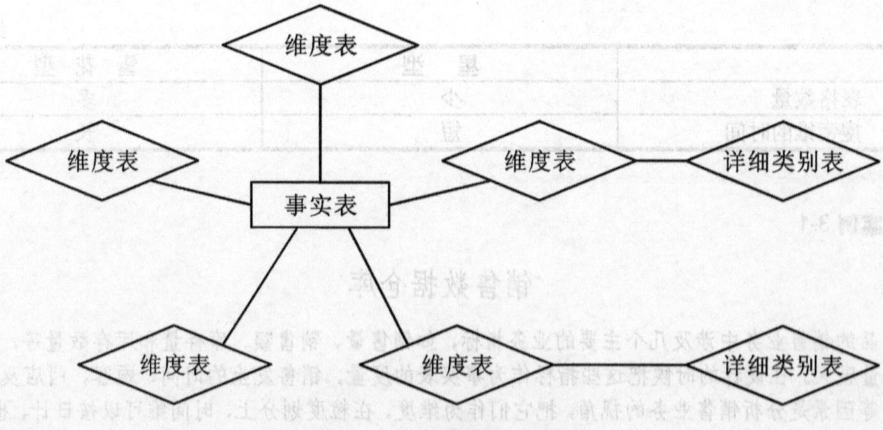

图 3.8　雪花型架构示意图

雪花模型是对星型模型维度表的进一步标准化，对星型模型中的维度表进行了规范化处理。雪花模型的维度表中存储了正规化的数据，这种结构通过把多个较小的标准化表(而不是星型模型中的大的非标准化表)联合在一起来改善查询性能。由于采取了标准化及维的低粒度，雪花模型提高了数据仓库应用的灵活性。

图 3.9 是一个雪花数据模型的例子，在该模型中，将地理层次国家、区域和分区域嵌入到销售员维度，这样，公司的管理者想按照国家、区域、分区域和分区域内的销售员的层次关系来查看公司的销售情况。

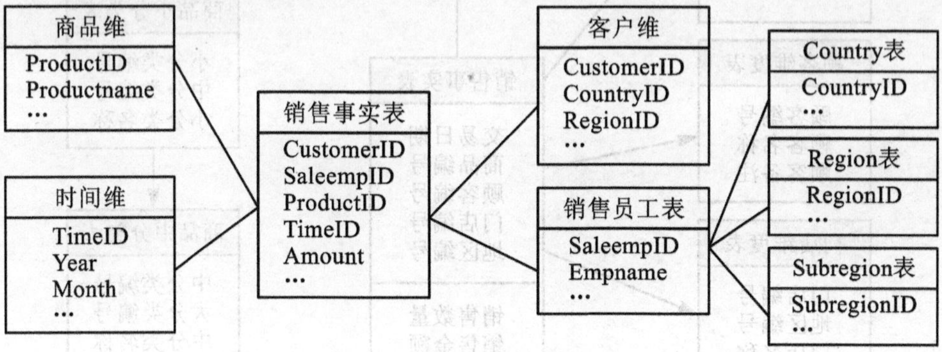

图 3.9　雪花型数据模型示例

前面已经指出，在数据仓库中表与表之间是不必满足 3 个范式的，也不必考虑数据冗余，相反，为了在分析型查询中获得较好的性能，数据仓库中的表还应该尽量集中同类型的数据，同时把有些常见的统计数据进行合并。在星型架构的基础上扩展出雪花型架构，实质上是在分析查询的性能和数据仓库的存储容量这两方面进行权衡的结果。表 3-1 具体比较了这两种类型的架构差异。只有明确了这些差异，才能在设计数据仓库时选择最合适的架构方式。

表 3-1　雪花型与星型架构的差异

	星　型	雪 花 型
行数	多	少
可读性	容易	难

续表

	星　型	雪 花 型
表格数量	少	多
搜索维的时间	短	长

案例 3-1

销售数据仓库

在产品的销售业务中涉及几个主要的业务指标，如销售量、销售额、库存量和库存数量等，它们日积月累，数量庞大。在设计的时候把这些指标作为事实表的度量。销售发生的时间、顾客、门店及销售的是何种商品等因素是分析销售业务的视角，把它们作为维度。在粒度划分上，时间维可以按日计，也可按周、月、季度和年计，按照最小粒度原则，把时间维细化到了“日”的层次；对于商品维，由于分析的时候层次需求较为明显，可以分为商品单品、细分类、小分类、中分类和大分类等层次。其他维度都可以按照类似的方法来确定，最后可以得到销售数据仓库的逻辑模型，如图 3.10 所示。

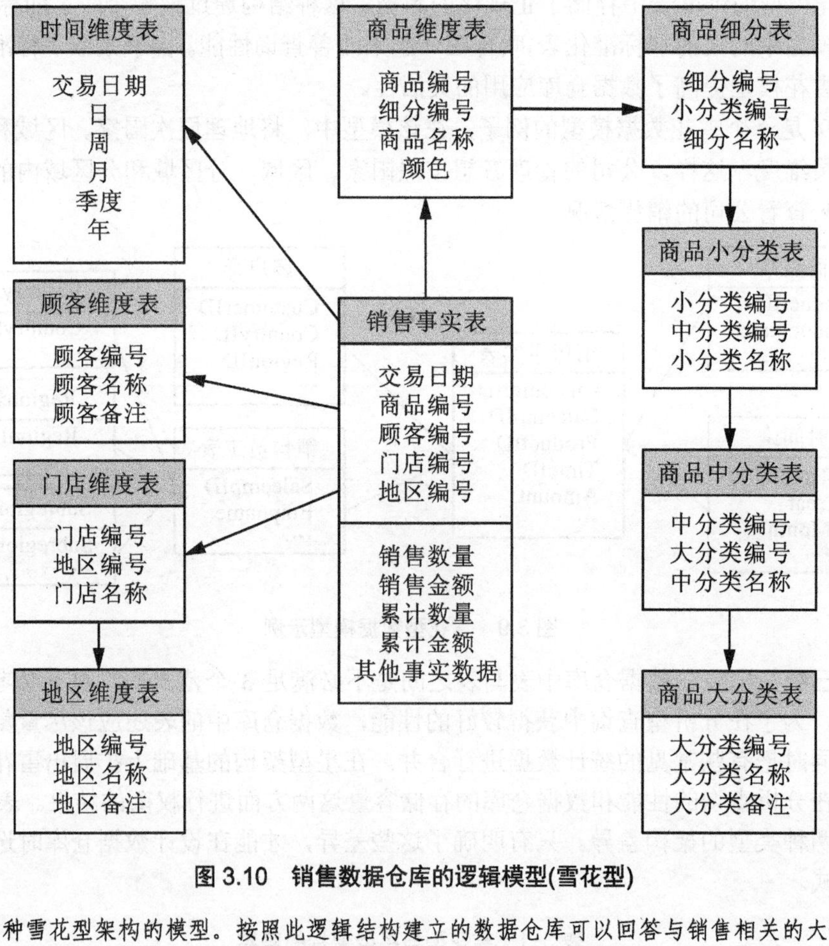

图 3.10　销售数据仓库的逻辑模型(雪花型)

这是一种雪花型架构的模型。按照此逻辑结构建立的数据仓库可以回答与销售相关的大部分商业问题。如某时间段内商品销量的变化情况如何；哪些分类的商品销量最高或利润最大；哪些顾客购买力最强；哪个门店业绩最佳。构建这样一个数据仓库，需要从商品销售、顾客信息、商品采购和商品库存等业务数据库中获取数据。

3. 星座模式

一个复杂的商业智能应用往往会在数据仓库中存放多个事实表，这时就会出现多个事实表共享某个或多个维度表的情况，这就是事实星座，也称为星系模式(Galaxy Schema)。

由于数据仓库是企业范围的，能对多个相关的主题建模，所以在设计其数据构成时一般采用星系模式；而数据集市是部门级的，具有选定的主题，可以采用星型或雪花模型。

4. 维度的设计

对客户、产品、服务、提供商、地点、渠道和事件发生的时间以及对企业来说很重要的其他实体的观察是企业决策分析的重要视角，当它们在一个关系数据库中表示和抽象出来的时候，它们便叫做维。维是人们观察客观世界的角度，是一种高层次的类型划分。例如，如果希望按照时间或者按照地区或产品进行分析，那么这里的时间、地区和产品就是相应的维度。基于不同的维度，可以看到各量度的汇总情况，也可以基于所有的维度进行交叉分析。

维度表是由维主键和维属性组成的。在图 3.7 所示的星型数据模型中，处于星型结构中央的事实表不仅包含度量，还包含维度表的外键和事实表的主键。维度表除了代表维之外，还具有字段。例如，客户维度表包含一个主键“客户键”和用来向客户提供信息的其他字段。维度由主键和维属性构成，维属性是维度表中的列。

在设计过程中，来自数据源的数值数据字段究竟是一个已度量的事实还是一个维度的属性是比较容易混淆的一个问题。一般情况下，在每次抽样时，如果数值数据字段的度量都改变，那么它就是事实，如果它是离散值的描述，并几乎保持为常数，那么它就是维属性。例如，商品的价格是维度表的属性，销售量是事实。

在数据仓库设计中，有些维度是常用的，下面列举几个常用的维度设计。

1) 时间维度

时间维度是最常见的维度，数据仓库保留的是系统历史的数据，商务分析最基础的一个维度就是时间维度。图 3.11 展示了一个时间维度及其层次关系，在图中时间包含年、季度、月、星期和日 5 个层次，实际应用可能还会在月和星期之间增加旬层次，对日可能还会进一步分类，如节假日和工作日以及周末和非周末。进行这些分类的目的是为了适应业务分析的需要。如电信公司为了促进用户在节假日和周末多打电话，便在节假日和周末对通话资费实行优惠政策；服务性公司在周末和工作日也采用不同的服务方式和收费方式。

另一类常见的时间维度是按照财年定义的时间维度，如图 3.12 所示，这在财务方面的分析是必须使用的。其中定义了财年(Fiscal Year ID)、财季(Fiscal Qtr ID)、财月(Fiscal Month ID)、财周(Fiscal Week ID)和财日(Fiscal Day ID)，还增加了一些标识，如季节标识(Season ID)、周末标识(Weekend Flag)和节假日标识(Holiday Flag)。涉及财务问题的项目需要将普通的时间信息同财务时间进行非常细致的转化。

2) 地理维度

地理维度在 OLAP 展现中也是常见的，如图 3.13 所示的国家、区域和分区域。通常，地理维度的展示要同地理信息系统结合起来，使最终用户能够得到更加直观的概念。

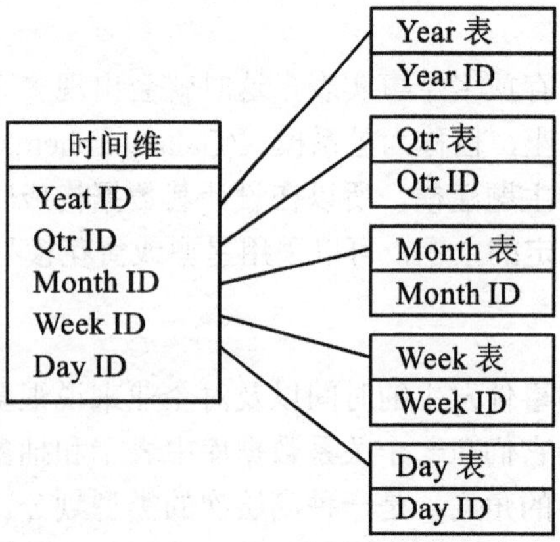

图 3.11　时间维度及其层次关系

图 3.12　财务时间维度

3) 机构维度

机构维度通常是指实施项目的公司的机构组织情况。有的公司可能需要将公司各个部门或者各个分公司之间进行对比，这时就需要建立机构维度。

某些公司的机构维度和地理维度有部分的重叠，如国内子公司的划分基本上是按照省市区域进行的。但是机构维度同地理维度在本质上是不同的，地理维度描述的是地理信息，而机构维度描述的是公司的机构组织情况，这两个维度不能混同。如某公司在某些地方没有开设分公司，这些地区在分公司表上没有体现，但是这些地区将在地理维度上体现。

图 3.14 展示例某公司的机构维度层次。总公司下设各省公司，在省公司下设各个城市分公司，在城市分公司下设业务部门，业务局是最小的单位。

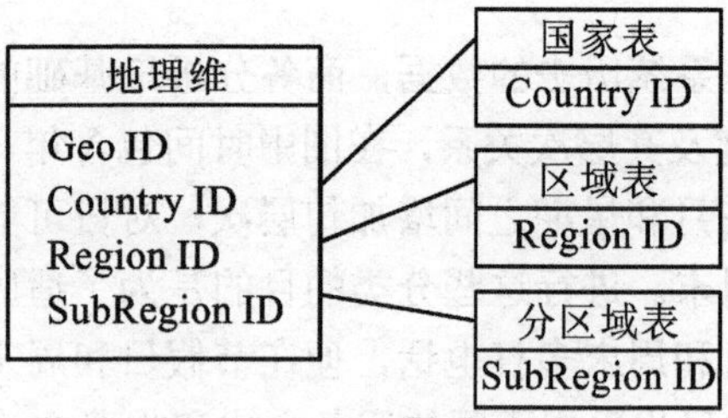

图 3.13　地理维度层次

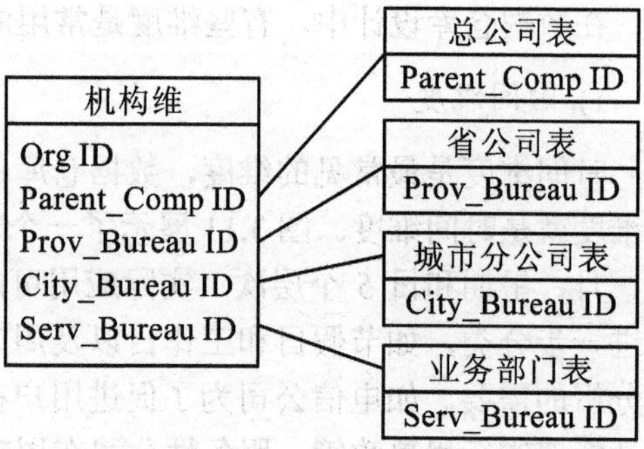

图 3.14　机构维度层次

4) 客户维度

任何公司都是服务于客户的，因此客户维度是必不可少的。分析客户背景信息对客户消费行为的影响，通过客户背景信息对客户群体进行合理地分类能够对公司的市场策略等方面提供有效的指导。常见的客户背景包括客户年龄、性别、婚姻状况、爱好和教育程度等，客户维度分类如图 3.15 所示。

数据仓库主要用于商务分析和决策支持，维度自然要体现业务特色，比如保险、金融或服务行业均有不同的分类方法，通常这些方法要针对具体用户而有所不同。在对数据仓库进行分析时，维度提供了路径，沿着路径会发生数据基本聚合的“上卷”或“下钻”。

这条路径位于一个层次的结构中，体现的是用户对分析查询的需求，因而是先于维内容而建立的。

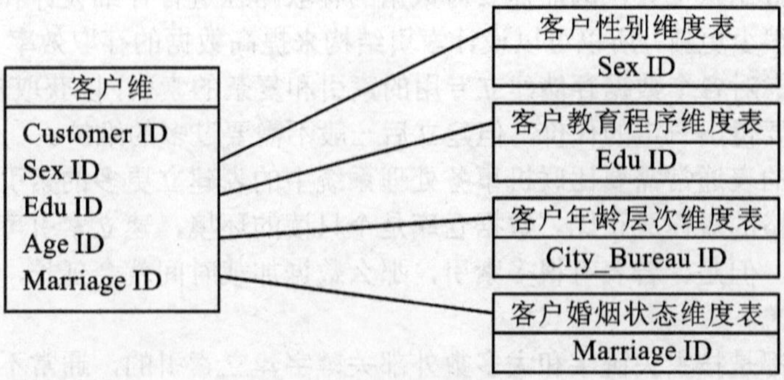

图 3.15　客户维度分类

以上完成了概念模型和逻辑模型的设计，下面的任务就是要依照逻辑模型来设计物理模型。

3.2.3　物理模型设计

数据仓库的物理模型就是逻辑模型在数据仓库中的实现，如物理存取方式、数据存储结构、数据存放位置以及存储分配等。物理模型是在逻辑模型的基础上实现的，在进行物理模型设计实现时，所考虑的主要因素有：I/O 存取时间、空间利用率和维护代价。在进行数据仓库的物理模型设计时，考虑到数据仓库的数据量大但操作单一的特点，可采取其他一些提高数据仓库性能的技术，如合并表、建立数据序列、引入冗余、进一步细分数据、生成导出数据、建立广义索引等。

1. 设计存储结构

在进行物理模型设计时，常常要按照数据的重要性、使用频率及对反应时间的要求进行分类，并将不同类型的数据分别存储在不同的存储设备中。重要性高、经常存取并对反应时间要求高的数据存放在高速存储设备上；存取频率低或对存取响应时间要求低的数据则可以存放在低速存储设备上。另外，在设计时还要考虑数据在特定存储介质上的布局。在设计数据的布局时要注意遵循以下原则。

(1) 不要把经常需要连接的几张表放在同一存储设备上，这样可以利用存储设备的并行操作功能加快数据查询的速度。

(2) 如果几台服务器之间的连接会造成严重的网络业务量问题，则要考虑服务器复制表格，因为不同服务器之间的数据连接会给网络带来沉重的数据传输负担。

(3) 考虑把整个企业共享的细节数据放在主机或其他集中式服务器上，提高这些共享数据的使用速度。

(4) 不要把表格和它们的索引放在同一设备上。一般可以将索引存放在高速存储设备上，而表格则存放在一般存储设备上，以加快数据的查询速度。

在对服务器进行处理时往往要进行大量的等待磁盘数据的工作，此时可以在系统中使用 RAID(Redundant Array of Inexpensive Disk，廉价冗余磁盘阵列)。

2. 设计索引策略

数据仓库的数据量很大，因而需要对数据的存取路径进行仔细设计和选择。由于数据仓库的数据一般很少更新，所以可以设计索引结构来提高数据的存取效率。在数据仓库中，设计人员可以考虑对各个数据存储建立专用的索引和复杂的索引，以获取较高的存取效率。虽然建立它们需要付出一定的代价，但建立后一般不需要过多的维护。

数据仓库中的表通常需要比联机事务处理系统中的表建立更多的索引，表中应用的最大索引数应与表格的规模成正比。数据仓库是个只读的环境，建立索引可以取得灵活性，对性能极为有利。但是，若表有很多索引，那么数据加载时间就会延长，因此索引的建立需要进行综合考虑。

最初，一般都是按主关键字和大多数外部关键字建立索引的，通常不需要添加很多的其他索引。如果表格过大，而且需要另外增加索引，那么可以将表进行分割处理。如果一个表中所有用到的列都在索引文件中，就不必访问事实表，只要访问索引就可以达到访问数据的目的，以此来减少 I/O 操作。如果表太大，并且经常要对它进行长时间的扫描，那么就要考虑添加一张索引表以减少数据的扫描任务。

3. 设计存储策略

在确定数据的存储结构和表的索引结构后，需要进一步确定数据的存储位置和存储策略，以提高系统的 I/O 效率。下面介绍几种常见的存储优化方法。

1) 表的归并

当几个表的记录分散存放在几个物理块中时，多个表的存取和连接操作的代价会很大。这时可以将需要同时访问的表在物理上顺序存放，或者直接通过公共关键字将相互关联的记录放在一起。

在图 3.16 中的商品表和商品仓储关系表是两个经常需要同时访问的表，在对仓储关系表进行查询后，需要通过商品 ID 到商品表中获取商品的其他基本属性，以比较直观的方式显示给最终用户。

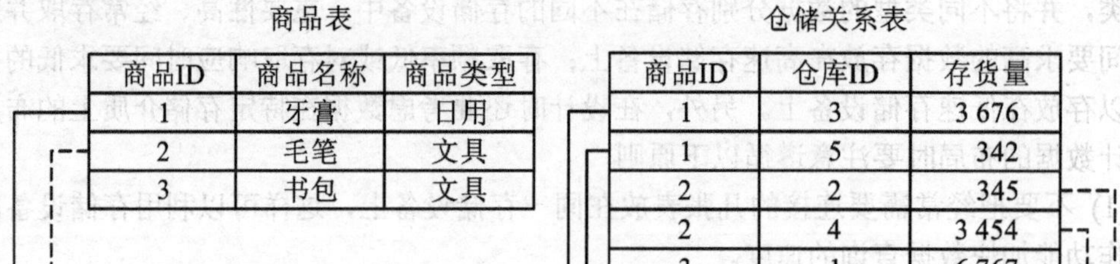

图 3.16　表归并的表现形式

对于这种情况，可以将两个表的记录通过公共关键字将相互关联的记录放在一起，如图 3.16 所示。设计时可以先存放商品 ID 为 1 的商品在商品表中的记录，然后将仓储关系表中同商品 1 相关的第 2 条记录放在其后。这样，在进行数据访问时，就可以提高 I/O 的效率。

表的归并只有在访问序列经常出现或者表之间具有很强的访问相关性时才有较好的效果，对于很少出现的访问序列和没有强相关性的表，使用表的归并没有效果。

2) 引入冗余

一些表的某些属性可能在许多地方都要用到，将这些属性复制到多个主题中，可以减少处理时存取表的个数。

例如，在图 3.16 所示的商品仓储关系表中增加“商品名称”和“商品类型”等用户常用的字段，通过在逻辑设计中引入冗余数据来达到提高更新和访问速度的效果。

3) 其他方法

除了以上两种主要的方法外，还有以下 3 种方法可以对存储分配进行优化。

(1) 建立数据序列。按照某一固定的顺序访问并处理一组数据记录。将数据按照处理顺序存放到连续的物理块中，以形成数据序列。

(2) 表的物理分割。每个主题中的各个属性的存取频率是不同的。将一张表按各属性被存取的频率分成两个或多个表，将具有相似访问频率的数据组织在一起。

(3) 生成派出数据。在原始数据的基础上进行总结或计算，生成派出数据，可以在应用中直接使用这些派出数据，以减少 I/O 次数，免去计算或汇总步骤，在更高级别上建立公用数据源，避免了不同用户重复计算可能产生的偏差。

以上完成了数据仓库从概念模型到物理模型的整个设计过程，下一步的工作就是创建数据仓库。由于数据仓库本身是由数据库管理系统来管理的，因此可以像创建普通的数据库一样创建设计好的数据仓库。

3.3 数据仓库的粒度设计

数据仓库的性能和存储空间是一对矛盾。如果粒度设计得很小，则事实表将不得不记录所有的细节，存储数据所需要的空间将会急剧膨胀；若设计的粒度很大，虽然由于事实表体积大而带来的诸多问题能够得到一定程度的缓解，但决策者不能观察细节数据。因此，粒度的设计成了事实表设计中的重要一环。

本节介绍利用量纲分级和反馈技术确定粒度的方法和相关原则。

3.3.1 设计步骤

数据仓库粒度的设计大体上可分为粗略估计、确定双重还是单一粒度、确定粒度的级别 3 个步骤。

1. 粗略估算

确定合适的粒度级的起点，可以粗略估算数据仓库中将来的数据行数和所需的直接存取存储空间，粗略估算可以按照以下步骤完成。

(1) 确定数据仓库中将要创建的所有表，然后估计每张表中行的大小(确切大小可能难以知道，估计一个下界和一个上界就可以了)。

(2) 估计一年内表中的最少行数和最多行数，这是设计者所要解决的最大问题。如一个顾客表，就应该估计在一定的商业环境和该公司的商业计划影响下的当前的顾客数；如果当前没有业务，就估计为总的市场业务量乘以市场份额；如果市场份额不可知，就用竞争对手的业务量来估计。总之，要从一方或多方收集顾客的合理估算信息开始。如果数据仓库是用来存放业务活动的，就要估计顾客数量以及每个时间单位内业务的活动量。同样，可以用相同的方法分析当前的业务量、竞争对手的业务量和经济学家的预测报告等。

一旦估计完一年内数据仓库中数据单位的数量(用上下限推测的方法)，就用同样的方法对 5 年内的数据进行估计。粗略数据估计完后，就要计算索引数据所占的空间。对每张表(对表中的每个键码)确定键码的长度和原始表中每条数据是否存在键码。

(3) 将各表中行数可能的最大值和最小值分别乘以数据的最大长度和最小长度。另外，还要将索引项的数目与键码的长度的乘积累加到总的数据量中去。

2. 确定双重或单一的粒度

一旦估计完成，下一步就要将数据仓库环境中总的行数和表 3-2 中的表格进行比较。根据数据仓库环境中总的行数的大小，在设计和开发时必须采取不同的方法。以 1 年期数据为例，如果总的行数小于 10 000 行，那么任何的设计和实现实际上都是可以的。如果 1 年期数据的总行数是 100 000 行或更少，那么设计时就需小心谨慎。如果在第一年内总行数超过 1 000 000 行，那么就要请求采取双重粒度级。如果在数据仓库环境中总行数超过 10 000 000 行，必须强制采取双重粒度级，并且在设计和实现中应该小心谨慎。对于 5 年期数据，行的总数大致依据数量级进行改变，见表 3-2。

表 3-2 存储空间与粒度设计层次的考虑

1 年期数据		5 年期数据	
数据量(行数)	粒度划分策略	数据量(行数)	粒度划分策略
10 000 000	双重粒度并仔细设计	20 000 000	双重粒度并仔细设计
1 000 000	双重粒度	10 000 000	双重粒度
100 000	仔细设计	1 000 000	仔细设计
10 000	不考虑	100 000	不考虑

3. 确定粒度的级别

在数据仓库中确定粒度的级别时，需要考虑这些因素：要接受的分析类型、可接受的数据最低粒度和能存储的数据量。

计划在数据仓库中进行的分析类型将直接影响数据仓库的粒度划分。将粒度的层次定义得越高，就越不能在该仓库中进行更细致的分析。例如，将粒度的层次定义为月份时，就不可能利用数据仓库进行按日汇总的信息分析。

数据仓库通常在同一模式中使用多重粒度。在数据仓库中，可以有今年创建的数据粒度和以前创建的数据粒度。这是以数据仓库中所需的最低粒度级别为基础而设置的。例如，可以用低粒度数据保存近期的财务数据和汇总数据，对时间较远的财务数据只保留粒度较大的汇总数据。这样既可以对财务近况进行细节分析，又可以利用汇总数据对财务趋势进行分析，这里的数据粒度划分策略就需要采用多重数据粒度。

定义数据仓库粒度的另外一个要素是数据仓库可以使用多种存储介质的空间量。如果存储资源有一定的限制，就只能采用较高粒度的数据粒度划分策略。这种粒度划分策略必须由用户对数据需求的了解和信息占用数据仓库空间的大小来确定。

选择一个合适的粒度是数据仓库设计过程中所要解决的一个复杂问题，因为粒度的确定实质上是业务决策分析，硬件、软件和数据仓库使用方法的一个折中。在确定数据仓库的粒度时，可以采用多种方法来达到既能满足用户决策分析的需要，又能减少数据仓库数据量的目的。如果主题分析的时间范围较小，则可以保持较少时间的细节数据。例如，在分析销售趋势的主题中，分析人员只利用一年的数据进行比较，那么保存销售主题的数据只需要15个月时间的就足够解决问题了，不必保存大量的数据和时间过长的数据。

还有一种可以大幅降低数据仓库容量的方法，就是只采用概括数据。经过这样的处理后，确实可以降低数据仓库的存储空间，但是有可能达不到用户管理决策分析中对数据粒度的要求。因此，数据粒度的划分策略一定要保证数据的粒度确实能够满足用户的决策分析需要，这是数据粒度划分策略中最重要的一个准则。

例如，对于银行环境，由于其信息量较大，需设计成双重粒度级。在数据仓库中，轻度汇总存10年的每月汇总的账户信息，当前细节级数据存30天。在这个级别并不是把联机分析处理系统中所有的字段都送到数据仓库中，而是只对分析有价值的信息字段才被存储。30天之后，把这部分细节数据送到磁带上，腾出的空间存放下一个30天的当前细节级数据。

对于制造业环境，联机分析处理系统中存放的是订单，由于量少，设计成单粒度，只要轻度综合，不要当前细节级。数据仓库中存放10年的订单历史。

3.3.2 设计原则

粒度在数据仓库生命周期中是重要的考虑因素，它由业务问题所驱动，受技术的制约。如果粒度太大，就会丢失个别细节，就要花更多的处理时间来解开聚合；若粒度太小，就会由于一叶障目而不见森林，许多宝贵的处理时间都浪费在建立聚合上。因此粒度设计主要是权衡粒度级别，对于业务量大、分析要求比较高的情况，最佳的解决办法是采用多重粒度的形式。

针对具体的某个事实的粒度而言，应当采用最小粒度原则，即将量度的粒度设置到最小。

假设目前的数据最小记录到秒，即数据库中记录了每秒的交易额，那么，如果可以确定在将来的分析需求中时间只需要精确到天就可以的话，就可以在ETL处理过程中按天来汇总数据。此时，数据仓库中量度的粒度就是“天”。反过来，如果不能确定将来的分析需求在时间上是否需要精确到秒，那么，就需要遵循最小粒度原则，精确到“秒”以满足查询的可能需求。

3.4 创建数据仓库的基本步骤

在创建数据仓库的过程中，涉及10个步骤，这些步骤通常是顺序执行的，有些步骤可能会一起执行。

(1) 建立运营环境文档。

(2) 选择数据仓库的实现技术。

(3) 设计数据仓库模型。

(4) 创建数据准备区。

(5) 创建数据仓库数据库。

(6) 从操作型系统中抽取数据。

(7) 清理和转换数据。

(8) 将数据装入数据仓库数据库。

(9) 准备显示信息。

(10) 将数据分发到数据集市。

下面详细介绍这些步骤。

3.4.1 建立运营环境文档

数据仓库从公司所有重要系统中提取数据，建立运营环境的第一步是识别所有业务系统，其中，以下一些系统容易识别。

(1) 运行公司订单数据库的主机。

(2) 运行公司内部职工薪水系统的UNIX中等范围系统。

(3) 保留集团数据的Lotus Notes服务器。

以下一些系统将较难识别。

(1) 经理保存的用来跟踪项目的Excel电子表格。

(2) 不再使用的、但是包含了所需的历史数据的老系统。

(3) 仅能通过其他系统来引用的系统。

建立运营环境文档的第二个步骤是决定每个系统中存储什么样的数据。这个操作必须在字段(表的列)层次上实现，也就是每个重要的字段必须能清楚地被理解。为此，必须与用户进行深入的交流，建立数据仓库是一种需要训练和经验的开发过程，在开发过程中要求用户和开发者高度协调。从很多方面来讲，它比开发一个操作型系统更复杂，因其需要提供随机、动态的分析，其需求更为模糊。设计者必须处理好存储数据的主要部件和存储这些数据的存取方法之间的不确定性。

理解这些需求是非常必要的，必须理解以下几个方面的内容。

(1) 用户报表需求。

(2) 历史数据的保留。

(3) 被包含数据的性质。

(4) 被排斥数据的性质。

(5) 获取数据的来源。

(6) 如何从 A 点获取数据，并使之到达 B 点，甚至可能到达 C 点，即支持高性能查询结构。

(7) 如何保证适当地复制数据，复制是一种被用于保证操作型系统中数据的变化被反映到数据仓库数据上的方法。

(8) 如何保证有足够的灵活性而不会限制数据仓库长期的生长性。

在分析需求的时候，需要用户提供一些他们现行使用的报表样本。通过分析这些样本，可以更好地鉴别哪些数据必须包含在数据仓库中。另外，如果能替换这些报表的话，就可以排除产生这些报表的子系统，从而提高数据仓库的投资汇报。

在设计数据仓库时，通常需要向用户询问如下一些问题。

(1) 在企业内部，部门的职责是什么？

(2) 在部门内部，用户的职责是什么？

(3) 用什么样的报表来完成用户的职责？

(4) 用户从哪儿获取与报表相关的信息？

(5) 获取与报表相关的信息以后，用户如何处理它们？

(6) 这些与报表相关的信息是因用户的要求专门产生的，还是在一些周期性的报表中得到的？

(7) 这些信息所必需的实时性如何？

数据仓库的设计不是一种简单的数据存储的设计，而是一种许多部件的集成设计。正因为数据仓库的复杂性，使收集环境信息、准备运营文档变得更为重要，因为这是进行数据仓库设计的基础。

3.4.2 选择数据仓库的实现技术

在建立完当前系统的文档后，就要选择实现数据仓库的技术，必须选择以下几种类型的软件。

(1) 数据仓库的操作系统。

(2) 数据仓库的数据库。

(3) 数据仓库模型工具。

(4) 数据仓库开发工具。

(5) 数据仓库监视工具。

(6) 提取和清除工具。

(7) 报告工具。

(8) OLAP 服务器。

(9) 数据挖掘工具。

下面是选择供应商需要注意的问题。

(1) 选择“最好的”产品并不总是正确的解决方案，应选择有可能变成行业标准的质优产品，这通常取决于公司拓展该产品市场的能力，而不仅仅在于产品本身。

(2) 对于需求，使用较小的供应商提供的产品，一个小的、刚刚起步的公司同那些拥有大量客户的大公司相比，会更注重客户的需求。

(3) 选择与行业标准相近的产品。这样，在未来认为合适的时候，数据仓库群会比较容易改变供应商。

有许多供应商提供这种软件。评估和选择最好的产品是很困难的，该技术具有建立或者破坏数据仓库项目的潜力，因而，花费时间来评估几个供应商的不同软件包是一件必需的工作。

3.4.3 设计数据仓库模型

数据模型是数据驻留在数据仓库内的外观蓝图，它与运营环境下的数据模型有很大的不同，典型的运营数据模型包括关系模型、层次模型、网络模型、文本文件模型几种。

关系模型是当前最流行的，它具有处理大量小型事务的能力。例如，公司的数据录入工作，公司可能有上千个录入员在同一时间向数据库提交数据，这将导致对数据库的几千个小型请求。另一方面，数据仓库通常服务于少量的用于做决策的大型请求，这种特殊类型的系统需要完全不同的模型，最流行的数据仓库模型是星型模型。

3.4.4 创建数据准备区

为支持数据抽取、清理和转换操作以便准备数据装入数据仓库，需要创建表和其他数据库对象。可以为数据准备区创建单独的数据库，或者在数据仓库数据库中创建这些项目。

数据准备区应包括传入数据的表、帮助实现代理键的表以及容纳转换数据的表，还可能需要其他表以协调来自不同数据源的数据，这些表可能包含标识常用实体(如来自使用不同链的系统的客户记录)的交叉引用信息，可能还需要各种临时表来执行中间转换。

数据准备区的特定设计取决于数据源的多样性、组织数据，以保证在装入数据仓库时所需的转换程度以及传入数据的一致性。

准备装入数据仓库的数据所在的表与数据仓库中的目标表应具有相同的架构。如果不是这样，则准备装入数据仓库表中的数据需经过转换，该转换在装载数据时可以单独完成。

3.4.5 创建数据仓库数据库

可以在设计数据仓库架构之后创建数据仓库数据库。需要创建事实数据表和维度表，并在所有表中的主要字段上建立索引。

与 OLTP 数据库或数据准备区相比，数据仓库数据库的架构通常很简单。星型架构由单个事实数据表和一些维度表组成。雪花型架构增加了次要维度表。更复杂的数据仓库可能包含多个事实数据表和许多维度表，其中有些维度表由所有事实数据表共享，有些维度表则专用于单个事实数据表。

例如，数据仓库可能包含销售信息和库存信息，由于销售数据和库存数据在本质上不同，它们应存储在不同的事实数据表中，有些维度表(如产品维度表)可能由销售表和库存表共享，而有些维度表(如销售队伍或仓库位置)则可能专用于个别的事实数据表。

3.4.6 从操作型系统中抽取数据

必须将用于数据仓库的数据从包含数据源的操作型系统中抽取出来。数据最初在数据仓库创建过程中抽取，并且在更新数据仓库的过程中不断地进行定期抽取。如果源数据驻留在单个关系数据库中，则数据抽取是简单的操作；但如果源数据驻留在多个异类操作型系统中，则数据抽取是非常复杂的。数据抽取过程的目的是使所有的源数据都具有通用的、一致的格式，以便准备装入数据仓库。

如果源操作型系统的数据不包含验证错误，则更好。例如，如果购买记录没有相应的客户记录标识购买者，这在源数据中是明显的错误，应在抽取数据以便装入数据仓库之前在源操作型系统中改正它们。可以在源操作型系统中执行错误检查。这样，在抽取用于数据仓库的数据之前就可以检测到错误。如果上述错误经常发生，则需要检查操作型系统，并对其进行修改以减少上述错误，因为上述错误会影响企业的业务及其数据仓库。

在抽取数据后，除了可以识别数据中的错误外，还可以识别不一致问题。例如，不同的数据源对于同类数据可能使用不同的编码系统，可以经常使用转换表在抽取操作中或在稍后的转换操作中协调这些差异。例如，一个传统系统中可能使用三字节代码对州或省名进行编码，而另一个系统可能使用两字节代码。在将数据装入数据仓库前，必须将来自其中一个系统或两个系统的数据转换成一个代码集。

3.4.7 清理和转换数据

在从源系统抽取数据的过程中可能会完成很多数据转换。但是，在将数据装入数据仓库前，经常还有其他任务需要完成。例如，必须在抽取后协调来自异类数据源的不一致的数据，并完成其他格式化和清理任务，还应该一直等到抽取过程合并代理键后。某些在抽取过程中可通过技术手段完成的转换可能会影响联机源系统的性能或操作，应将这些任务推迟到抽取完成后执行。

从源系统抽取数据后，数据应驻留在数据准备区，在这里可以在数据装入数据仓库前完成清理和转换。数据准备区可以是数据仓库数据库中单独的数据库或单独的表。在清理和转换阶段，可以执行过程来验证数据的一致性，将数据转换成常用格式以及合并代理键。

可能需要执行手工操作协调数据的不一致或解决二义性文本字段输入项。每次需要手工操作时，都应试着确定一种方法来消除在以后的数据转换操作中的手工步骤。在某些情况下，也许能够修改源数据系统以消除源上的起因，而在另一些情况下，也许能够建立自动化进程，将未解决的数据留待以后进行手工异常处理。这样，大批的数据就可以装入数据仓库而不会因手工干预而被耽搁。

3.4.8 将数据装入数据仓库数据库

在数据被清理、转换之后，就可加载到合适的数据仓库事实表中。在数据加载后，还要更新元数据仓库中的元数据，以反映刚完成的数据加载活动，并且对受影响的概括数据重新进行概括处理。数据的加载活动应该使用标准方法和通用工具，例如，在关系数据库管理系统中可以使用 SQL 或专门用于管理数据仓库的数据库管理系统加载工具。

在数据装入数据仓库数据库后，需要验证维度和事实数据表之间的引用完整性，确保所有的记录都与其他表中的适当记录相关。应验证事实数据表中的每条记录都与每条将与该事实数据表一起使用的维度表中的记录相关。例如，如果产品销售事实数据表将与维度表一起用于客户、产品、时间和存储，那么，对于事实数据表中的每条销售记录，每个维度表中必须有记录通过相应的主键与销售记录相关。该验证确保了对于每笔销售进行购买的客户、卖出的产品及销售的时间和地点都确定。

3.4.9 准备显示信息

因为通常通过客户端应用程序提供对数据仓库数据的访问，所以必须在数据仓库中完成某些任务，以便为最终用户准备显示信息。数据仓库设计的一部分是识别这些应用程序所需的任何特殊数据配置要求，通常是按照应用程序文档中的描述来配置应用程序本身的。

3.4.10 将数据分发到数据集市

数据仓库设计可能包括用于特定业务方面(如销售、仓库和财务部门)的数据集市。每个上述数据集市都包含一个数据仓库数据的子集，但应使用公用共享维度以避免分析和生成报表时出现不一致的情况。例如，Products 维度表可用于所有的数据集市，而财务业务计划维度表可能只适用于财务数据集市，其他数据集市可能包含区域特有的数据以增大区域特有的操作数据库系统。

在从数据仓库中初始装载数据集市时，应复制所有适用的共享维度表和适合于数据集市的事实数据表。如果将某个数据集市特有的维度表只用于该数据集市所服务的部门或组，则可以在本地创建这些维度表。用于创建报表从而与来自其他数据集市的报表进行比较的维度应是共享维度，共享维度在数据仓库中进行集中管理并从数据仓库表中装载。装载数据集市的工具与装载数据仓库数据库的工具是一样的。

本章小结

数据仓库的设计始于数据模型。数据仓库的数据模型不同于数据库的数据模型。在概念模型设计中，E-R 模型中的实体用主题取代；在逻辑模型设计中，依然使用关系模型，但数据以星型结构或雪花结构按主题进行组织。由于数据仓库的需求是不可预知的，因此，数据仓库以反复开发的方式建立。数据仓库的建立过程与传统的数据库系统的开发生命周期完全不同。

数据仓库开发者面临的基本问题是管理大量数据。为此，数据的粒度和分割是数据仓库设计的两个重要问题。然而，也存在许多其他物理设计的问题，其中大多数都与数据访问的效率有关。

关键术语

概念模型：Conceptual Model
逻辑模型：Logical Model
物理模型：Physical Model
星型模型：Star Model
雪花模型：Snowflake Model

阅读材料

利用 SQL Server 2005 创建数据仓库

1. 原始业务数据分析

打开 foodmart.mdb 文件(从 http://www.pup6.com 上下载)，可以看到如图 3.17 所示的 24 张表。虽然以前在设计这个数据库的时候加入了数据仓库的某些特点，但由于它本身源于以前的系统，也存储了全部的业务数据，因此这里作为初学可以把它理解为福马特商店的原始数据。

图 3.17　福马特商店的业务数据

在这个数据库中，包含了福马特商店日常经营业务的数据，如人事管理中的员工信息存储在 employee 表中，员工所属部门信息存储在 department 表中，职务信息则存储在 position 表中，库存管理业务中的仓库类型存储在 warehouse_class 表中，具体的仓库存储在 warehouse 中。

2. 设计数据仓库的逻辑模型

福马特市场部的商务需求是要对 1998 年进行的所有销售业务数据进行多角度分析，以便市场分析人员能在查询数据库时获取快速的响应，高层管理人员也能从总体上把握影响本年度销售的因素。这需要利用存储在公司业务数据库中的数据建立数据仓库，进而创建可用于分析的多维数据结构。

这里只着眼于销售方面的数据，因而把与销售相关的表提炼出来进行分析。在 foodmart.mdb 数据库中，销售业务的数据和时间、促销手段、产品和店铺等都有关系，它们的关系体现在表与表之间的逻辑关系上。要从业务数据出发设计数据仓库的结构，必须明确业务数据本身的结构，而业务数据的关系一般基于关系数据库设计的范式。数据仓库中表的关系不受关系数据库设计范式的约束，但也要遵循一定的结构规范，如星型结构和雪花模型结构即是这种类型的规范，同时也是数据仓库逻辑结构的两种类型。

这里希望用雪花模型结构来构建福马特商店的销售数据仓库，逻辑结构设计如图 3.18 所示。

在数据仓库的逻辑结构中，数据表可以划分为两类：一类是事实数据表，用来存储数据仓库中的实际数据，如这里存储 1998 年销售数据的 sales_fact_1998 表；另一类是维度数据表，用来存储数据仓库中的维度数据，如这里的关于时间、促销手段和产品等分析要素的表。

根据原始数据的特点，在本例中设计的维度表和事实表与原始数据中的表名及结构都一致。在实际设计的时候，通常需要根据需求情况重新建立与原始数据不同的表结构。这主要是因为传统业务的数据库是用来进行事务处理的(即 OLTP)，而数据仓库则是用来进行分析处理的(即 OLAP)，用途的不同决定了其结构的不同。

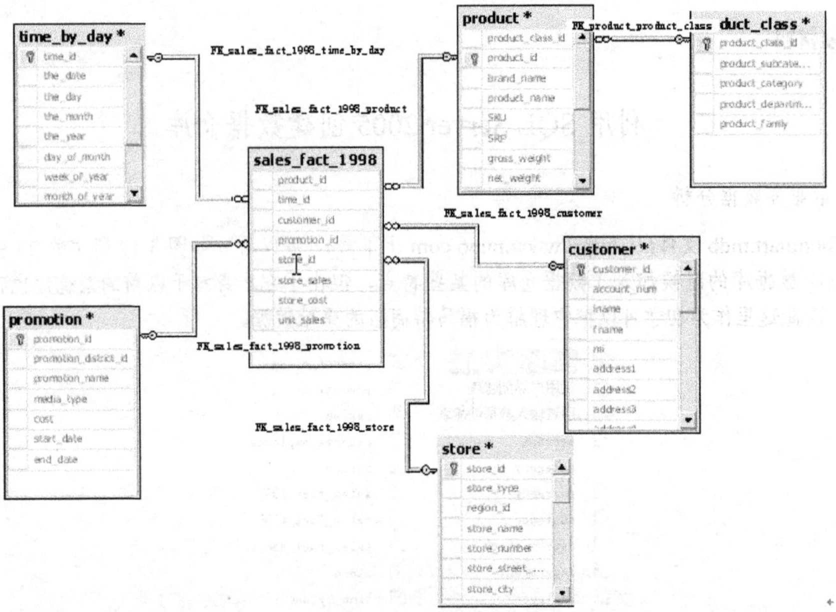

图 3.18 销售数据仓库雪花模型结构设计图

3. 创建 foodmartsaleDW 数据仓库

数据仓库也是一种数据库，其管理同样是通过数据库管理系统来进行的。因此，数据仓库可以像普通数据库一样进行创建、修改和删除。当数据仓库的逻辑结构设计完后，就可以创建物理数据仓库了。

这时可以在 SQL Server Management Studio 中按照一般的建立数据库的方法建立一个名为 foodmartsaleDW 的数据仓库，然后把这里设计的表创建好，数据类型依据原始数据库中各个表和字段的数据类型进行设置。由于这里的数据仓库表结构与原始数据库中的表结构基本一致，因此，创建 foodmartsaleDW 数据仓库的物理结构过程也可以在 ETL 阶段完成。

4. 设计和使用 ETL

数据仓库的设计可以说是数据分析和商业智能最基础的工作。良好的数据仓库结构设计是以后工作能顺利进行的保证，而数据仓库中的数据则一般要经过“提取→转换→加载”的过程从原始业务数据中获取，这就是 ETL 过程。

这里的任务就是要把数据从 foodmart.mdb 数据库中装载到 foodmartsaleDW 数据仓库中。需要用到 SQL Server Integration Services 服务，即 SSIS，其操作步骤如下。

(1) 打开 Business Intelligence Development Studio，选择“文件”→“新建”→“项目”命令，弹出“新建项目”对话框，展开“商业智能项目”选项，在“模板”窗格中选择“Integration Services 项目”选项，把项目命名为 foodmartsale ETL，如图 3.19 所示。

这时会在 BI Studio 环境中打开用于设计 SSIS 的各种工具和窗口，数据提取、转换和加载的操作都在这个界面下进行。

(2) 选择“项目”→“SSIS 导入和导出向导”命令，这时会弹出 SSIS 导入和导出向导的欢迎界面，单击“下一步”按钮。

(3) 在“选择数据源”窗口中的“数据源”下拉列表中选择 Access 数据源，如图 3.20 所示。然后在“文件名”文本框中选择此项目文件夹中的 foodmart 2000.mdb 文件。

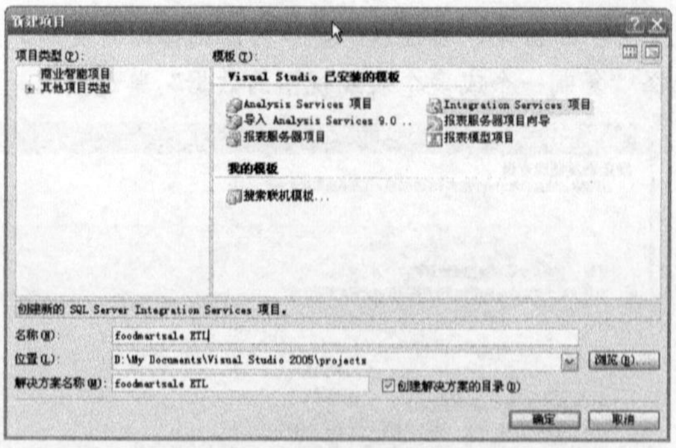

图 3.19　创建 foodmartsale ETL 项目

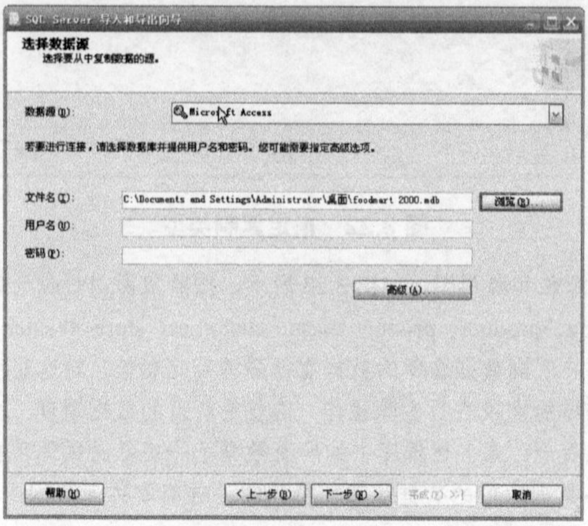

图 3.20　选择 foodmart 2000.mdb 数据源

(4) 在随即打开的窗口中选择数据的导出目标，这里选择 SQL Native Client，如图 3.21 所示。设置好服务器及其登录信息后，选择 foodmartsaleDW 数据仓库作为目标数据库，如果在以前的步骤中没有创建此数据库，可以在此窗口中单击“新建”按钮，在打开的“创建数据库”窗口中创建此数据库，单击“下一步”按钮继续操作。

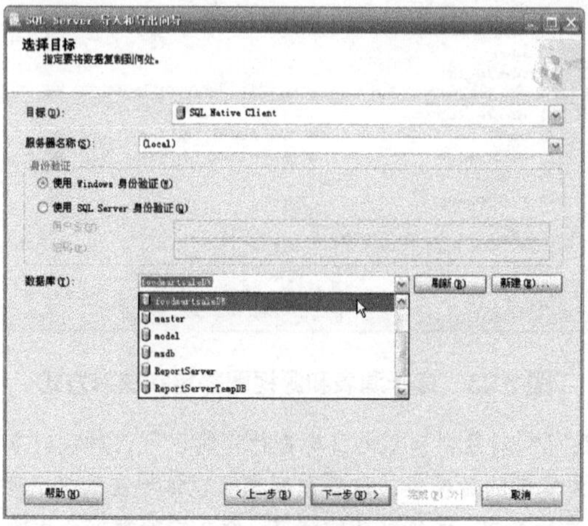

图 3.21　选择数据仓库目标

(5) 此时将打开如图 3.22 所示的窗口，通过这个窗口可以选择需要复制的是数据源的多个表和视图，还是自定义的查询，这里选择“复制一个或多个表或视图的数据”单选按钮，单击“下一步”按钮。

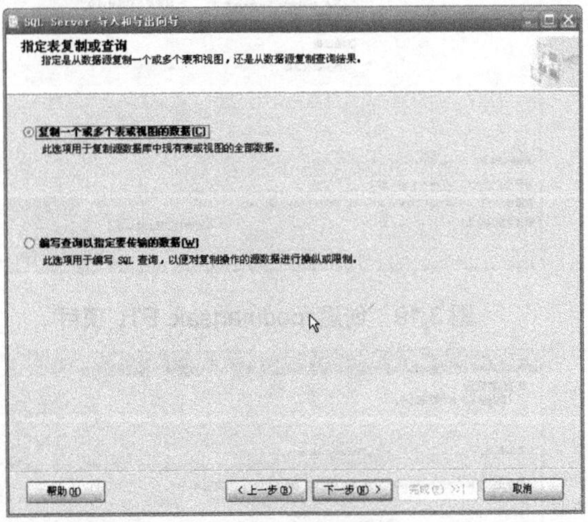

图 3.22　指定复制类型

(6) 这时会让用户选择源表和源视图，如图 3.23 所示。按照前面对数据仓库的设计，这里选择原始库中的 time_by_day、promotion、product、product_class、customer、store 和 sales_fact_1998 表作为需要输入的表。这里对原始库中需要导入到数据仓库的数据有很强的可定制性，对这些已经选择的表中的字段还可以进行筛选和改变，对不需要的字段进行去除操作，这就是所谓的数据清理。当然也可以选择其他表一起导入数据仓库中。由此可以看到，业务数据库中的所有数据不一定都必须体现在数据仓库中，数据仓库中的数据也有可能是经过业务数据库中的数据运算而得到的，这都取决于具体商务活动的需求。

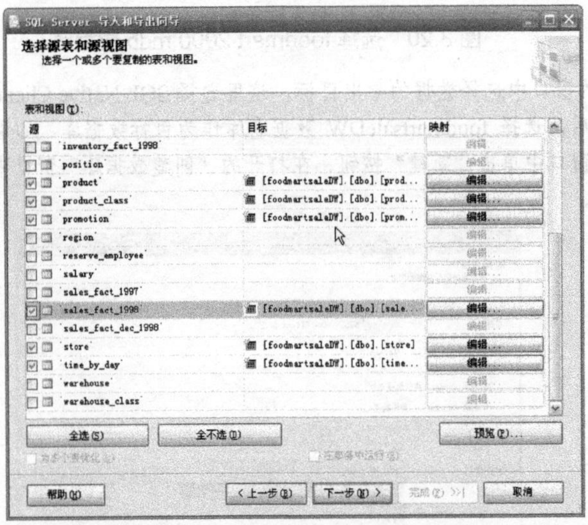

图 3.23　选择源表和源视图并定制映射方式

在图 3.23 的界面中，还可以对数据导入的目标进行定制，可以对映射方式进行编辑，甚至可以自己写 CREATE TABLE 语句作为复制的目标表。这些改变都可以体现在数据仓库的物理结构中。

这里不对映射及其目标进行变更，保持默认的状态，使生成的数据仓库的物理模型完全符合前面对数据仓库的逻辑模型的设计。

(7) 在以上操作完成后，单击“下一步”按钮，系统将会把前面的操作进行列表并要求用户确认，提示将会把包以 Package1.dtsx 作为文件名保存在项目文件夹下面，而且不会立即执行。确认无误后单击“完成”按钮。

(8) 在“解决方案资源管理器”窗格中展开“SSIS 包”文件夹，在 Package1.dtsx 上右击，从弹出的快捷菜单中选择“设为启动对象”命令，如图 3.24 所示。

(9) 单击工具条上的 ▶ 按钮运行这个工程，可以发现在 SSIS 设计界面的“控制流”和“数据流”等选项卡内都有对象在活动，这是系统正在把数据从 foodmart 2000.mdb 数据库中按照前面所确定的规则装载到 foodmartsaleDW 数据仓库中。

(10) 数据装载过程完成后，切换到 SQL Server Management Studio，展开 foodmartsaleDW 数据仓库可以发现，已经按照设计要求建立好了数据仓库，并且仓库中已经存储了业务数据，如图 3.25 所示。

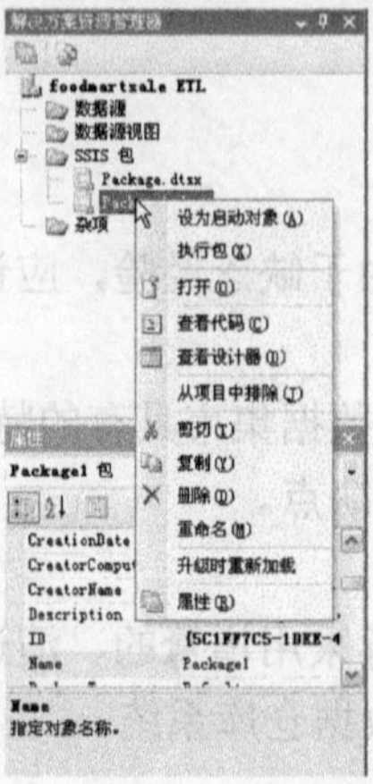

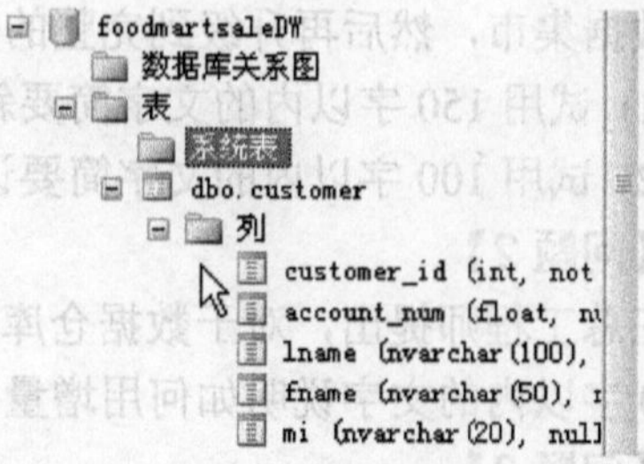

图 3.24 设置 Package1.dtsx 为启动对象　　　图 3.25 数据装载后的 foodmartsaleDW 数据仓库

资料来源：朱德利．SQL Server 2005 数据挖掘与商业智能完全解决方案．北京，电子工业出版社，2007.

思考与练习

1．数据仓库的开发过程包括哪几个阶段？每个阶段的工作内容是什么？

2．数据仓库的开发方法与数据库系统的开发方法有什么不同？为什么会不同？

3．数据仓库的数据模型设计和数据库系统的数据模型设计有什么不同？

4．什么是星型模型？什么是雪花模型？比较两个模型的优缺点，它们各适用于什么场合？

5．物理模型设计要解决的主要问题是什么？

6．粒度设计的基本原则是什么？数据分割的目的是什么？

7．简述创建数据仓库的过程。

8．阅读以下关于数据仓库的叙述，回答问题 1、问题 2 和问题 3。随着计算机应用的不断普及，某集团公司先后建立了生产、销售、财务、人事管理等应用系统，并积累了大量的数据。面对日益激烈的市场竞争，公司领导希望建立一个分析环境，对积累的数据进行再加工，以支持高层决策。

公司技术部门的王总工程师提出建立一个数据仓库系统。他认为，数据仓库能够将企业内部分散的、跨平台的数据进行重新组织与加工，建立数据仓库的最终目标是建立一个全面、完善的信息应用平台，利用该信息平台进行数据分析和数据挖掘，支持公司高层的决策分析。

经过讨论，大家认为目前建立数据仓库需要完成以下的基础工作。

(1) 明确数据仓库的目的，了解公司的业务现状，特别要弄清数据源所在的系统和其中的数据状况。

(2) 收集决策者的需求。分析领导的决策取向和当前最主要的工作目标，并初步建立系统的逻辑模型。

(3) 构建数据仓库，包括数据仓库的设计、组织和管理以及决策信息的展示。

(4) 数据仓库的应用推广和人员的培训。

(5) 引进必要的产品和工具。

【问题 1】

在讨论中，有些工程师提出了不同的意见。有人认为由于缺乏经验，应该先建立小规模的数据集市，然后再升级到完整的数据仓库系统。

(1) 试用 150 字以内的文字简要叙述与数据仓库相比，数据集市具有的特点。

(2) 试用 100 字以内的文字简要说明这种开发方法的优缺点。

【问题 2】

王总工程师提出，对于数据仓库系统的开发，一般推荐采用增量的、演进的方式。试用 200 字以内的文字说明如何用增量的、演进的方式开发数据仓库系统。

【问题 3】

有的工程师建议在数据仓库的模型中采用 DB(源数据库)—ODS(操作数据存储)—DW(数据仓库)的模式，以替代 DB—DW 的模式，试用 150 字以内的文字简要描述 ODS 与 DW 的最大差别。

9. 依据表 3-3 的购买商品的趋势分析表，设计一个数据仓库的星型模型，并给出维度表的层次结构。

表 3-3 购买商品的趋势分析

决策分析问题	客户购买商品的趋势分析					
需求信息类型	日期	地点	商品	年龄组	经济状况	信用
需求信息 1 层	年(4)	国家(15)	商品种类(7)	年龄组(8)	经济类(10)	信用(10)
需求信息 2 层	季(16)	省(60)	商品小类(40)	…	…	…
需求信息 3 层	月(48)	市(200)	商品(220)			
需求信息 4 层	…	街道(2 100)	…			
需求信息 5 层		商店(20 000)				
需求信息 6 层		…				

10. 为航空公司的航班分析数据仓库确定其主题的详细描述。

11. 为航空公司的航班分析数据仓库设计一种数据抽取和转换方案，并给出选择此方案的理由。

案例研究

电信企业数据仓库的设计和应用案例

数据仓库技术在电信企业的盛行是电信行业竞争的必然结果。竞争使得企业的营销能力成为决定企业竞争力的最重要因素，而营销能力则建立在对客户的购买行为、消费行为、服务要求、营销参与等方面信息的收集、整合、存储的数据基础和分析基础上。为了收集和整合客户购买、消费、服务、营销等方面的海量数据，数据仓库必然进入电信企业的采购单，如某电信企业有千万级的电信客户，每个客户每月几百次的本地电话和上百分钟的长途电话，上TB级的数据使得原来的数据存储、分析方法和处理能力力不从心，“仓库”的概念随之被引进数据存储过程中。简单地说，数据仓库就是为了保证数据查询和分析的效率，按照主题将所有的数据分门别类地进行存储，当需要的时候，再按主题提取数据并进行进一步的分析处理。

1. 构建电信企业数据仓库

目前，电信企业数据仓库的应用一般集中在经营分析和营销决策支撑两方面。一方面，数据仓库从营业、计费账务、渠道、客服中心等生产、管理系统获取市场经营的所有相关信息，经过整合、清理等环节，按主题进行存储，形成企业内部有关市场经营的统一数据平台，通过查询、报表、多维分析等方式提供给数据分析用户和营销决策人员；另一方面，数据仓库根据客户交互系统的需求，经过分析或挖掘，将客户异常消费、流失客户预警、营销活动目标客户等信息反馈到各客户接触系统，供营销经理、营业员、客服人员对相应客户提供针对性营销和服务(数据仓库与电信企业其他生产管理系统之间的关系如图3.26所示。

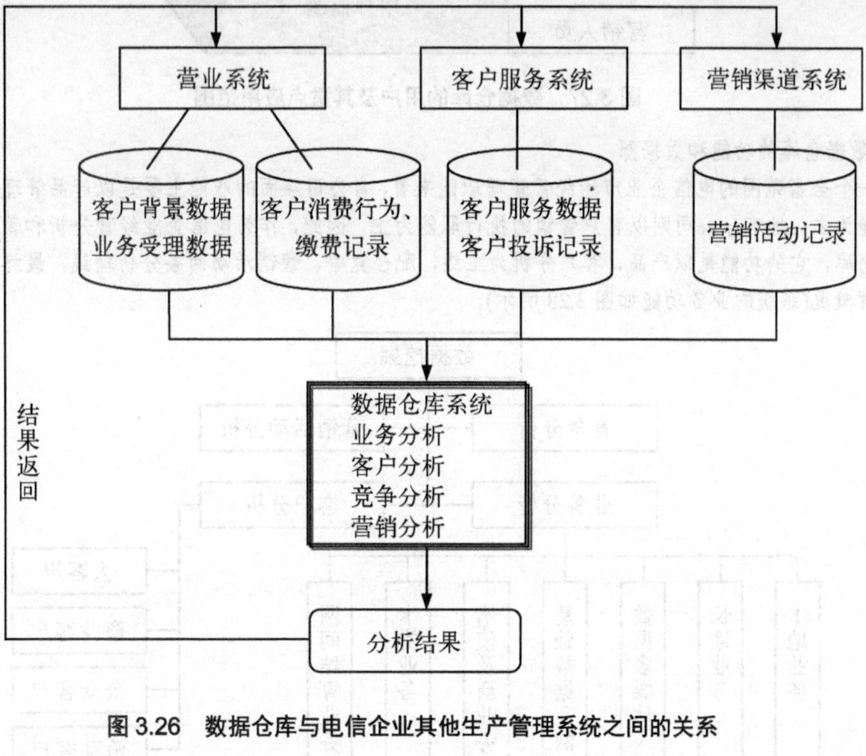

图3.26 数据仓库与电信企业其他生产管理系统之间的关系

1) 数据仓库的建设目标

数据仓库的建设目标之一是采集企业内部生产管理系统中所有与市场经营相关的数据源，包括客户背景资料、产品或套餐购买行为、消费资料、客服交互行为、缴费行为等方面的信息，对其进行规范和整合，然后按业务、客户、竞争、营销活动及数据挖掘等主题将数据按数据集市的形式存放，并提供多维报表和挖掘工具，为分析人员提供统一的数据平台和分析平台，解决以前分析人员所面对的数据分散、口径不统一、分析工作缺乏延续性等问题。

数据仓库的另一个建设目标是提供营销决策支撑，即在客户级数据查询或挖掘的基础上，将符合某种条件或具备某种特征的客户(用户)清单下发到各营销渠道，为客户经理执行针对性营销策略提供决策依据。

2) 数据仓库的用户

在电信企业中，数据仓库的用户主要是电信企业市场经营管理和执行人员，包括公司领导、市场主管、分析人员和营销人员，各用户使用的主要功能有所区别(图 3.27)。如公司领导主要以定制报表的方式为主；市场主管则不仅要使用定制报表，还要大量使用多维分析；分析人员除了定制报表、多维分析之外，会更多地利用系统提供的数据平台进行具体的专题分析甚至数据挖掘；而营销人员则使用分析系统向营销渠道提供客户(用户)监测信息。

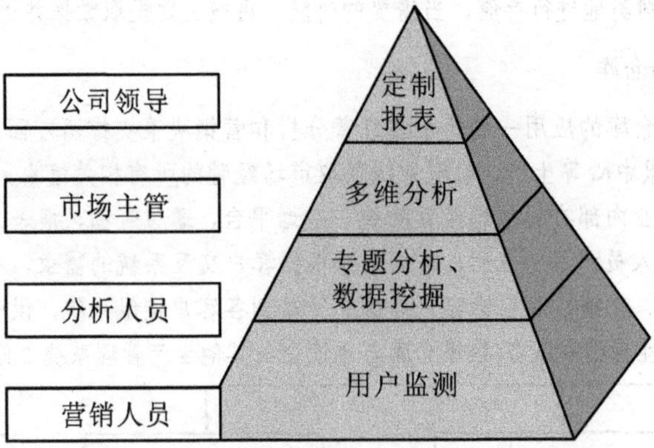

图 3.27　数据仓库的用户及其重点应用范围

3) 数据仓库的功能和数据源

从一个全省范围的电信企业市场经营管理职能来看，省公司层面的职能主要是以产品管理和营销决策管理职能为主，地市分公司则以客户营销的执行职能为主。因此，作为电信企业经营分析和营销决策支撑的数据仓库，它的功能是以产品、客户分析为主线，配合竞争、营销活动两条分析辅线，最终形成企业的市场经营概况(系统的业务功能如图 3.28 所示)。

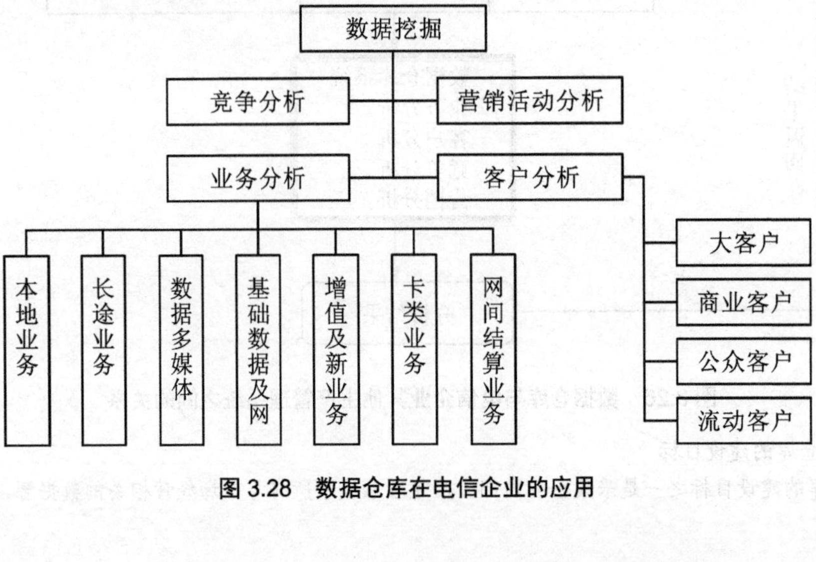

图 3.28　数据仓库在电信企业的应用

在数据源方面，数据仓库需采集企业内部有关市场经营活动的客户资料、各类业务计费资料、客户服务资料及其他竞争信息，在有效整合的基础上，分主题实现对经营分析、客户营销的决策支撑。因此，需采集的数据源应包括客户资料、计费账务信息、客户服务信息、网间结算信息及其他信息，如网络管理、资源管理、统计、计财等报表，以及外部社会经营环境、竞争对手的信息。

4) 数据仓库的需求设计

电信企业数据仓库项目的成功与否，在很大程度依赖于它的需求设计。数据仓库是应用导向的系统，它立足于商业应用，而非单纯的技术。所以应该强调的是，数据仓库不应该简单地从软、硬件设备和分析工具出发，而应该在科学、有效设计其功能的基础上，根据企业现有的条件配置软、硬件设备和分析工具甚至数据挖掘工具，以开发各类应用。

数据仓库的需求设计应立足于企业的数据分析需求，围绕市场经营管理、营销决策和执行的数据分析支撑工作来展开。需求设计主要完成 3 方面的工作：一是分析主题的设计； 二是分析维度和维度值的确定； 三是分析指标的确定。

(1) 分析主题的设计。电信企业建立数据仓库，目的主要是为企业的市场经营管理和营销决策提供数据分析支持，因此，系统的分析主题设计应围绕电信企业的市场经营、营销活动的构成对象和任务来进行。参考迈克尔·波特的五大竞争力量，可以认为影响电信企业市场经营能力(或竞争能力)的几大因素是企业经营的业务或产品、企业向市场提供这些业务或产品的方式(营销活动)、企业目前所拥有的客户、现有的竞争对手。因此，产品、客户、竞争对手和营销活动即是数据仓库所要立足的分析对象，缺一不可。

在确定了分析对象之后，还需根据企业经营管理或营销组织的实际需要将对象进一步细分。如电信企业将客户分为大客户、商业客户、公众客户和流动客户来管理，这就需要将客户分析的主题落到每个客户群上，而且业务或产品的分析也一样需要进一步细分到各专业。

细化了分析对象后就进入分析主题内容设计阶段。这个阶段根据已细化的分析对象来设计数据分析的内容，即总结和归纳企业市场经营分析人员和营销分析人员现在的数据分析工作，以便更有效率地组织分析数据。

根据经验，各类分析对象的分析主题可以设计如下。

① 业务或产品的分析主题包括：各类业务或产品发展状况分析、发展变化趋势分析、影响因素分析以及发展预测等内容。

② 客户分析主题包括：客户价值分析、客户流失分析、客户忠诚度分析、客户信用度分析等内容。

③ 竞争分析应基于网间的话务信息来设计，包括：竞争对手的用户发展情况、本企业用户使用竞争对手的产品情况和竞争对手用户使用本企业产品的情况等内容。

④ 营销活动分析则根据营销活动的三大目的——获取客户、提高每个用户的收入、客户保持以及营销活动的3个环节——营销策划、营销执行和营销评估来设计相应的分析内容，一般包括：营销机会判断、预期效果评估、营销效果评估、营销方案调整等内容。

(2) 维度设计。

数据仓库中各主题的维度是为多维分析和定制报表而设计的，同时也要将报表数据分析过程中所经常要用到的分组组别考虑进来。设计维度时要强调有用性和效率的均衡，既要涵盖今后数据分析常用的角度，同时也要考虑到多加一个维度或维度值就意味着仓库里数据量的成千上万倍增长，所以必须考虑效率问题。

另外，在设计每个维度的维度值时，要强调独立性和系统性。对于某个分析对象来说，每个维度的所有维度值之间是独立的，不能有交叉。根据经验，数据仓库的维度可以分为以下六大类。

① 时间维度和空间维度。

② 业务维度：包括业务种类、流向、拨打方式、通达方式、速率等维度。

③ 客户维度：包括渠道属性、统计属性、入网时间、客户状态、城乡属性、服务等级、行业属性、计费类别等维度。

④ 用户终端维度：包括接入方式、终端类型等维度。

⑤ 营销活动维度：包括参加活动种类、参加活动时间等维度。

⑥ 运营商维度：运营商种类等维度。

(3) 指标设计。

电信企业数据分析指标可分为两大类。一类是基本指标，包括用户数、通话量(或通信量)、费用(如月租费、通话费、通信费、包月费等)这 3 个绝对指标；另一类是衍生指标，包括平均指标、相对指标、比例指标、结构指标、比较指标。电信企业数据分析常见的衍生指标有:单次时长、主机普及率、渗透率、市场份额、同比率、环比率、计划完成进度等。

在设计电信企业数据仓库某个分析主题的指标阶段，指标的选择要视前端的应用方式而定。定制报表在某种程度上直接反映经营管理的结果，且涉及的维度较少，变换的灵活性不大，因此在选择定制报表的指标时，可以在涵盖必要的基本指标的基础上包括更多的衍生指标。而多维分析和专题分析是经营分析的一个分析环节，涉及维度相对定制报表更多且变换灵活，在选择设计多维分析和专题分析的指标时，应更多地考虑系统效率问题。另外，将基本指标转换成衍生指标对于前端分析工具来说是一件容易的事情，所以建议多维分析和专题分析涵盖所有的基本指标，而衍生指标最好不要纳入开发的内容。

2. 数据仓库在电信企业中的应用

1) 常规经营分析

顾名思义，常规经营分析就是按一定周期(旬、半月或月)在格式相对固定的分析模板(根据市场经营工作的需要，通常半年或一年更新一次模板)的基础上进行的经营分析。常规分析的模式类似于每月固定格式的统计报表，但要超越统计报表。常规分析工作的目的是通过固定模式的分析跟踪市场经营发展的动态，发现变化发展的趋势，判断其是否合理，从而发现问题并寻求引起问题的原因，最终提出解决问题的方法。电信企业的常规经营分析包括各类业务(本地、长话、数据、增值业务等)的分析、各类客户(大客户、商业客户、公众客户和流动客户)的分析以及竞争的分析。常规分析对于分析人员就某项专业分析经验的积累、敏锐眼光的培养有一定的意义。

数据仓库通过各个主题下的定制报表和 OLAP 多维报表查询支撑常规经营分析，反过来，企业的常规分析常常是作为定制报表和 OLAP 多维报表查询的需求在数据仓库中固化并得到实现的。

2) 专题分析

专题分析是根据市场经营过程中出现的热点问题以及常规分析中发现的异常情况而确定需要进一步深入的分析。电信企业比较常见的专题分析是各种营销活动效果分析。因为每次营销活动的目的不一样，内容不一样，定位的目标客户以及参加活动的客户都不一样，所以每次分析的内容及模式都有所不同。

专题分析没有固定的模板，因此每执行一次专题分析需要向数据仓库提交一次数据需求，包括多维度的数据表需求，或者客户使用各种业务或产品的历史消费记录需求，而数据仓库则是通过临时创建的多维报表以及符合条件的客户的历史消费记录来支撑专题分析工作的。

3) 营销监测

数据仓库对电信企业的营销监测支撑工作包括：话务异常(变动)监测、零话务监测、话务流失监测、黑公话监测、住宅商用监测以及各类营销活动用户跟踪监测等。通过在数据仓库中设置一定的条件，如将符合长话过网话务超过 50%、网内外去话话务均为零、报告期较基期话务下降 50%以上等条件的电信用户号码清单提交给相应的营销渠道进行流失挽留、激发话务等针对性营销，从而实现对营销监测工作的数据支撑。

第 4 章 联机分析处理

教学目标

通过本章的学习，应掌握联机分析处理的基本概念和多维分析的方法。

教学要求

知识要点	能力要求	相关知识点
OLAP 的基本概念	掌握 OLAP 的基本概念	(1) 维；(2) 多维数据集；(3) 多维数据集的度量
多维分析的方法	掌握多维分析的基本操作	(1) 切片、切块；(2) 旋转；(3) 钻探

引例

在最近几年的一次股东会议上，百事可乐公司(PepsiCo，Inc)的首席执行官韦思·加洛韦(D. Wayne Calloway)说："10年前，我可以告诉你们立体脆(Doritos)在密西西比州西部的销售情况。今天，我不但可以告诉你们立体脆在密西西比州西部销售得多么好，而且还可以告诉你们它们在加利福尼亚、在奥伦奇城、在欧文县以及每周四在本地Vons超市第四通道的促销中销售得多么好。"

在实际决策的过程中，决策者需要的数据往往不是某一指标单一的值，他们希望能够从多个角度观察某一指标或获得多个指标的值，并且找出这些指标之间的关系。例如，决策者可能想知道"东北地区和西南地区今年一季度和去年一季度在销售总额上的对比情况，并且销售额按10万～50万、50万～100万以及100万以上进行分组"。上面的问题是比较有代表性的，决策所需数据总是与一些统计指标如销售总额、观察角度(如销售区域、时间)和不同级别的统计有关，这些观察数据的角度称为维。可以说，决策数据是多维数据，多维数据分析是决策分析的主要内容，但传统的关系数据库系统及其查询工具对于管理和应用这样复杂的数据显得力不从心。为满足这些需求，信息系统行业已经开发出很多Web化的软件产品，如分析数据库、数据集市、数据仓库、数据挖掘技术和多维数据结构以及专门的服务器和支持联机分析处理(OnLine Analytical Processing，OLAP)的软件产品。

联机分析处理使经理和分析人员可以交互地检查和利用大量具体的、经过处理的多维数据。为了发现模式、趋势和例外情况，OLAP 潜心于分析那些保存在数据集市、数据仓库和其他多维数据库中的成千甚至上百万数据项之间的复杂关系，以便OLAP应用能快速响应经理或分析人员的复杂查询。

本章主要从OLAP出现的背景、OLAP区别于其他软件产品的特征以及OLAP的实施等几个方面对OLAP进行介绍。

4.1 OLAP的基本概念

4.1.1 OLAP的发展背景

自20世纪80年代开始，许多企业利用关系型数据库来存储和管理业务数据，并建立相应的应用系统来支持日常的业务运作。这种应用以支持业务处理为主要目的，被称为联机事务处理(On-line Transaction Processing，OLTP)应用，它所存储的数据被称为操作数据或者业务数据。

随着数据库技术的广泛应用，企业信息系统产生了大量的业务数据，如何从这些海量的业务数据中提取出对企业决策分析有用的信息，这成为企业决策管理人员所面临的重要难题。因此，人们逐渐尝试对OLTP数据库中的数据进行再加工，以形成一个综合的、面向分析的、更好的支持决策制定的决策支持系统。目前企业的信息系统的数据一般由数据库管理系统来管理，但决策数据库和运行操作数据库在数据来源、数据内容、数据模式、服务对象、访问方式、事务管理乃至物理存储等方面都有不同的特点和要求，因此，直接在操作型数据库上建立决策支持系统是不合适的。数据仓库技术就是在这样的背景下发展起来的。

随着市场竞争的日趋激烈，企业更加强调决策的及时性和准确性，这使得以支持决策管理分析为主要目的的应用迅速崛起，这类应用被称为联机分析处理，它所存储的数据被称为信息数据。

表 4-1 列出了 OLTP 与 OLAP 之间的比较。

表 4-1　OLTP 与 OLAP 之间的比较

	OLTP	OLAP
用户	操作人员，低层管理人员	决策人员，高级管理人员
功能	日常操作处理	分析决策
数据库设计	面向应用	面向主题
数据	当前的、最新的、细节的、二维的、分立的	历史的、聚集的、多维的、集成的、统一的
存取	读/写数十条记录	读上百万条记录
工作单位	简单的事务	复杂的查询
用户数	上千个	上百个
数据库大小	100MB～1GB	100GB～1TB

联机分析处理的用户是企业中的专业分析人员及管理决策人员，他们在分析业务经营的数据时，从不同的角度来审视业务的衡量指标，这是一种很自然的思考模式。例如，分析销售数据时，可能会综合时间周期、产品类别、分销渠道、地理分布、客户群等多种因素来考虑。这些分析角度虽然可以通过报表来反映，但每一个分析的角度可以生成一张报表，各个分析角度的不同组合又可以生成不同的报表，使得 IT 人员的工作量相当大，而且往往难以跟上管理决策人员思考的步伐。

联机分析处理的概念最早由关系数据库之父 E.F. Codd 于 1993 年提出。Codd 认为，联机事务处理已不能满足终端用户对数据库查询分析的要求，SQL 对大容量数据库的简单查询也不能满足用户分析的需求。用户的决策分析需要对关系数据库进行大量的计算才能得到结果，而查询的结果并不能满足决策者提出的需求。因此，Codd 提出了多维数据库和多维分析的概念，即 OLAP。OLAP 委员会对联机分析处理的定义为：使分析人员、管理人员或执行人员能够从多种角度对从原始数据中转化出来的、能够真正为用户所理解的、并真实反映企业维特性的信息进行快速、一致、交互的存取，从而获得对数据更深入了解的一类软件技术。OLAP 的目标是满足决策支持或多维环境特定的查询和报表需求，它的技术核心是“维”这个概念，因此 OLAP 也可以说是多维数据分析工具的集合。

4.1.2　联机分析处理是数据仓库系统的一个应用

联机分析处理的主要特点是直接按照用户的多角度思考模式，预先为用户组建多维的数据模型，这里的维指的是用户的分析角度。例如，对销售数据的分析，时间周期是一个维度，产品类别、分销渠道、地理分布、客户群也分别是一个维度。一旦多维数据模型建立完成，用户就可以快速地从各个分析角度获取数据，也能动态地在各个角度之间切换或者进行多角度综合分析，具有极大的分析灵活性。这也是联机分析处理被广泛关注的根本原因，它从设计理念和真正实现上都与旧的管理信息系统有着本质的区别。

如前面所述，随着数据仓库理论的发展，数据仓库系统已逐步成为新型的决策管理信息系统的解决方案。数据仓库系统的核心是联机分析处理，但数据仓库系统还包括更为广泛的内容。

概括来说，数据仓库系统是指具有综合企业数据的能力，能够对企业大量数据进行快速和准确的分析，辅助做出更好的商业决策的系统，它本身包括 3 部分内容，如图 4.1 所示。

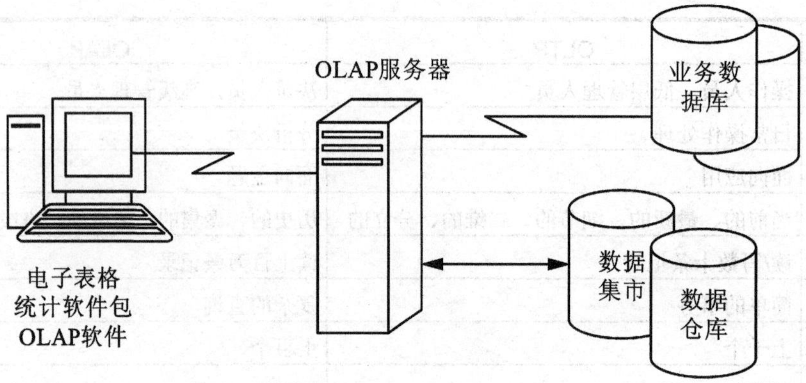

图 4.1　数据仓库系统

(1) 数据层。实现对企业操作数据的抽取、转换、清理和汇总，形成信息数据，并存储在企业级的中心信息数据库中。

(2) 应用层。通过联机分析处理甚至是数据挖掘等应用处理，实现对信息数据的分析。

(3) 表现层。通过前台分析工具，将查询报表、统计分析、多维联机分析和数据发掘的结论展现在用户面前。

从应用的角度来说，数据仓库系统除了联机分析处理外，还可以采用传统的报表或者数理统计和人工智能等数据挖掘手段，涵盖的范围更广；就应用范围而言，联机分析处理往往根据用户分析的主题进行应用分割，如销售分析、市场推广分析、客户利润率分析等，每一个分析的主题形成一个 OLAP 应用，而所有的 OLAP 应用实际上只是数据仓库系统的一部分。

案例 4-1

国际整流器公司：决策支持的 OLAP

电源管理半导体制造商国际整流器公司(International Rectifier)位于加利福尼亚州的 EI Segundo，其财务分析经理道格伯克(Doug Burke)说，利用 Hyperion Solutions 的 Essbase 软件可以以非常低价的成本来提取和分析销售数据，已经使公司获得超出其 IBM 中型机系统更多的回报。与相对于占用了网络带宽的操作以及用电子邮件发送大量的电子表格相比，联网 PC 工作站的用户现在可以利用 Essbase 软件的 OLAP 特性，动态地检索那些来自销售数据库、恰好是他们所需要的合适数据。

伯克说，他期望在几个星期内，当他将 Essbase 升级到新版本时，能节约更多的成本。新版本包括允许用户用增加的维度(如销售地区)动态地分析数据，而不必存储增加数据库容量的计算结果。他说："尤其当你要把这个功能扩展到成千上万甚至数百万的产品时，那是一个巨大的回报。"

伯克说，国际整流器公司利用 Essbase 软件不仅减少了成本和收集数据的时间，还对为推进决策而建立数据的方式进行了标准化。利用 Essbase 软件，公司已经为存货分析建立了多维数据立方。不久，市场部门将开始实施另一个结构，用于分析市场部门的销售情况。

目前，国际整流器公司的每个人都在利用这些公用数据库。伯克说："对不同的部门，你不必确认成本或收入的不同方式，"他解释道，"不管人们是不是喜欢数字，每个人对数字的看法都是一致的。"即更重视分析数据，而不是收集数据。

4.2 OLAP 与多维分析

4.2.1 OLAP 的一些基本概念

多维数据模型是一个逻辑概念，该模型主要解决如何对大量数据进行快速查询和多角度展示，以便得出有利于管理决策的信息和知识。多维数据模型的应用领域主要有数据仓库、OLAP 和数据挖掘 3 个方面。其中，多维结构是 OLAP 的核心。

多维数据模型通过引入维、维分层和度量等概念，将信息在概念上视为一个立方体。

OLAP 是针对特定问题的联机数据访问和分析。通过对信息的很多种可能的观察形式进行快速、稳定、一致和交互性的存取，允许管理决策人员对数据进行深入观察。为了对 OLAP 技术有更深入的了解，本节主要介绍在 OLAP 中常用的一些基本概念。

1. 变量

变量是数据的实际意义，即描述数据是什么。例如，数据 100 本身并没有意义或者说意义未定，它可能是一个学校的学生人数，也可能是某产品的单价，还可能是某商品的销售量等。在一般情况下，变量总是一个数值度量指标，例如人数、单价、销售量等都是变量，而 100 则是变量的一个值。

2. 维

维是人们观察数据的特定角度。例如，企业常常关心产品销售数据随着时间的推移而产生的变化情况，这时是从时间的角度来观察产品的销售，所以时间是一个维(时间维)；企业也时常关心自己的产品在不同地区的销售分布情况，这时是从地理分布的角度来观察产品的销售，所以地理分布也是一个维(地理维)。其他还有如产品维、顾客维等。

3. 维的层次

人们观察数据的某个特定角度(即某个维)还可以存在细节程度不同的多个描述方面，称这多个描述方面为维的层次。一个维往往具有多个层次，例如，在描述时间维时，可以从日期、月份、季度、年等不同层次来描述，那么日期、月份、季度、年等就是时间维的层次；同样，城市、地区、国家等构成了地理维的层次。

4. 维成员

维的一个取值称为该维的一个维成员。如果一个维是多层次的，那么该维的维成员是由各个不同维层次的取值组合而成的。例如，考虑时间维具有日期、月份、年这3个层次，分别在日期、月份、年上各取一个值组合起来，就得到了时间维的一个维成员，即“某年某月某日”。一个维成员并不一定在每个维层次上都要取值，例如“某年某月”、“某月某日”、“某年”等都是时间维的维成员。对应于一个数据项来说，维成员是该数据项在某维中位置的描述。例如，对于一个销售数据来说，时间维的维成员“某年某月某日”就表示该销售数据是“某年某月某日”的销售数据，“某年某月某日”是该销售数据在时间维中位置的描述。

5. 多维数组

一个多维数组可以表示为(维 1，维 2，……，维 *n*，变量)。例如，若日用品销售数据是按时间、地区和销售渠道组织起来的三维立方体，加上变量“销售额”，就组成了一个多维数组(地区，时间，销售渠道，销售额)，如果在此基础上再扩展一个产品维，就得到一个四维的结构，其多维数组为(产品，地区，时间，销售渠道，销售额)。

6. 数据单元(单元格)

多维数组的取值称为数据单元。当多维数组的各个维都选中一个维成员时，这些维成员的组合就唯一确定了一个变量的值。那么数据单元就可以表示为(维 1 维成员，维 2 维成员，……维 *n* 维成员，变量的值)。例如，在产品、地区、时间和销售渠道上各取维成员“牙膏”、“上海”、“1998 年 12 月”和“批发”，就唯一确定了变量“销售额”的一个值(假设为 100 000)，则该数据单元可表示为(牙膏，上海，1998 年 12 月，批发，100 000)。

4.2.2 理解数据立方

用于 OLAP 的数据是多维的。图 4.2 即为从购买地区、购买时间和产品名称等3个视角来分析购买订单时需要的一种数据立方。数据立方又称多维数据集，是用来分析数据的典型方式。

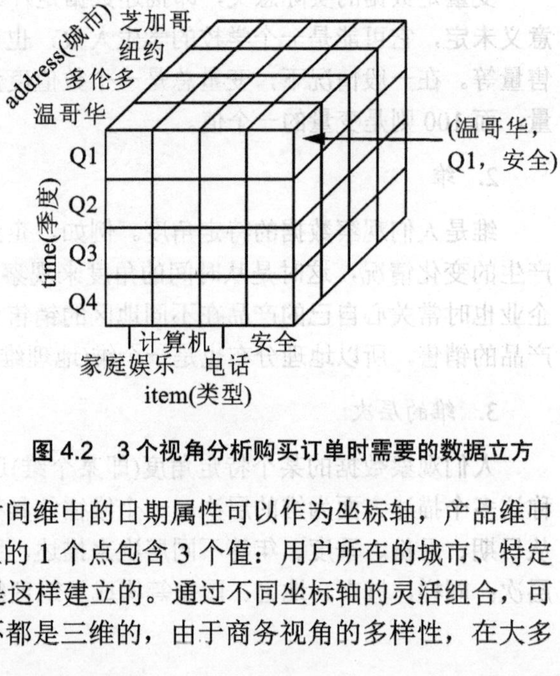

图 4.2 3 个视角分析购买订单时需要的数据立方

正像在数学中用 *X*、*Y*、*Z* 坐标轴表示 3 个空间创建一个立方体一样，可以从不同的商业视角为维度建立一个商业数据分析用的立方体，这些维的属性是立方体的坐标轴。例如，可以从客户的视角去观察商业数据，这时应该建立客户维，而客户维中有客户所在的城市这一属性，因而在立方体中会出现城市坐标轴。同样，时间维中的日期属性可以作为坐标轴，产品维中的产品名称可以作为坐标轴。这个立方体上的 1 个点包含 3 个值：用户所在的城市、特定的产品和特定的日期，图 4.2 的立方体就是这样建立的。通过不同坐标轴的灵活组合，可以构成各种各样的数据立方。数据立方也不都是三维的，由于商务视角的多样性，在大多数情况下，数据立方是以三维以上的方式组成的。

数据立方中多个维度的值是商务需求中需要观察的目标，这个目标的值一般叫做度量值。度量值来源于构成商务观察目标的事实表中。例如，在图 4.2 的立方体中，事实表中有全部产品的销售度量，那么，可以用立方体上的某一个点来度量某产品在某一时间和某一城市的销售情况。

商业数据在数据仓库中的这种多维特性为分析数据提供了极大的方便。

如果保持立方体的某些坐标轴的值不变而改变另外某一个轴，便可以看到度量在不同维上的变化情况。在上面的例子中，如果保持产品的名称和日期为常量，沿客户城市坐标轴移动，便可以得到在所有客户城市某一天某一产品的全部销售值。有这种分析需求的一般是地区经理。同样，可以根据财务经理、产品经理及总经理对商务分析的不同需求对数据立方进行不同视角的分析，如图 4.3 所示。

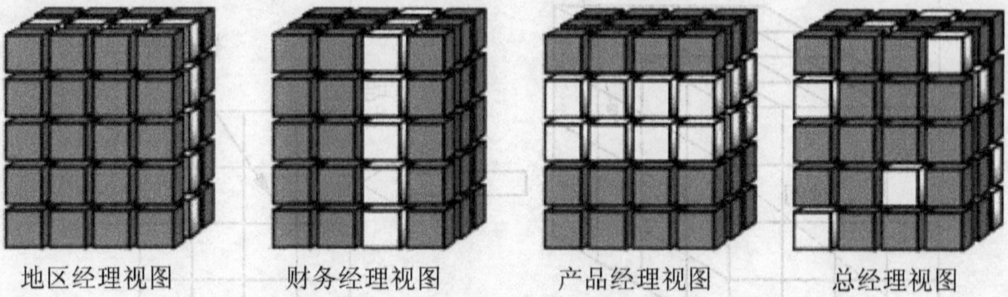

图 4.3　不同视角的数据立方分析

认识事物一般是从该事物在实践中的应用开始的。以上对业务数据和分析数据使用方式的区别及对数据立方的具体使用方法的解析是认识数据仓库的基础。正是由于其作用的不同，所以在设计时，数据库和数据仓库的目标也不同。

4.2.3　OLAP 的基本分析操作

OLAP 分析是指对以多维形式组织起来的数据采取切片、切块、旋转等各种分析操作，以求剖析数据，使最终用户能从多个角度、多侧面观察数据仓库中的数据，从而深入了解包含在数据中的信息、内涵。OLAP 分析方式迎合了人们的思维模式，因此，减少了混淆并且降低了出现错误解释的可能性。OLAP 分析包括以下几个基本操作。

1. 切片

定义 1：在多维数组的某一维上选定一维成员的操作称为切片(Slice)，即在多维数组(维 1，维 2，……，维 n，变量)中选一维，如维 i，并取其一维成员(设为“维成员 Vi”)，所得的多维数组的子集(维 1，……，维成员 Vi，……维 n，变量)称为在维 i 上的一个切片。

图 4.2 所示是一个按产品维、地区维和时间维组织起来的产品销售数据，用多维数组表示为(地区，时间，产品，销售额)。如果在地区维上选定一个维成员(设为“温哥华”)，就得到了在地区维上的一个切片；在产品维上选定一个维成员(设为“计算机”)，就得到了在产品维上的一个切片。显然，这样切片的数目取决于每个维上维成员的个数。

按照定义 1，一次切片一定使原来的维数减 1，所以，所得的切片并不一定是二维的平面，其维数取决于原来的多维数据的维数。这样的切片定义一般只适合于三维的情形，所以，接下来给出切片的另一个定义(注意：这两个定义不一定等价)。

定义 2：选定多维数组的一个二维子集的操作叫做切片，即选定多维数组(维 1，维 2，……，维 n，变量)中的两个维，如维 i 和维 j，在这两个维上取某一区间或任意维成员，而将其余的维都取定一个维成员，则得到的就是多维数组在维 i 和维 j 上的一个二维子集，称这个二维子集为多维数组在维 i 和维 j 上的一个切片，表示为：(维 i，维 j，变量)。

例如，选定多维数组(地区，时间，产品，销售渠道，销售额)中的地区维与产品维，在另外的时间维选取一个维成员(如“1999 年”)，销售渠道维选取一个维成员(如“批发”)，就得到了多维数组(地区，时间，产品，销售渠道，销售额)在地区和产品二维上的一个切片(地区，产品，销售额)，这个切片表示 1999 年各地区、各产品的批发销售情况，如图 4.4 所示。

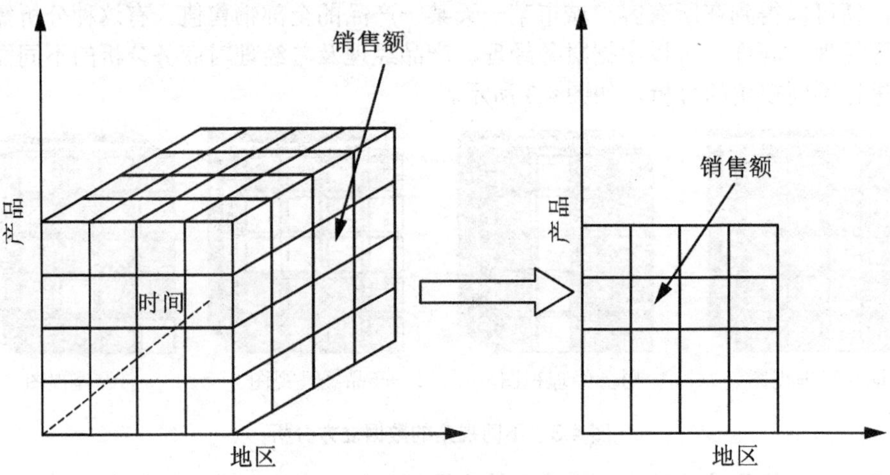

图 4.4 (地区，产品，销售额)切片

按照定义 2，不管原来的维数有多少，数据切片的结果一定是一个二维的平面。从另一个角度来讲，切片就是在某两个维上取一定区间的维成员或全部维成员，而在其余维上选定一个维成员的操作。从这里可以得出以下两点共识。

(1) 一个多维数组的切片最终是由该数组中除切片所在平面两个维之外的其他维的成员值确定的。所得的切片是由除产品和时间两个维之外的地区维的取值决定的，即取地区维成员“温哥华”确定一个切片。以此类推，取产品维成员“计算机”则可以确定另一个切片。

(2) 维是观察数据的角度，那么，切片的作用或结果就是舍弃一些观察角度，使人们能在两个维上进行集中观察。因为人的空间想象能力毕竟有限，一般很难想象四维以上的空间结构，所以对于维数较多的多维数据空间，数据切片是十分有意义的。

2. 切块

和切片相对应，切块(Dice)也有如下两个定义。

定义 1：在多维数组的某一维上选定某一区间的维成员的操作称为切块，即限制多维数组的某一维的取值区间。显然，当这一区间只取一个维成员时，即得到一个切片(切片的定义 1)。

定义 2：选定多维数组的一个三维子集的操作称为切块，即选定多维数组(维 1，维 2，……，维 n，变量)中的 3 个维：维 i、维 j 和维 r，在这 3 个维上取某一区间或任意的维成员，而将其余维都取定一个维成员，则得到的就是多维数组在维 i、维 j 和维 r 上的一个三维子集，称这个三维子集为多维数组在维 i、维 j 和维 r 上的一个切块，表示为：(维 i，维 j，维 r，变量)。

例如，选定多维数组(地区，时间，产品，销售渠道，销售额)中的地区维、时间维与产品维，在另外的销售渠道维选取一个维成员(如“批发”)，就得到了多维数组(地区，时间，产品，销售渠道，销售额)在地区、时间和产品 3 个维上的一个切块(地区，时间，产品，销售额)。这个切块表示各地区、各产品在各个年度的批发销售情况。

从另一角度来讲，切块可以看成是在切片的基础上，进一步确定各个维成员的区间得到的片断体，即由多个切片叠合起来。如果将时间维上的取值设定为一个区间(例如取“1990 年至 1999 年”)而非单一的维成员时，就得到一个数据切块，它可以看成由 1990 年至 1999 年 10 个切片叠合而成的。

3. 旋转

旋转即改变一个报告或页面显示的维方向。例如，旋转可能包含交换行和列，或是把某一个行维移到列维中，如图 4.5 所示，或是把页面显示中的一个维和页面外的维进行交换(令其成为新的行或列中的一个)。

	2005年				2006年			
	Q1	Q2	Q3	Q4	Q1	Q2	Q3	Q4
台北市	123	56	45	66	134	56	23	55
台中市	134	103	98	87	102	139	97	82
高雄市	67	73	59	96	73	69	62	94

		台北市	台中市	高雄市
2005年	Q1	123	134	67
	Q2	56	103	73
	Q3	45	98	59
	Q4	66	87	96
2006年	Q1	134	102	73
	Q2	56	139	69
	Q3	23	97	62
	Q4	55	82	94

图 4.5　旋转移动行维到列维

图 4.5 是把一个横向为时间、纵向为地区的报表旋转成为横向为地区、纵向为时间的报表。

4. 钻取

如上所述，维具有层次性。例如，时间由年、月或星期组成，而它们都是由日组成；地点也可以划分成国家，国家包含州(或其他地方政府单位)，而州又包含城市；类似地，产品类可以进一步划分，如产品类别家具可以划分成子类别：椅子、桌子、沙发等。

钻取是改变维的层次，变换分析的粒度，它包括上卷(Roll Up)和下钻(Drill Down)。Roll Up 是在某一维上将低层次的细节数据概括到高层次的汇总数据，或者减少维数；而 Drill Down 则相反，它从汇总数据深入到细节数据进行观察或增加新维。为了解释这一点，考虑最初的销售数据，它是多维数组，记录每天的销售。可以按月聚集(上卷)销售数据；反过来，给定时间为划分成月份的数据表示，可能希望将月销售总和分解(下钻)成日销售总和，当然，这要求基本销售数据的时间粒度是按天计算的。

案例 4-2

AllElectronics 的数据立方

AllElectronics 的汇总销售数据的数据立方如图 4.6(a)所示。该立方体有三维：address(城市值芝加哥、纽约、多伦多、温哥华)，time(季度值 Q1，Q2，Q3，Q4)和 item(类型值家庭娱乐、计算机、电话、安全)。存放在立方体的每个单元中的聚集值是 sales_amount(以千美元为单位)。例如，同安全系统有关的商品第一季度 Q1 在温哥华的总销售为 400，存放在单元(温哥华，Q1，安全)中。为便于观察，只给出部分立方体单元值。

图 4.6(a)显示 AllElectronics 的汇总数据；图 4.6(b)显示对于图 4.6(a)中的数据立方下钻和上卷的汇总数据结果。

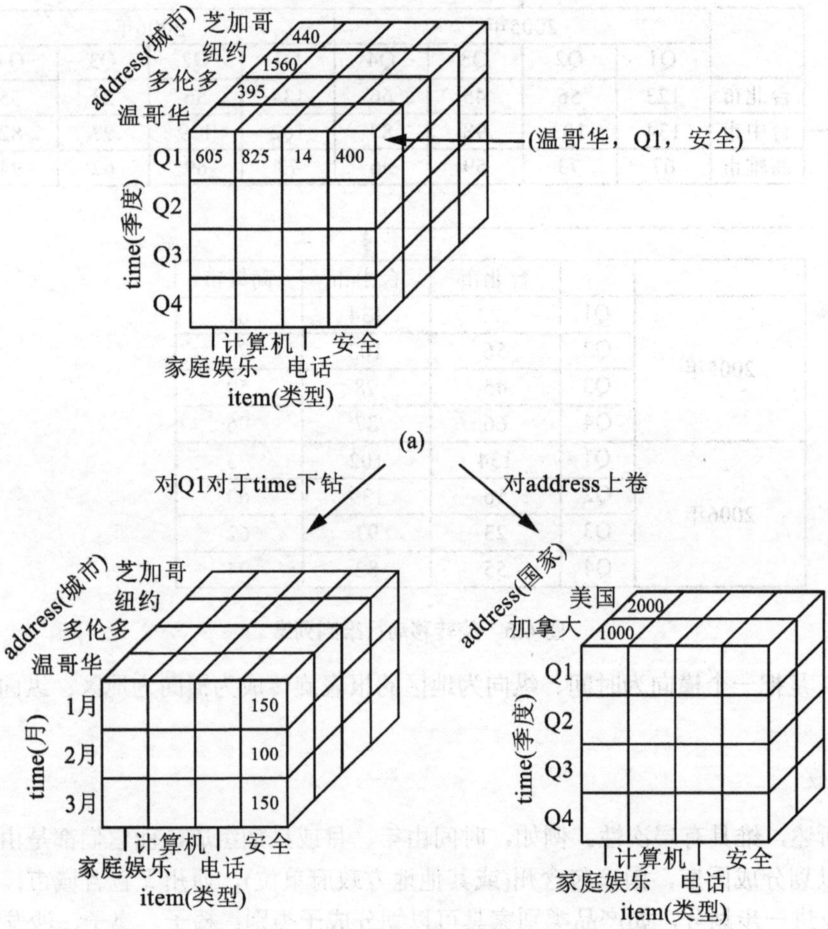

图 4.6　一个通常用于数据仓库的多维数据立方

案例 4-3

交通事故的多维分析

交通事故多维分析就是将交通事故数据、道路环境条件数据、交通状态数据、气候数据等加以汇总管理，分析造成交通事故的主要原因，以便于采取相应的对策。为了简化问题便于讨论，这里只分析交通事故与道路及交通设计状况之间的关系。

1. 多维数据模型

交通事故多维分析的目的是发现交通事故的一些内在规律。例如，当发现某一路段每周一是事故多发期，则进一步追寻数据，发现周一通过该路段大部分的为外地长途运输车辆，分析认为，这一路段交通引导标志不够健全，从而造成不熟悉情况的外地车辆驾驶员由于缺乏思想准备发生事故。

交通事故分析系统的核心模型首先需要能够表达从复杂数据中提取简化后的数据关系的操作过程，至于各种统计图表的实现和输出以及数据的输入及校核等，则是需要等待从系统内部提取数据后再加以完成的外围操作。

为此，系统核心模型采用了多维数据模型的概念。多维数据模型以描述分析数据的多维特征为目标，最终形成一个模拟现实的多维逻辑视图。在这一模型中，数据不再以实体和联系来进行组织，而是以度量指标和维进行组织。所谓维是指交通事故在空间位置上的分布特征、在时间上的分布特征等，反映了人们观察问题的角度。合理定义多维数据库中的维，将便于发现问题、总结规律。对于交通事故数据来说，可以考虑把事故位置、事故时间、事故类型、事故发生时的气候情况、事故发生时的交通流量状态等作为维，从而构成多维模型。

为了便于理解，将事故数据适当简化，首先在三维空间中进行讨论。也就是说，事故数据的三维特征是：位置、时间、事故类型(图 4.7)。

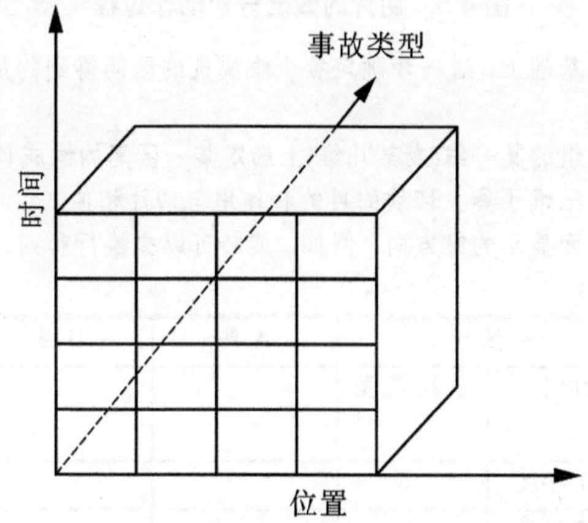

图 4.7　交通事故数据的多维组织

为了分析事故产生的原因，可以分析事故数量在时间与空间坐标系中的分布关系，也可以分析事故类型、事故位置与事故数量之间的相关关系，从中找出道路设计中存在的问题，为道路的改建提供依据。

当确定了模型的逻辑概念之后，就需要定义这一模型的基本分析动作(将来系统所需要完成的主要功能将由模型的基本分析动作组合，再加上一些辅助动作而完成)；需要研究维概念中更加复杂的关系：研究数据的层次关系和分类关系；另外还需要讨论利用目前常用的关系数据库管理系统实现多维数据管理的方法。

2. 多维数据的基本分析操作

在一个多维空间上所进行的基本数据分析操作包括切片、切块和旋转。所谓切片可以定义成为：多维数组的某一维上选定一维成员的操作，即在多维数组(维 1，维 2，……，维 n，变量)中选定一维 i，并取其一个维成员 Vi，所得到的多维数组的子集(维 1，维 2，……，维成员 Vi，……，维 n，变量)称为在维 i 上的一个切片。切片的作用是舍去一些观察角度，使得人们能够在少量维上集中观察问题。上述定义还可以进一步扩展，也就是说可以一次选定 $k(k \leqslant n-2)$维，取相应的维成员，生成多维数组的子集。当 $k=n-2$ 时，所得到的切片均为二维空间。图 4.8 形象地表示了切片的数据分析操作过程。

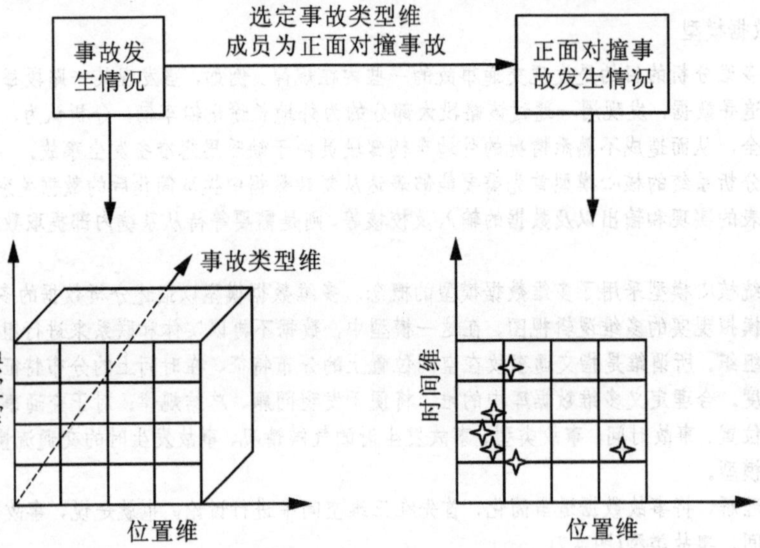

图 4.8　切片的数据分析动作过程

切块可以看成是在切片的基础上，进一步确定各个维成员的区间得到的片断体，也就是说可以看做是由多个切片叠合而成。

切块的定义为：在多维数组的某一维(或某几维)上选定某一区间的维成员的操作。在特殊情况下，切块的结果可以形成多维数组的三维子集。切块的目的和作用与切片相似。

旋转是改变一个报告或页面显示的维方向。例如，旋转可以交换行和列，或是把某一行维移到列维中去(图 4.9)。

地区→		A 县	B 县
时间 ↓	事故类型 ↓		
第 1 季度			
第 2 季度			

将某行维
换向列维

地区→	A 县		B 县
时间→	第 1 季度	第 2 季度	
事故类型↓			

图 4.9　旋转的一种情况：列维移到行维

4.3 OLAP 的分类

数据仓库与 OLAP 的关系是互补的，OLAP 系统一般以数据仓库为基础，即从数据仓库中抽取详细数据的一个子集并经过必要的聚集存储到 OLAP 存储器中，供前端分析工具读取。

OLAP 系统按照其存储器的数据存储格式可以分为关系 OLAP(Relational OLAP，ROLAP)、多维 OLAP(Multidimensional OLAP，MOLAP)和混合型 OLAP(Hybrid OLAP，HOLAP)3 种类型。

4.3.1 ROLAP

ROLAP 将分析用的多维数据存储在关系数据库中，并根据应用的需要有选择地定义一批实视图作为表也存储在关系数据库中。不必要将每个 SQL 查询都作为实视图保存，只定义那些应用频率比较高、计算工作量比较大的查询作为实视图。对每个针对 OLAP 服务器的查询，优先利用已经计算好的实视图来生成查询结果以提高查询效率。同时用做 ROLAP 存储器的 RDBMS 针对 OLAP 也做相应的优化，如并行存储、并行查询、并行数据管理、基于成本的查询优化、位图索引、SQL 的 OLAP 扩展(Cube，Roll up)等。

4.3.2 MOLAP

MOLAP 将 OLAP 分析所用到的多维数据在物理上存储为多维数组的形式，形成“立方体”的结构。维的属性值被映射成多维数组的下标值或下标的范围，而总结数据作为多维数组的值存储在数组的单元中。由于 MOLAP 采用了新的存储结构，从物理层开始实现，因此又称为物理 OLAP(Physical OLAP)；而 ROLAP 主要通过一些软件工具或中间软件来实现，物理层仍采用关系数据库的存储结构，因此称为虚拟 OLAP(Virtual OLAP)。

4.3.3 HOLAP

由于 ROLAP 和 MOLAP 有着各自的优点和缺点(见表 4-2)，且它们的结构迥然不同，这给分析人员设计 OLAP 结构带来了难题。为此，一个新的 OLAP 结构——混合型 OLAP 被提出，它能把 MOLAP 和 ROLAP 两种结构的优点结合起来。迄今为止，对 HOLAP 还没有一个正式的定义。但很明显，HOLAP 结构不应该是 MOLAP 与 ROLAP 结构的简单组合，而是这两种结构技术优点的有机结合，能满足用户各种复杂的分析请求。

表 4-2 ROLAP 和 MOLAP 的优点和缺点比较

ROLAP	MOLAP
沿用现有关系数据库的技术	专为 OLAP 所设计
响应速度比 MOLAP 慢； 现有关系型数据库已经对 OLAP 做了很多优化，包括并行存储、并行查询、并行数据管理、基于成本的查询优化、位图索引、SQL 的 OLAP 扩展等，性能有所提高	性能好、响应速度快

续表

ROLAP	MOLAP
数据装载速度快	数据装载速度慢
存储空间耗费小，维数没有限制	需要进行预计算，可能导致数据爆炸，维数有限制；无法支持维的动态变化
借用 RDBMS 存储数据，没有文件大小的限制	受操作系统平台中文件大小的限制，难以达到 TB 级
可以通过 SQL 实现详细数据与概要数据的存储	缺乏数据模型和数据访问的标准
不支持有关预计算的读/写操作 SQL 无法完成部分计算 无法完成多行的计算 无法完成维之间的计算	支持高性能的决策支持计算 复杂的跨维计算 多用户的读/写操作 行级的计算
维护困难	管理简便

4.4 OLAP 的特性与不足

4.4.1 OLAP 的特性

OLAP 提供了一种专门用于分析展现数据的架构。这也使得 OLAP 成为用户查看有效决策信息时最简单自然的环境。

1. 多维数据库

OLAP 系统围绕构造度量、维度、层次结构和多维数据集的数据进行创建。这个多维的方法使得用户可以很容易地按照需要分割组合信息。用户可以通过多种方式使用维度查看数据。也可以使用层次结构下钻到数据中找到所需的详细信息。

定义：多维数据库(Multidimensional Database)．是以度量、维度、层次结构和多维数据集为中心进行构造的数据库，而不是以表、行，列和关系为中心。

根据维度分析度量时，多维数据库是存储商业智能信息的最自然方式。除了先天的适应性，多维数据库还有另一个好处，它提供了存储预处理聚合的结构。

2. 预处理聚合

在数据集市中，当决策者想要查看某一维度组合所对应的度量值时，这个值必须即时计算得到。在从与聚合有关的所有细节信息进行聚合计算的时候，决策者必须等待。这将造成很大的延迟。这个延迟如果发生在生产线调查中，可能会导致生产停顿。

如果 OLAP 系统的目标是为了让决策者与数据互动，那么它必须能够快速地得到聚合。因此，OLAP 系统要预处理多维数据集各个部分的聚合数据。这个预处理是后台任务的一部分，也会载入和更新 OLAP 数据库中的数据。由于这是后台任务的一部分，所以花费在预处理上的时间不会影响到任何用户。聚合被预处理之后，将会连同多维数据集存储到多维数据库中。

现在，当决策者想要查看某个特定的维度组合所对应的度量时，就可以直接从数据库中读取这个值。而不是即时计算出来。这可以极大地改善系统的响应速度，从而改善联机交互速度，并方便决策者找到有助于决策的正确信息。

3. 方便理解

在 OLTP 系统中，数据需要规范化，同时数据间的依赖关系是通过复杂的外键来表示的。其曰的是为了减少冗余数据。任何决策者查询数据时都必须使用相应的外部连接和内部连接来重建依赖性。定义了度量计算方式的业务规则，其程序化结构丰要是为了事务处理，而不是为了报告。所以当决策者在报告中需要用到这些度量的时候，必须重建这些计算。

OLTP 系统中的字段和表的命名需要让开发者明白其意义，但不需要考虑让用户也理解。数据库系统可能强加了一个命名长度的限制，或者数据库管理员不喜欢在维护脚本中使用较长的命名方式，结果都会造成在字段和表名称上的缩写。决策者必须理解这些名称后，才能保证从数据库中查询正确的数据。

在 OLAP 系统中，情况却相反。数据的结构由维度和层次结构表示。如果 OLAP 系统设计正确，这些维度和层次结构应该与该组织的业务结构相符。因此，使用系统的决策者应该是熟悉数据结构的。

OLAP 系统中每个度量的业务规则都包含在这个度量定义的计算中。当使用某个度量时，用户不需要重建计算。比如，机构定义了净利润为

销售价-(材料成本+劳动力成本+销售成本)

在一个相关的 OLTP 环境中，净利润可能错误地被报告为

销售价-(材料成本+劳动力成本)

或者

销售价-(材料成本+销售成本)

这样的不一致可能会导致混乱，甚至错误的决策。在 OLAP 系统中，如果净利润的度量已经在某个地方定义了，那么无论决策者是查询产品的净利润，还是查找月份的净利润，还是按销售区域查找净利润，它都能正确地计算出来。

最后，由于 OLAP 系统专门用于创建商业智能，因此所有的度量、维度和层次结构的命名都容易让决策者理解。通常情况下，OLAP 系统可以使用额外的元数据，比如较长的描述等，与日标的名称存储在一起。这为决策者提供了充足的信息，以便他们确切地知道正在找寻的业务信息是什么。

4.4.2 OLAP 的不足

OLAP 系统有很多的有点，从而成为创建商业智能的理想工具。然而，其中的不足之处也应该引起注意。

1. 管理复杂

OLAP 系统给终端用户提供了舒适的环境。为了易用性，将许多复杂度都转嫁到了开发者和系统管理员那里。这增加了创建商业智能系统所需的知识层次。

所有的维度、层次结构以及度量都要分别创建。然后都要组织到多维数据集中。所以开发者需要了解机构的很多秘密——它的目标、运作等。此外，开发团队和维护团队还必须有权决定数据集市和 OLAP 工具。

当然，随着开发团队和维护团队的知识与经验的累积，智力成本也会增长。由于商业智能计划需要高昂的智力成本来保证计划正确实施，因此导致很多机构不愿采用它。

2. 需要数据集市

在大多情况下，OLAP 系统需要使用星型或者雪花型架构的数据集市。数据必须从 OLTP 系统复制到数据集市中。需要建立预定的架构来进行数据复制和数据清洗。如果任何一个 OLTP 系统改变，对应的复制和清洗模式也需要同时改变。

3. 延迟

由于 OLAP 需要数据集市，所以在商业智能中自然就有一些延迟。需要很多时间来运行作业，把数据从 OLTP 系统复制到数据集市。进一步，也可能想要这些复制例程在预定时间运行。而在复制例程运行的间隙时间段内. 数据集市中的数据可能就过时或者失效了。

4. 只读

许多情况下，运行 OLAP 分析时需要更新一些信息。决策者也许想要查看某个预设方案的效果预演。比如，“如果佣金提高 1%，那么利润变动多少呢?”还有一些情况是，决策者想要在 OLAP 信息的基础上调整计划或者更改配额。通常这必须通过另一个程序来做出这些调整并等待它们作用于数据集市中的数据。但如果能够做出更改并写回到 OLAP 数据中，事情将会非常容易。

然而大多情况下，OLAP 数据是只读的。即使 OLAP 系统支持多维数据集的写回，那也是写到数据集市中。所做的更改不会反映在 OLTP 数据中。

4.5 SQL Server 2005 统一维度模型

在 SQL Server 2005 中，Microsoft 引入了统一维度模型(UDM，Unified Dimensional Model)技术。UDM 用来提供 OLAP 系统的所有优点，包括多维存储和预处理聚合。UDM 也避免了传统 OLAP 系统的很多缺点。

4.5.1 结构

UDM 是一种结构，建在数据集市之上，对于终端用户看起来很像一个 OLAP 系统。其主要的好处就是不再需要数据集市。也可以在一个或者多个 OLTP 系统上创建 UDM。甚至可以在同样的 UDM 中混合数据集市和 OLTP 系统的数据。UDM 甚至还可以包括来自其他终端数据库的数据和XML格式的数据。

UDM可以从星型或者雪花型架构中定义度量、维度、层次结构和多维数据集，或者直接从关系数据库表中定义。后者可以让我们在创建商业智能时不再需要首先建立数据集市。然而很多因素说明，最好还是先建立数据集市。

1. 数据源

UDM从一个或者多个数据源开始。数据源存储了连接数据库的必要信息。数据源包括服务器名称、数据库名称以及数据库登录身份认证等内容。访问不同的数据库需要使用不同的OLE DB Provider，如针对Oracle的Microsoft OLE DB Provider for Oracle和针对Microsoft Directory Services的OLE DB Provider for Microsoft Directory ServicesOraele。

2. 数据源视图

一旦定义了数据源，就可以用数据源视图来决定使用哪些表或者字段。数据源视图可以组合许多不同数据源的表或字段。例如，订单处理系统的表可以与销售管理系统中的表组合在一起，这样就能建立度量来比较真实销售额和销售配额。这个组合多个数据源的特性正是UDM中"统一"的含义。

当表和字段加入到了数据源视图后，就可以用数据源视图来过滤数据库中不必要的条目。只将那些用于创建商业智能的表和字段包含在数据源视图中。数据源的内在表结构并不会改变。数据源视图只是在定义过程中控制下一步可以用什么来构造数据块。

当数据源是较大的、高度规范化的OLTP系统时，数据源视图极其有用。通过数据源视图可以利用其中的表，这些表包括了定义度量、维度、层次结构的数据。对于单一表也是如此，只有那些包含了所需数据的字段才是可视的。所有无关的表和字段都将被过滤出去。

为了让数据源视图容易理解，可以对这些表和字段使用用户定义的名称和描述。这个元数据(metadata)在UDM中到处都会用到。任何从这些字段中产生的度量、维度、层次结构，都会使用用户定义的名称。

此外，也可以使用数据源视图来增加表和字段的虚拟附加结构。这些附加结构不是在数据库本身中生成，而是仅在UDM中的虚拟视图中存在。因此，我们可以创建这些虚拟附加结构而不用担心会破坏使用关系数据表的OLTP系统。

作为虚拟附加结构的例子，比如，在不同的数据表之间创建的某个关系，而这个关系在数据库本身却没有定义。再比如，在某个数据库表中增加的计算字段。这个计算涉及了许多不同表的不同字段，可以作为度量使用。或者是许多的字符串连接一起作为维度使用。这些计算字段给定了名称和描述，因此它们就像UDM中其他的字段一样。

当完成数据源视图后，就可以用它的内容来创建度量、维度、层次结构和多维数据集。

3. 主动缓存

为了获得传统OLAP系统的性能优点，UDM使用了预处理聚合。为了提高可用性，这些预处理聚合被存储在主动缓存中。

因为这个结构在需要时才被创建，同时在底层数据或者底层结构改变时也会改变，所以它被称为缓存。它跟Internet信息服务(Internet Information Service，IIS)缓存网页的原理差不多。被处理的网页的返回结果存储在 IIS 页面缓存中，这样接下来的页面访问就比较快速，当底层页面改变的时候，在页面缓存中的页面就会删除并重建。UDM 缓存与其他缓存（比如 IIS）机制的主要区别就体现在“主动”这个词上。对于 IIS，页面被放入缓存中是在第一次访问此页面时。请求页面的第一个用户在接收到此页面的内容之前，必须等待页面从磁盘中被读取和处理。

UDM 则使用主动缓存。条目在用户请求之前就已经创建。对于 UDM 预处理聚合可以自动创建，第一批用户可以从主动缓存中字节收到他们请求的聚合，如图 4.9 所示。

UDM 监控数据源中的数据。当数据被修改时，UDM 会检查相应的主动缓存选项。在适当的时间，按照缓存选项的定义，UDM 会删除当前的缓存并使用更新的数据来重建它。

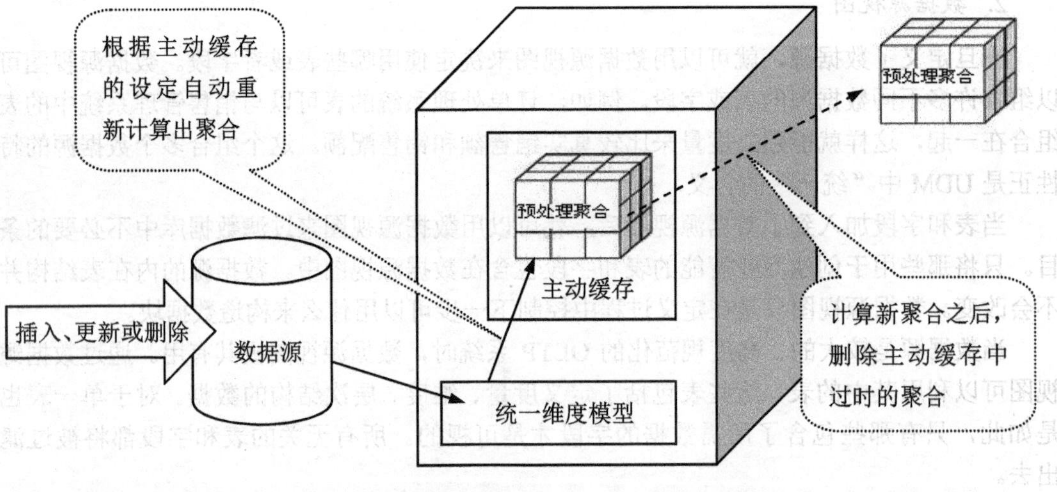

图 4.10　删除并重建主动缓存以响应数据源中的变化

可以使用 MOLAP、ROLAP、HOLAP 创建主动缓存。UDM 提供了简易的机制以辅助在三个不同的结构中进行选择。它可以给出这三个结构在延迟和响应之间的折衷方案。基于此，用户可以确定符合业务需求的结构，不至于迷失在技术细节上。

4. XML 的定义文件

UDM 中所有对象的定义都存储为 XML 文本文件。每个数据源、数据源视图、维度以及多维数据集的定义都存有相应的文本文件。这些 XML 文本文件不包括对象的任何数据——维度文本文件不包括任何的维度成员，多维数据集文本文件不包括任何的预处理聚合。XML 文本文件只包括定义——维度文本文件说明了哪个表和字段保存了此维度的成员，多维数据集文本文件包括了如何组织这些预处理聚合的信息。简言之，这些 XML 文件是作为 UDM 的源代码。

4.5.2　优点

UDM 的特色在于提供了一个具有很多独特功能的新结构。这些功能为我们提供了超越传统 OLAP 应用技术的优点。它们在商业智能应用技术方面是相当超前的。

1. 在事务数据上建立 OLAP 系统

UDM 允许 OLAP 多维数据集直接建立在事务数据之上。UDM 不需要严格的星型或者雪花型架构的数据集市作为数据源。相反，任何构造合理的关系数据库都可以作为数据源。这省去了从 OLTP 系统复制数据到数据集市的麻烦。使用 UDM 可以直接利用 OLTP 中的数据，不需要复杂的提取、转换和加载过程。这极大地简化了 OLAP 的实施方案，并节省了时间和金钱。

2. 较少的延迟

通过直接在 OLTP 系统之上建立 OLAP 系统，可以消除数据仓库系统中的延迟。实际上，可以达到实时或者接近实时的性能。然而，我们也要仔细权衡实时商业智能的需求和 OLTP 系统的负荷。如果计算能力满足要求，实时性能是可以直接实现的。

3. 方便创建和维护

UDM 结构消除了大多数 OLAP 项目都具有的一些复杂度。通过 UDM，可以不用创建和维护数据集市，也不需要提取、转换和加载通常的例程。这使得使用 UDM 建立商业智能比其他 OLAP 结构简单很多。

基于此，Business Intelligence Development Studio 提供了一个用户界面友好的环境，用于创建、查看和维护 UDM 中的所有项目。维度向导(Dimension Wizard)和多维数据集向导(Cube Wizard)可以一步步地指导用户创建这些对象，同时也会提供一些建议。简言之，从没有这么方便的且具有 OLAP 系统优点的工具。

本章小结

OLAP 是数据仓库的一种应用工具。OLAP 的操作必须依赖存在于数据仓库与 OLAP 之间的数据集市。由于 OLAP 需要对数据集市进行多维度的观察分析，因此数据集市可以采用立方体、超立方体的多维结构。根据多维结构存储模式的不同，可将 OLAP 分成基于多维数据库的 MOLAP 和基于关系数据库的 ROLAP 两大类型。这两类 OLAP 在实际应用中各有千秋，需要根据 OLAP 应用中的实际需要进行选择。

关键术语

联机分析处理：OnLine Analytical Processing

数据立方：Data Cube

多维分析：Multidimensional Analysis

切片：Slice

切块：Dice

上卷：Roll Up

下钻：Drill Down

关系 OLAP：Relational OLAP(ROLAP)

多维 OLAP：Multidimensional OLAP(MOLAP)

混合型 OLAP：Hybrid OLAP(HOLAP)

阅读材料

四大 OLAP 工具选型浅析

OLAP 是在 1993 年由 E.F.Codd 提出来的，不过，目前市场上的主流产品几乎都是在 1993 年之前就已出现，有的甚至已有 30 多年的历史了。OLAP 产品不少，本文将主要介绍 Cognos(Powerplay)、Hyperion (Essbase)、微软(Analysis Service)以及 MicroStrategy 几大厂商的产品。

单纯从成本角度考虑，微软的产品算是最节省成本的，Cognos 和 MicroStrategy 则在同一水平线，都比微软贵一些，而 Hyperion 产品比较独立，也曾占有美国 OLAP 市场最大的份额，其产品价格又要高一些。

从市场份额来看，微软、Cognos、Hyerion 这 3 家占据主流。在国内，目前还没有权威的市场报告，如果仅从所接触到的项目来看，用 Cognos 的很多，买 Essbase 的也不少。这些年都是一些大企业建设商业智能项目，有足够的预算，多选用 Cognos、Essbase；而 Microstrategy 进入中国不算早，这几年在政府、金融行业也颇有建树。

若从开发应用角度考虑，微软的产品向来以友好的用户界面著称，学会操作非常快。在 OLAP 产品上，微软依然发扬了这一优良传统，并有进一步标准化的趋势，开发了 OLE DB for OLAP 以及 MDX(Multi-Dimensional Express，多维表达式)；参与 XMLA(XML for Analysis)规范的制定，也是想作为 OLAP 服务器和前端分析应用的数据传输标准。

而 Cognos 从桌面 OLAP 开始，一直以轻便、快捷的操作闻名。所谓桌面 OLAP，是可以用客户端将 Cube 下载到本地进行访问。虽然 PowerPlay 早已演变成 C/S 结构的 OLAP 服务器，但其轻便的特点还是延续下来，而且提供可以简捷部署且具有交互性的 PowerPlay Web Explorer 界面。在互联网上，可以很快地搜索出许多基于 PowerPlay Web 的分析应用。

Essbase 作为老牌的 OLAP 服务器，是一个比较复杂的产品。所谓复杂，有两层意思：一是提供了丰富的 API，使用户可以充分定制开发；二是开发的难度较大，部署起来不容易。这也是国内很多用户难以将这个产品用好的一大原因。

比较 Essbase 和 PowerPlay 会发现截然相反的两个特点：Essbase 的复杂和 PowerPlay 的简捷。对于这两者，单独说哪一种更好都不够客观，因为当抱怨 Essbase 繁杂的接口时，也有人在抱怨 PowerPlay 的定制功能怎么如此之少。这种情形其实同这两种产品的定位有关，Essbase 比较专注于高性能的多维存储服务，而 PowerPlay 则更专注于快捷的多维访问。换句话讲，Essbase 之于 PowerPlay 正像专业相机之于傻瓜相机，在选哪一个更好的问题上，不同的人肯定有不一样的答案。

当然，如果想在复杂和简捷之间找一个中间者，微软的 Analysis Service 应该是这样的产品。不过要注意的是，这个产品和 SQL Server 绑定得比较紧，这是微软的一贯策略。

思考与练习

1. 什么是 OLAP？OLAP 是一种技术还是一种数据库？
2. OLAP 的系统结构有哪几种？不同的结构在进行在线分析时各有什么特点？
3. MOLAP 和 ROLAP 在 OLAP 的数据存储中各有什么特点？在什么情况下选择 MOLAP？在什么情况下选择 ROLAP？

4. OLAP 中的数据切片是如何实现的？

5. OLAP 中的钻取操作可以用来为哪些决策提供帮助？

6. 用一种 OLAP 工具完成对航空公司数据仓库数据的多维分析：总航班数与利润数，飞行时间、旅客数量与消耗食品，旅客服务成本与旅客的机票收入。

案例研究

一个销售联机分析处理系统的设计与实现

一个完整的 OLAP 系统由以下几部分组成：提取、清理数据组成数据仓库；根据需求，利用 OLAP 引擎建立相应的 OLAP 立方体(也叫主题)；使用前端开发工具，访问立方体包含的对象和集合。

1. 数据仓库层的设计

下面用一个例子说明数据仓库的设计与建立过程。

1) 数据准备

本系统是以一个小型的钢筋销售企业的数据作为源数据的，它通过一定的供应商提供不同型号的钢筋，然后再卖给不同的客户。因此，在数据库中共有 8 个表，分别是 Order 订单信息、Order Details 订单明细信息、Customer 客户信息、Products 产品信息、Categories 产品类别信息、Shipper 发货信息、Supplies 供应商信息、Employees 员工信息。

2) 建立 NW_Mart 数据仓库

设计一个多维模型的四大步骤如下。

(1) 定义 OLAP 的数据集市：包括使用星型模式还是雪花型模式。

(2) 事实种类的选择：通过事实表的共有特性及 4 种常见样式来选择适当的事实种类。

(3) 维的创建：需了解维的共同特性、维分层结构以及当维数据有变化时的解决方式。

(4) 聚合体的设计：聚合体(Aggregation)为维复杂的查询提供了一个预先计算好的汇总来提高分析速度。

在建立数据仓库的过程中，以 Order 及 Order Details 两个表的连接作为事实表的主轴，并建立 NW_Mart 的 5 个维表：Time_Dim、Customer_Dim、Product_Dim、Employee_Dim 及 Shipper_Dim，它们各自都增加一个唯一值的代理键，并采用标识，这样可避免数据重复及空值的问题。

图 4.11 给出了 NW_Mart 的星型结构示意图。

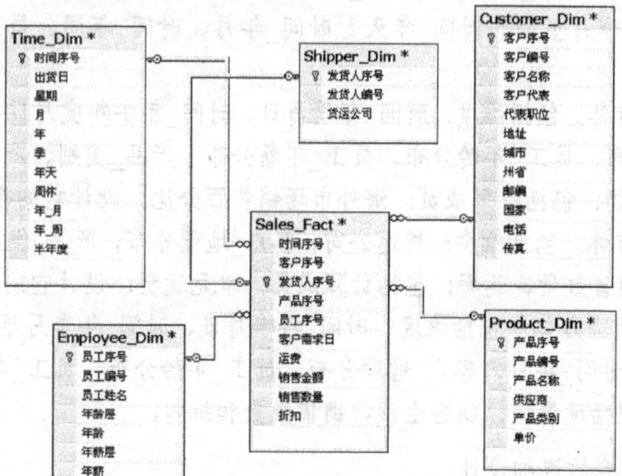

图 4.11　NW_Mart 的星型模型

3) 建立 OLAP NW_Mart 的 DTS 包

建立 DTS 包的目的是为了将底层数据库中的数据导入到 NW_Mart 数据仓库中。在包的设计过程中，建立不同的数据流加载过程，每个数据流代表将数据库中的数据导入到一个维表中。在导入的过程中，必须进行相应的格式转化，保证在数据仓库中的数据是以对分析人员有用的格式存在的，并且各个数据流的加载过程必须按一定的顺序进行。DTS 包的设计如图 4.12 所示。包设计完成时，通过包自带的检测工具来检测是否有错误，如检测成功，就可进行执行包的操作，当操作完成后，数据就成功地导入了建立的数据仓库中。

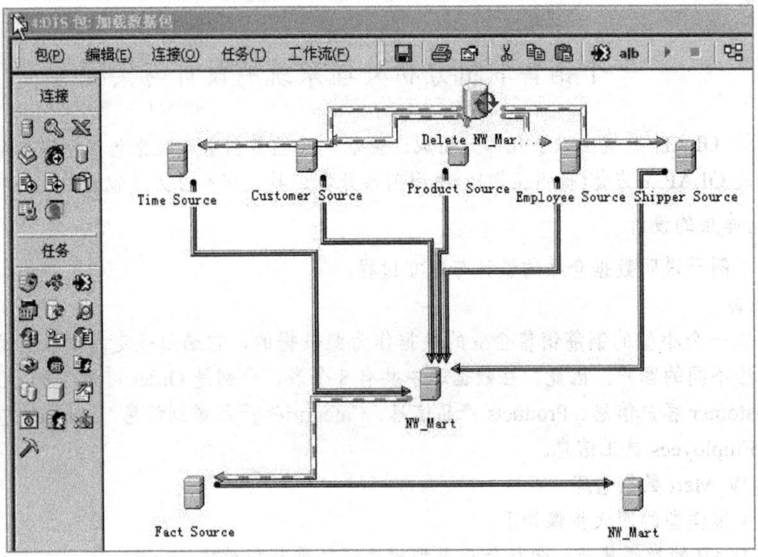

图 4.12 NW_Mart 的 DTS 包的设计

4) 建立 NW_Mart 服务器

多维数据模型是围绕中心主题进行组织的，该主题用事实表表示，事实是数值度量的，把它们看做数值是因为想根据它们来分析维之间的关系。

建立 NW_Mart 服务器的过程如下。

(1) 在 Analysis Manager 中建立 NW_Mart 数据仓库，设定其数据源是 NW_Mart 数据库。

(2) 建立共享维度：包括产品_供应商、产品_类别、货运公司、客户_地理分布、时间_年半年度月日、时间_年季月日、时间_年季月星期、时间_年天、时间_年月、时间_年周、员工_年龄分布、员工_年薪分布。

(3) 建立销售分析立方体。包括维度：时间_年季月日、时间_年半年度月日、时间_年天、时间_年周、时间_年月、客户_地理分布、员工_年龄分布、员工_年薪分布、产品_类别、产品_供应商；包括度量值：销售金额、销售数量和折扣；包括计算成员：海外市场销售百分比；设计它的存储过程为 MOLAP。

(4) 建立运费分析立方体。包括维度：货运公司、客户_地理分布、产品_供应商、时间_年季月日、产品_类别；包括度量值：销售数量、运费；包括计算成员：单元运费；设计它的存储过程为 ROLAP。

(5) 建立销售运费分析立方体。包括维度：时间_年季月日、时间_年季月星期、时间_年半年度月日、时间_年天、时间_年周、时间_年月、客户_地理分布、员工_年龄分布、员工_年薪分布、产品_类别、产品_供应商、货运公司；包括度量值：销售金额、销售数量和折扣。

2. OLAP 引擎层及前台的详细设计

在本系统的实现过程中，通过使用微软 Excel 中的透视表服务功能来创建本地立方体文件，这样能够在 OLAP 服务器出现异常的时候也可以实现对数据的分析，同时也可以用第三方控件来建立本地多维数据集。

创建本地多维数据集最简单的方法就是使用 OLAP Cube Wizard，它是作为 Office 2000 组成部分的 Microsoft Excel 的一个组件。利用 Excel 中的连接外部数据源技术与分析服务器连接，再根据向导中的提示选择数据源、立方体，针对某个立方体选择维度和度量值（可以选择其中的一部分也可以全选）。通过以上几个主要的步骤后，即可创建本地多维数据集了。

对于前台的功能要求有以下几个方面：要能够连接后台数据库，将数据提取出来；要能够连接本地多维数据集，读取数据。然后对读取的数据进行分析处理，以得出相应的结论。对数据的处理包括：切片、切块、下钻、上卷和旋转等操作。同时也要能够给出数据的图表显示，以一种直观的方式将数据显示出来。图 4.13 所示就是前台显示数据的工作图。

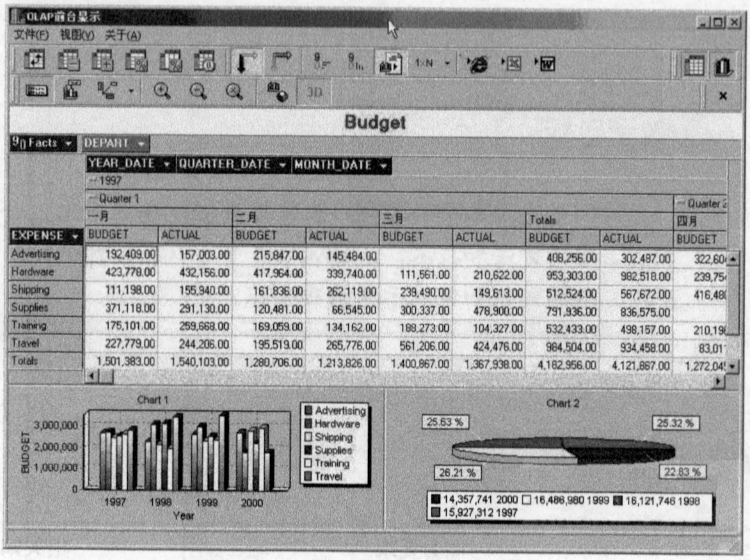

图 4.13 前台显示数据的工作图

资料来源：中国论文下载网。

第5章 数据挖掘概述

教学目标

通过本章的学习，应掌握数据挖掘的概念、一般过程、所使用的方法和技术，了解从数据中可以挖掘什么样的知识、对挖掘出的知识如何表示等基础知识。

教学要求

知识要点	能力要求	相关知识点
数据挖掘技术的由来	了解数据挖掘技术的由来与发展	(1) 数据与信息的联系与区别 (2) 数据挖掘技术的发展历程
数据挖掘的定义	(1) 掌握数据挖掘的定义 (2) 明确数据挖掘与传统数据分析的区别 (3) 明确数据挖掘与数据仓库的关系	(1) 数据挖掘的定义 (2) 联机分析处理 (3) 数据挖掘与统计学的区别
数据挖掘的功能	(1) 知道数据挖掘可以发现哪些类型的知识 (2) 掌握数据挖掘的功能	(1) 预测知识的获取 (2) 关联分析 (3) 分类与聚类 (4) 概念描述 (5) 偏差检测
数据挖掘的流程	掌握数据挖掘项目的步骤	(1) 数据准备 (2) 数据预处理 (3) 结果的解释与评价
数据挖掘常用的算法	掌握数据挖掘常用算法的思想和适用领域	(1) 人工神经网络 (2) 决策树 (3) 遗传算法 (4) 其他算法 (5) 规则推导

引例

啤酒与尿布

按照传统的店铺经营经验，商品陈列要讲究相关性和非干扰性，相关性的例子是把西服和领带陈列在一起，而将卫生纸和点心陈列在一起就会产生干扰，影响顾客的选择与购买。因此，中国的零售专家和经理绝不允许将啤酒和尿布陈列在一起。

啤酒和尿布能不能陈列在一起呢？凭经验和感觉来回答是：不能。

总部位于美国阿肯色州的世界著名零售商业连锁企业沃尔玛拥有世界上最大的数据仓库系统。为了能够准确地了解顾客在其门店的购买习惯，沃尔玛利对其顾客的购物行为进行购物篮分析，想知道顾客经常一起购买的商品有哪些。沃尔玛数据仓库里集中了其各门店的详细原始交易数据。在这些原始交易数据的基础上，沃尔玛利用 NCR 数据挖掘工具对这些数据进行分析和挖掘。一个意外的发现是：跟尿布一起购买最多的商品竟是啤酒。

这是数据挖掘技术对历史数据进行分析的结果，反映了数据内在的规律。那么这个结果符合现实情况吗？是否是一个有用的知识？是否有利用价值？

于是，沃尔玛派出市场调查人员和分析师对这一数据挖掘结果进行调查分析。经过大量的实际调查和分析，揭示了一个隐藏在“尿布与啤酒”背后美国人的一种行为模式：在美国，一些年轻的父亲下班后经常要到超市去买婴儿尿布，而他们中有30%～40%的人同时也为自己买一些啤酒。产生这一现象的原因是：美国的太太们常叮嘱她们的丈夫在下班后为小孩买尿布，而丈夫们在买完尿布后又随手带回了他们喜欢的啤酒。

既然尿布与啤酒一起被购买的机会很多，于是沃尔玛就在其一个个门店将尿布与啤酒并排摆放在一起，结果是尿布与啤酒的销售量双双增长。

按常规思维，尿布与啤酒是风马牛不相及的，若不是借助数据挖掘技术对大量的交易数据进行挖掘分析，沃尔玛是不可能发现数据内在的这一有价值的规律的。

初看上去，似乎啤酒和尿布的搭档很不可思议，不过，每个看似不可能现象的背后都有其一定的原因。

所以，现在身边有着不少或许来源于此案例的启发的变种。很明显的就是应用于电子商务中的相关性商品的选择。

以当当网为例，当浏览一本书的时候，可以看到浏览或购买过本书的朋友还浏览过的书籍。这个单子就很有可能导致二次消费，而且是心甘情愿甚至带有“感激”的消费。因为可能因此而淘到“宝”。现在，当当网又开出了“为您推荐”项目，目的是根据购买过的书籍进行智能推荐，然而，感觉上还不成熟。当然个人的阅读兴趣有很大的随机性。不过，本着“物以类聚”的概念做这个项目，能减少消费者的检索时间。

同样还有豆瓣网，不是卖物品，但有同类推荐，和编辑猜测用户会喜欢什么，还有阅读过本书的人还读过什么等。这些都是按照同一种思路设计的。从本质上说，和啤酒与尿布的思路是一脉相承的，区别就在于给人的印象中似乎更趋向于理性。缺点就是缺乏新奇的“惊鸿一瞥”。

现在的互联网服务大致都是这个路线。如友情链接，常去的贴吧等，都是尽力把顾客划成一个圈子，看上去圈子的成员在扩大，外延在扩大，其实内涵在缩小，在被不断地集中。当然，好处就是碰巧会有很惊艳的邂逅。

随着科技的发展，特别是信息技术的发展，各行各业都经历着一个信息化建设的阶段，使人类社会进入到信息化时代。特别是银行、保险、电信、证券等大型企业，经过多年的发展，已经积累了大量的业务数据。在这些数据中隐含了大量有价值的商业信息，如何从这些大量的数据中提取出有价值的信息，并用来指导业务决策，是企业面临的一个巨大挑战。很多企业都曾投入了大量的人力、物力，应用传统的数学分析工具和OLAP等，然而随着数据的复杂性和人们期望的不断增加，这些传统的分析工具越来越显得力不从心。

正是为了适应这种挑战，从大量数据中提取出隐藏在其中的有用信息，将机器学习应用于大型数据库的数据挖掘技术得到了长足的发展。

数据挖掘也可以称为数据库中的知识发现(Knowledge Discovery in Database，KDD)，是从大量数据中提取出可信、新颖、有效并能被人理解的模式的高级处理过程。

本章将介绍有关数据挖掘方面的一些基础知识。

5.1 数据挖掘技术的由来

5.1.1 信息爆炸但知识贫乏

现在，人们生活在一个信息爆炸的时代。据估计，《纽约时报》一周报道的信息总量比18世纪一个人一生接触的信息总量还多。IDC发布的一份调研报告称，2010年创建数字信息总量将达到988 EB(1EB=10亿GB)，约为2006年的6倍。2006年创建的数字信息总量为161EB，相当于有史以来所有书籍数字信息量的300万倍。一方面，大量信息在给人们带来方便的同时也带来了一大堆问题：第一是信息过量，难以消化；第二是信息真假难以辨识；第三是信息安全难以保证；第四是信息形式不一致，难以统一处理。正如奈斯比特在《大趋势》一文中所说的："我们正在被信息所淹没，但我们却由于缺乏知识而感到饥饿。"人们开始提出一个新的口号："要学会抛弃信息"。人们开始考虑："如何才能不被信息淹没，而是从中及时发现有用的知识、提高信息的利用率？"

面对这一挑战，数据挖掘和知识发现(DMKD)技术应运而生，并显示出强大的生命力。

另一方面，随着数据库技术的迅速发展以及数据库管理系统的广泛应用，人们积累的数据越来越多。激增的数据背后隐藏着许多重要的信息，人们希望能够对其进行更高层次的分析，以便更好地利用这些数据。目前的数据库系统可以高效地实现数据的录入、查询、统计等功能，但无法发现数据中存在的关系和规则，无法根据现有的数据来预测未来的发展趋势。缺乏挖掘数据背后隐藏的知识的手段，导致了"数据爆炸但知识贫乏"现象的产生。

图5.1形象地描述了数据挖掘为解决"数据爆炸但知识贫乏"困境带来的曙光。

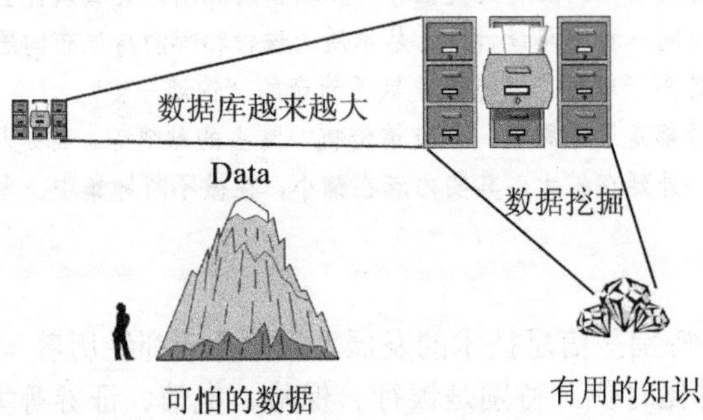

图5.1 数据挖掘产生的背景示意图

5.1.2 支持数据挖掘技术的基础

数据挖掘技术是人们长期对数据库技术进行研究和开发的结果。起初，各种商业数据是存储在计算机的数据库中的，然后发展到可对数据库进行查询和访问，进而发展到对数据库的即时遍历。数据挖掘使数据库技术的发展进入了一个更高的阶段，它不仅能对过去的数据进行查询和遍历，而且能够找出过去数据之间的潜在联系，从而促进信息的传递。随着海量数据搜集、强大的多处理器计算机和数据挖掘算法 3 种基础技术的发展成熟，数据挖掘技术在商业应用中已经大量投入使用。

商业数据库现在正在以一个空前的速度增长，并且数据仓库正在广泛地应用于各种行业；对计算机硬件性能越来越高的要求，也可以用现在已经成熟的并行多处理机技术来满足；另外，数据挖掘算法经过了多年的发展，也已经成为一种成熟、稳定且易于理解和操作的技术。

5.1.3 从商业数据到商业信息的进化

在从商业数据到商业信息的进化过程中，每步的前进都是建立在上一步的基础之上的，见表 5-1。由表可见，第四步进化是革命性的，因为从用户的角度来看，这一阶段的数据库技术已经可以快速地回答商业上的很多问题了。

表 5-1 数据挖掘技术的发展历程

进化阶段	商业问题	支持技术	产品厂家	产品特点
数据搜集(20 世纪 60 年代)	过去 5 年中我的总收入是多少？	计算机、磁带和磁盘	IBM，CDC	提供历史性的、静态的数据信息
数据访问(20 世纪 80 年代)	在新英格兰的分部去年三月的销售额是多少？	关系数据库，结构化查询语言，ODBC、Oracle、Sybase、IBM、Microsoft	Oracle、Sybase、Informix、IBM、Microsoft	在记录级提供历史性的、动态的数据信息
数据仓库、决策支持(20 世纪 90 年代)	在新英格兰的分部去年三月的销售额是多少？波士顿据此可得出什么结论？	联机分析处理、多维数据库、数据仓库	Pilot、Comshare、Arbor、Cognos、Microstrategy	在各种层次上提供回溯的、动态的数据信息
数据挖掘(正在流行)	下个月波士顿的销售会怎么样？为什么？	高级算法、多处理器计算机、海量数据库	Pilot、Lockheed、IBM、SGI、其他初创公司	提供预测性的信息

数据挖掘的核心技术历经了数十年的发展，其中包括数理统计、人工智能、机器学习。现在，这些成熟的技术加上高性能的关系数据库管理系统以及广泛的数据集成，让数据挖掘技术在当前的数据仓库环境中进入了实用阶段。

5.1.4 数据挖掘逐渐演变的过程

数据挖掘其实是一个逐渐演变的过程。在电子数据处理的初期，人们就试图通过某些方法来实现自动决策支持，当时机器学习成为人们关注的焦点。机器学习的过程就是将一些已知的并已被成功解决的问题作为范例输入计算机，机器通过学习这些范例总结并生成相应的规则，这些规则具有通用性，使用它们可以解决某一类问题。随后，随着神经网络技术的形成和发展，人们的注意力转向知识工程。知识工程不同于机器学习那样给计算机输入范例，让它生成规则，而是直接给计算机输入已被代码化的规则，计算机是通过使用这些规则来解决某些问题的。专家系统就是这种方法所得到的成果，但它有投资大、效果不甚理想等缺点。20 世纪 80 年代，人们又在新的神经网络理论的指导下，重新回到机器学习的方法上，并将其成果应用于处理大型商业数据库。在 20 世纪 80 年代末出现了一个新的术语——数据库中的知识发现，它泛指所有从源数据中发掘模式或联系的方法，人们接受了这个术语，并用它来描述整个数据挖掘的过程，包括最开始的制定业务目标到最终的结果分析，而用数据挖掘来描述使用挖掘算法进行数据挖掘的子过程。但最近人们却逐渐发现，数据挖掘中有许多工作可以由统计方法来完成，并认为最好的策略是将统计方法与数据挖掘有机地结合起来。

数据仓库技术的发展与数据挖掘有着密切的关系。数据仓库的发展是促进数据挖掘越来越受欢迎的原因之一。但是，数据仓库并不是数据挖掘的先决条件，因为有很多数据挖掘可直接从操作数据源中挖掘出信息。

5.2 数据挖掘的定义

5.2.1 技术角度的定义

数据挖掘就是从大量的、不完全的、有噪声的、模糊的、随机的实际应用数据中，提取隐含在其中的、人们事先不知道的、但又是潜在有用的信息和知识的过程。

这个定义包括几层含义：数据源必须是真实的、大量的、含噪声的；发现的是用户感兴趣的知识；发现的知识要可接受、可理解、可运用；并不要求发现放之四海皆准的知识，仅支持特定的发现问题即可。

何谓知识？从广义上理解，数据、信息也是知识的表现形式，但是人们更把概念、规则、模式、规律和约束等看做知识。人们把数据看做是形成知识的源泉，好像从矿石中采矿或淘金一样。原始数据可以是结构化的，如关系数据库中的数据；也可以是半结构化的，如文本、图形和图像数据；甚至是分布在网络上的异构型数据。发现知识的方法可以是数学的，也可以是非数学的；可以是演绎的，也可以是归纳的。发现的知识可以被用于信息管理、查询优化、决策支持和过程控制等，还可以用于数据自身的维护。因此，数据挖掘是一门交叉学科，它把人们对数据的应用从低层次的简单查询，提升到从数据中挖掘知识，提供决策支持。在这种需求的牵引下，汇聚了不同领域的研究者，尤其是数据库技术、人工智能技术、数理统计、可视化技术、并行计算等方面的学者和工程技术人员，他们投身到数据挖掘这一新兴的研究领域中，形成新的技术热点。

这里所说的知识发现，不是要求发现放之四海而皆准的真理，也不是要去发现崭新的自然科学定理或纯数学公式，更不是什么机器定理证明。实际上，所有发现的知识都是相对的，是有特定前提和约束条件、面向特定领域的，同时还要能够易于被用户理解，最好能用自然语言表达所发现的结果。

5.2.2 商业角度的定义

数据挖掘是一种新的商业信息处理技术，其主要特点是对商业数据库中的大量业务数据进行抽取、转换、分析和其他模型化处理，从中提取出辅助商业决策的关键性数据。

简而言之，数据挖掘其实是一类深层次的数据分析方法。数据分析本身已经有很多年的历史了，只不过在过去数据收集和分析的目的是用于科学研究；另外，由于当时计算能力的限制，对大数据量进行分析的复杂数据分析方法受到很大的限制。现在，由于各行业业务自动化的实现，商业领域产生了大量的业务数据，这些数据不再是为分析目的而收集，而是由于纯机会的(Opportunistic)商业运作而产生。分析这些数据也不再是单纯为了研究的需要，更主要的是为商业决策提供真正有价值的信息，进而获得利润。但所有企业面临的一个共同问题是：企业数据量非常大，而其中真正有价值的信息却很少，因此从大量的数据中经过深层分析，获得有利于商业运作、提高竞争力的信息，就像从矿石中淘金一样，数据挖掘也因此而得名。

因此，数据挖掘可以描述为：按企业既定的业务目标，对大量的企业数据进行探索和分析，揭示出隐藏的、未知的或验证已知的规律性，并进一步将其模型化的先进有效的方法。

5.2.3 数据挖掘与传统分析方法的区别

数据挖掘与传统的数据分析方法(如查询、报表、联机应用分析)的本质区别是，数据挖掘是在没有明确假设的前提下去挖掘信息、发现知识。数据挖掘所得到的信息应具有先前未知、有效和可用 3 个特征。

先前未知的信息是指该信息是预先未曾预料到的，即数据挖掘是要发现那些不能靠直觉发现的信息或知识，甚至是违背直觉的信息或知识，挖掘出的信息越是出乎意料，就可能越有价值。在商业应用中，最典型的例子就是一家连锁店通过数据挖掘发现了小孩尿布和啤酒之间有着惊人的联系。

5.2.4 数据挖掘和数据仓库

在大多数情况下，数据挖掘都要先把数据从数据仓库中拿到数据挖掘库或数据集市中(图 5.2)。从数据仓库中提取进行数据挖掘的数据有许多好处。如在后面章节会讲到的，数据仓库的数据清理和数据挖掘的数据清理差不多，如果数据在导入数据仓库时已经清理过，那很可能在做数据

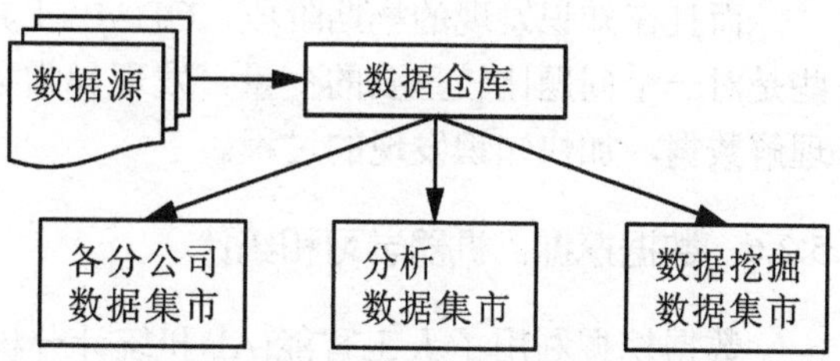

图 5.2 从数据仓库直接获得数据挖掘库

挖掘时就没必要再清理一次了，而且所有的数据不一致问题都已经被解决了。

数据挖掘库可能是数据仓库一个逻辑上的子集，不一定非得是物理上单独的数据库。但如果数据仓库的计算资源已经很紧张，那最好建立一个单独的数据挖掘库。

当然，对于数据挖掘，数据仓库不是必需的。建立一个巨大的数据仓库，把各个不同源的数据统一在一起，解决所有的数据冲突问题，然后把所有的数据导入到一个数据仓库内，这是一项巨大的工程，可能要用几年的时间、花上百万元才能完成。如果只是为了数据挖掘，则可以把一个或几个事务数据库导入到一个只读的数据库中，就把它当做数据集市，然后在它上面进行数据挖掘即可。

5.2.5 数据挖掘和 OLAP

一个经常遇到的问题是，数据挖掘和 OLAP 到底有何不同。下面将会进行解释，它们是完全不同的工具，基于的技术也大相径庭。

OLAP 是决策支持领域的一部分。传统的查询和报表工具是告诉用户数据库中有什么(What happened)，OLAP 则更进一步告诉用户下一步会怎么样(What next)和如果采取这样的措施又会怎么样(What if)。用户首先建立一个假设，然后用 OLAP 检索数据库来验证这个假设是否正确。例如，一个分析师想找出什么原因导致了贷款拖欠，他可能先做一个初始的假设，认为低收入的人信用度也低，然后用 OLAP 来验证。如果这个假设没有被证实，他可能去察看那些高负债的账户，如果还不行，他也许要把收入和负债一起考虑，一直进行下去，直到找到他想要的结果或放弃。

也就是说，OLAP 分析师是建立一系列的假设，然后通过 OLAP 来验证或推翻这些假设来最终得到自己的结论。OLAP 分析过程在本质上是一个演绎推理的过程。但是如果分析的变量达到几十个或上百个，那么再用 OLAP 手动分析验证这些假设将是一件非常困难和痛苦的事情。

数据挖掘与 OLAP 不同的是，数据挖掘不是用于验证某个假设模式(模型)的正确性，而是在数据库中自己寻找模型，它在本质上是一个归纳的过程。例如，一个用数据挖掘工具的分析师想找到引起贷款拖欠的风险因素，数据挖掘工具可能帮他找到高负债和低收入是引起这个问题的因素，甚至还可能发现一些分析师从来没有想过或试过的其他因素，如年龄。

数据挖掘和 OLAP 具有一定的互补性。在根据数据挖掘出来的结论采取行动之前，也许要验证一下：如果采取这样的行动，会给公司带来什么样的影响？OLAP 工具能回答这些问题。

而且在知识发现的早期阶段，OLAP 工具还有其他一些用途。可以探索数据，找到哪些是对一个问题比较重要的变量，发现异常数据和互相影响的变量。这都能使用户更好地理解数据，加快知识发现的过程。

5.2.6 数据挖掘、机器学习和统计

数据挖掘利用了人工智能(AI)和统计分析的进步所带来的好处，这两门学科都致力于模式发现和预测。

数据挖掘不是为了替代传统的统计分析技术，相反，它是统计分析方法技术的延伸和

扩展。大多数的统计分析技术都是基于完善的数学理论和高超的技巧，预测的准确度还是令人满意的，但对用户的要求很高。随着计算机计算能力的不断增强，人们有可能利用计算机强大的计算能力，只通过相对简单和固定的方法来完成同样的功能。

一些新兴的技术同样在知识发现领域取得了很好的效果，如神经元网络和决策树，在足够多的数据和计算能力下，它们几乎不用人的关照，自动就能完成许多有价值的功能。

数据挖掘就是利用了统计和人工智能技术的应用程序，它把这些高深复杂的技术封装起来，使人们不用掌握这些技术也能完成同样的功能，并且更专注于所要解决的问题。

5.3 数据挖掘发现的知识类型

数据挖掘通过预测未来趋势及行为，做出前瞻的、基于知识的决策。数据挖掘的目标是从数据库中发现隐含的、有意义的知识模式。这些模式从广义上讲可以分为以下两种：预测型模式和信息型模式。

预测型模式通常用来解决一个特定的问题，根据数据库中一些已知属性的值来预测另外一些未知属性的值。

信息型模式不是用来解决一个特定的问题，而是从数据库中挖掘出领域专家可能不知道的、有兴趣的知识模式，从而给领域专家提供一些建议。

根据数据挖掘的应用不同，挖掘出来的知识模式主要有以下 5 类：广义知识、关联知识、分类知识、预测知识和偏差知识。

5.3.1 广义知识

广义知识是指类别特征的概括性描述知识。根据数据的微观特性发现其表征的、带有普遍性的、较高层次概念的、中观和宏观的知识，反映同类事物的共同性质，是对数据的概括、精炼和抽象。

也可以说，广义知识就是对大量数据进行归纳、概括，提炼出带有普遍性的、概括性的描述统计知识。

描述统计是数据挖掘最基本的应用之一，它直观、简单，经常和统计图(如直方图、柱形图、折线图、散点图等)配合使用。描述统计的应用十分广泛，如当月公司利润总额、比较不同区域的销售量等。

广义知识的发现方法和实现技术有很多，如概念描述、多维数据分析、面向属性的归约、概念分层等。

5.3.2 关联知识

数据关联是数据库中存在的一类重要的可被发现的知识。若两个或多个变量的取值之间存在某种规律性，就称为关联。关联可分为简单关联、时序关联、因果关联。关联分析的目的是找出数据库中隐藏的关联网。有时并不知道数据库中数据的关联函数，即使知道也是不确定的，因此关联分析生成的规则具有可信度描述。

关联知识可分为简单关联规则、多层关联规则、多维关联规则、量化关联规则和基于约束的关联规则。

关联规则挖掘的一个典型例子是购物篮分析，该过程通过发现顾客购买不同商品之间的关系，分析顾客的购买习惯，了解哪些商品频繁地被顾客同时购买，这种关联的发现可以帮助零售商制定营销策略。例如，顾客在同一次去超市购物时，购买牛奶的同时也购买面包的可能性有多大？通过帮助零售商有选择地经销和安排货架，这种信息可以引导销售。例如，将牛奶和面包尽可能放得近一些，这样可以进一步增大一次去商店同时购买这两种商品的概率。

发现关联规则的算法主要有 Apriori 算法和频繁模式树(FP-树)，其他算法绝大多数都是在这两个算法的基础上发展起来的。

案例 5-1

某超市的数据挖掘应用

美国的超市有这样的系统：当采购了一车商品结账时，售货员在扫描完商品后，计算机上会显示出一些信息，然后售货员会友好地向用户提问：“我们有一种一次性纸杯正在促销，位于 F6 货架上，您要购买吗？”

这句话绝不是一般的促销。因为计算机系统早就算好了，如果购物车中有餐巾纸、大瓶可乐和沙拉，则 86%的可能性用户还要买一次性纸杯。结果是，用户可能会说：“啊，谢谢你，我刚才一直没找到纸杯。”

这不是什么神奇的科学算命，而是利用数据挖掘中的关联规则算法实现的系统。

5.3.3 分类知识

分类知识是反映同类事物共同性的特征型知识和不同事物之间的差异型特征知识。

数据库内容丰富，蕴藏着大量的信息，对其进行分类知识的学习，可以提取出描述重要数据的模型或预测未来的数据趋势。但分类是预测分类标号，即离散值。分类知识的应用范围广泛，包括信誉证实、医疗诊断、性能测试和选择购物等。

例如，银行根据客户的存款额、信用额和消费金额把客户分成不同的类别，分别办理不同类型的银行卡。每类银行卡持有人在银行享受的待遇是不同的，如有些可以不用排队，有些可以到贵宾室等；银行为了留住优质客户，还会经常给他们派发一些小礼品等。

挖掘分类知识的算法有决策树分类、贝叶斯分类、人工神经网络法、粗糙集法和遗传算法等。

5.3.4 预测知识

分类知识可以预测离散值。而预测知识在这里指的是预测连续值，是根据时间序列型数据，由历史的和当前的数据去推测未来的数据，也可以认为是以时间为关键属性的关联知识。

数据挖掘自动在大型数据库中寻找预测型信息，以往需要进行大量手工分析的问题，如今可以迅速地直接由数据本身得出结论。一个典型的例子是市场预测问题，数据挖掘从过去有关促销的数据中寻找在未来投资中回报最大的用户，其他可预测的问题包括预测破产以及确认对指定事件最可能做出反应的群体。

预测知识的发现方法有经典的基于统计学习的回归分析法，还有基于现代智能计算的神经网络、遗传算法等各类时间序列分析法。

5.3.5 偏差知识

偏差知识是对差异和极端特例的描述，用来揭示事物偏离常规的异常现象。数据库中的数据常有一些异常记录，从数据库中检测这些偏差很有意义。偏差包括很多潜在的知识，如分类中的反常实例、不满足规则的特例、观测结果与模型预测值的偏差、量值随时间的变化等。

偏差即异常，在数据挖掘中有时也称为“孤立点”，可以用来发现“小的模式”，即数据集中明显不同于其他数据的对象。

偏差知识挖掘的基本方法是寻找观测结果与参照值之间有意义的差别，常用的孤立点挖掘方法有基于统计的方法、基于距离的方法和基于偏离的方法。

偏差知识挖掘的一个典型应用是检测信用卡欺诈。通过对信用卡使用模式的分析，可以得到一些正常使用的模式。如果在检测信用卡使用时，发现与正常使用的模式不符，则可以怀疑可能是在被非法使用。

案例 5-2

国内某电信公司利用数据挖掘预测客户知识

2004 年，某电信公司邀请国际某著名咨询公司进行市场营销再造项目，将数据挖掘用于它的 3 个业务领域：客户管理、网络/产品/服务管理、市场/财务管理；公司将数据挖掘的重点放在了客户管理。在电信市场竞争越来越激烈的今天，即使在扩大其客户群的时候，电信运营商和其他代理商也必须密切监视他们的现有客户，并采用各种营销方法来留住这些客户。电信公司期望通过数据仓库的实施和数据挖掘的应用，能够利用经营分析系统进行客户分群、客户获取、客户行为分析、客户流失分析等。如今，电信公司已经能够利用现有的客户数据来总结客户行为的特点，并预测客户的下一步行为。例如，为了对付日益严重的客户流失或业务流失状况，电信公司采用基于决策树的方法来分析客户的流失特性，以便采取针对性的营销措施，挽留有价值的客户，减少客户流失。

5.4 数据挖掘流程

5.4.1 知识发现过程

基于数据库的知识发现过程定义为：从数据集中识别出有效的、新颖的、潜在有用的以及最终可被理解的模式的数据处理过程。

知识发现过程是个反复迭代的人机交互过程，从宏观上可分为 4 个阶段：确定主题、数据处理、数据挖掘和模式解释评估与应用。其中，数据处理又可分为数据筛选、数据清理、数据变换 3 个步骤。知识发现过程如图 5.3 所示。

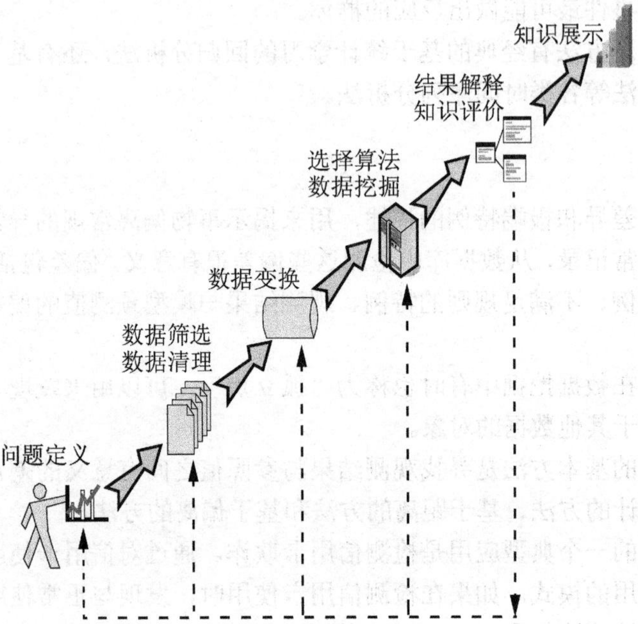

图 5.3　知识发现过程

1. 确定主题

在理解数据和实际业务问题的基础上，提出数据挖掘要解决的问题，定义挖掘的目标，确定挖掘要发现的知识类型。

2. 数据筛选

搜索与业务数据有关的内部和外部数据信息，从中选择出适用于挖掘主题的目标数据集。

3. 数据清理

来源于业务数据库的目标数据集中可能存在噪声数据、空缺数据、过时数据、冗余数据等，为提高挖掘的质量，需要合理地处理噪声数据，删除过时数据和冗余数据，填补空缺数据等。

4. 数据变换

选择的目标数据可能来源于不同的业务数据库，可能会存在数据格式、数据类型不一致等问题。即使是来源于同一业务数据库中的数据，也可能会存在数据表示形式不适合具体的挖掘算法，因此有必要对目标数据进行相应的数据变换。

5. 选择算法

数据挖掘算法分为多种类型，同一类型也存在多种算法，也就是说，实现同一个目标的挖掘算法有很多种。因此，应根据以下两个因素选择合适的算法：一是要根据数据的特点；二是要根据用户的目标。选择合适的知识发现算法还包括选择适当的模型和参数。

6. 数据挖掘

运用选择的算法从清理过的目标数据集中提取出用户感兴趣的知识(模式)，并以一定的方式表示出来。

7. 模式解释

对在数据挖掘步骤中发现的模式(知识)进行解释。经过用户或机器评估后，可能会发现这些模式中存在冗余或无关的模式，此时应该将其剔除。如果模式不能满足用户的要求，就要分析问题的原因，并返回到前面的某些处理步骤中进行反复提取。例如，如果目标数据选择不充分，则重新选取数据；如果数据变换方法不当，则返回采用新的数据变换方法重新进行数据变换；如果挖掘算法中的参数值选择不合适，则修改参数值，甚至换另外一种挖掘算法，从而提取出更有效的模式。

8. 知识评价

将发现的知识以便于用户理解的方式呈现给用户。这期间也包含对知识一致性的检查，以确信本次发现的知识不会与以前发现的知识相抵触。

9. 知识展示

由于挖掘出来的知识最终是呈现给用户的，所以，通常以便于用户对知识理解的图形等直观方式作为最终结果。因此，在知识发现的过程中还包括对挖掘出的模式进行可视化处理等。

当数据挖掘过程结束以后，用户可以结合当前问题的实际情况，用从历史数据中挖掘出的知识模式来指导实际工作，即采取行动，将有用的数据转换成信息，信息变成行动，行动转换成价值。这就是数据挖掘在商业应用上的一个流程。实际上，一个完整的数据挖掘过程包括 4 个步骤：鉴别商业问题、使用数据挖掘技术将数据转换成可以采取行动的信息、根据信息采取行动和衡量结果。

需要注意的是，数据挖掘永远不会替代有经验的商业分析师或管理人员所起的作用，数据挖掘只是提供一个强大的工具。每个成熟的、了解市场的公司都已经拥有一些重要的、能产生高回报的模型。这些模型可能是管理人员花了很长时间，做了很多调查，甚至是经过很多次失败之后得来的。数据挖掘工具要做的就是挖掘出未知的、潜在有用的模型，并对已有的模型进行补充、完善和改进。

5.4.2 数据挖掘对象

数据挖掘对挖掘的数据对象没有特殊的要求，是数据皆可挖掘。数据对象概括起来可以分为两大类，即结构化数据和非结构化数据。结构化数据是按照特定的数据结构进行存储的，计算机处理起来非常方便。这些数据主要是指存储在关系数据库系统或数据仓库系统中的数据。非结构化数据是指数据的存储模式不统一，没有按照某种数据结构的形式进行存储，计算机处理这类数据难度比较大。这类数据也包括半结构化数据。非结构化数据主要是文本数据、图像与视频数据以及半结构化的 Web 数据。随着互联网的普及，非结构化和半结构化数据的处理越来越多。

1. 关系数据库

目前，数据库模式主要以关系数据库为主，建立的数据库几乎都是关系数据库，数据仓库的存储模式也是关系数据库。数据挖掘方法多数也是研究数据库中属性之间和属性内部数据之间的关系、规则。

数据库中的数据具有以下特点。

1) 数据动态性

数据的动态变化是数据库的一个主要特点。由于不断地对数据进行插入、删除、修改等操作，使数据库中的数据经常发生变化，这就要求数据挖掘方法要能适应这种变化。增量式数据挖掘方法就是针对数据变化后，使挖掘出的知识、模式要能满足变化后的数据。

2) 数据的不完全性

数据的不完全性主要指数据库中存在空缺值。由于某种原因，有些数据在数据库中没有存储。这种不完全的数据给数据挖掘带来了困难。

3) 噪声数据

由于数据库系统是面向某一具体应用的，业务人员在录入数据的时候，输入错误数据是在所难免的，这就形成了噪声数据。如果不对噪声数据进行预处理，则挖掘结果将受噪声数据的影响而导致偏差。

4) 数据类型不一致

描述事物的属性多种多样，不同属性的取值单位可能不一致，有些可能是长度单位，有些可能是时间单位，有些还可能是容量单位，特别是有些属性是文字描述或是只有 0 和 1 两个状态的二元变量等，这些单位量纲不一致的数据无法进行相互比较。在数据挖掘过程中，如果遇到这样的数据，就必须进行预处理。

5) 异构性

挖掘中用到的数据可能来自多个不同业务数据库中的数据，这些不同业务数据库采用的数据库系统可能不是同一类型。例如，有的是 SQL Server，有的是 DB2，有的是 Oracle。存储在不同数据库系统中数据的数据结构是不一致的，数据挖掘算法是无法直接进行处理的。

6) 数据冗余性

数据库中有些数据可能会重复出现，特别是当数据来自多个业务数据库时，同一数据在不同数据库中的描述还可能相互矛盾，这都增加了数据挖掘结果的不可靠性。

7) 数据稀疏性

数据在高维空间中表现的模式不明显，因此在挖掘高维空间中的数据时容易丢失应有的模式。这就要求采用特定的挖掘算法来适应数据稀疏的特点。

由于数据库中的数据具有以上特点，使其在挖掘过程中难以直接使用，因此，在进行数据挖掘之前，必须对数据进行预处理。

2. 数据仓库

数据仓库中的数据是集成了企业内部所有业务数据库和企业外部的数据，用以支持经营管理中的决策制定过程，它存储的是决策型数据。

数据仓库中的数据具有以下特点。

1) 面向主题

数据仓库中的数据是面向主题进行组织的，所有的数据都是围绕某一主题组织、展开的，并且是按照不同的粒度存储的。

2) 集成的数据

数据仓库中的数据是从分散的数据库、数据文件和数据段中抽取出来的，数据在进入数据仓库之前已经经过了数据清理、集成、选择、转换等预处理过程，使得其中的数据具有良好的组织结构，是净化过后的数据。

3) 不可更新

从操作型的业务数据库中提取的数据和从外部数据源提取的数据，在数据仓库中被转换、综合并存储。数据仓库中的数据主要供企业决策分析之用，不是用来进行日常操作的，一般只保存历史数据，并且不随源数据的变化而实时更新，数据仓库中的数据一般不再修改。所涉及的数据操作主要是查询，只需定期进行数据的加载、追加。

4) 随时间不断变化

数据仓库中的数据不可更新是针对应用来说的，即数据仓库的用户进行分析处理时是不进行数据更新操作的，但这并不是说，数据从输入数据仓库开始到最终被删除的整个生命周期中，数据仓库中所有的数据都是永远不变的。

数据仓库中的数据随时间不断变化主要体现在数据仓库随时间变化而不断增加新的数据内容，数据仓库中所包含的综合数据经常按照时间段或区域等进行综合，每隔一定的时间段就要进行抽样和重新综合。

高质量的挖掘结果依赖于高质量的数据，数据仓库为数据挖掘准备了良好的数据源，因此，数据仓库是数据挖掘的最佳环境。

3. 文本

文本是以字符串形式表示的数据文件，这些字符串并不是简单的关键词，而是长句子、段落甚至是全文，一般是非结构化或半结构化的数据。文本分析包括关键词或特征提取、相似检索、文本聚类和文本分类等。

1) 关键词或特征提取

在一段文字中，标题是对该文件的高度概括。标题中的关键词是标题的核心内容。关键词的提取对于掌握文本的内容至关重要。

2) 相似检索

文本中的关键词相似检索是了解文本内容的一种重要方法。例如，“专家系统”与“人工智能”两个关键词是有联系的，研究专家系统的文本也属于人工智能的研究领域。

3) 文本聚类

文本标题中关键词的相似匹配是文本聚类的一种简单方法。利用聚类算法对文本进行聚类分析，可以把相似的文本聚成同一类，使同一类内的文本相似度较大，而不同类文本之间的相似度较小。

4) 文本分类

利用文本分类算法把文本分为不同的类别，便于对文本的理解。

4. 多媒体数据

图像、音频、视频数据是典型的多媒体数据。多媒体数据广泛存在于生活、医学、军事、娱乐等领域，具有广泛的用途，因此对这类数据的挖掘具有重要的意义。目前，对于多媒体数据的挖掘，主要有特征提取、基于内容的相似检索等。

5. Web 数据

随着互联网的发展和普及，网站数目的迅速增长以及入网人员的急剧增多，使网络数据量呈指数增长，并且使互联网成为一个最大的数据库。Web 数据挖掘的特点如下。

1) 异构数据的集成和挖掘

Web 上的每个网站是一个数据源，各数据源都是异构的，形成了一个巨大的异构数据库环境。将这些站点的异构数据进行集成，给用户提供一个统一的视图，才能在 Web 上进行数据挖掘。

2) 半结构化数据模型的抽取

Web 上的数据非常复杂，没有特定的模型描述，属于半结构化的数据。对半结构化数据模型的查询和集成，需要寻找一种半结构化模型抽取技术来自动抽取各站点的数据。XML 是一种半结构化的数据模型，容易实现 Web 中信息的共享与交换。

6. 复杂类型的数据

复杂类型的数据是指非单纯文本的数据或能够表示动态的序列数据，主要包括如下。

1) 空间数据库

空间数据库主要指存储空间信息的数据，如地理信息数据、卫星图像数据、地下管道、下水道及各类地下建筑分布数据等。对空间数据的挖掘，可以为城市规划、生态规划、道路修建提供决策支持。

2) 时间序列数据

时间序列数据主要用于存放与时间有关的数据，它可用来反映随时间变化的即时数据或不同时间发生的不同事件。例如，连续存放即时的股票交易信息、卫星轨道信息等。对时间序列数据的挖掘可以发现事件的发展趋势、演变过程和隐藏特征，这些信息对制订计划、决策和预警是非常有用的。

5.4.3 数据挖掘任务

数据挖掘的目标是从数据库中发现隐含的、又是潜在有意义的知识。数据挖掘的任务主要有两大类：描述和预测。描述类挖掘任务刻画了数据库中数据的一般特征。预测类挖掘任务是从历史数据中发现规则，以此规则对未来数据进行预测。了解了数据挖掘的分类，理解了被挖掘的对象，并在此基础上对挖掘对象按挖掘任务进行分类，有助于按照用户的需求选择合适的挖掘算法或挖掘工具来辅助企业制定决策，同时也是准确地分析问题和解决问题的依据。

一般而言，数据挖掘的功能与挖掘的目标数据类型是相关的。某些功能只能应用在某种特定的数据类型上，而某些功能则可以应用在多个不同类型的数据库上。对于数据挖掘任务的确定，必须综合考虑数据挖掘的任务、要挖掘的数据类型和用户的兴趣。

数据挖掘的主要任务如下。

1. 概念描述

概念描述就是通过对某类数据对象进行汇总、分析和比较，获得对此类对象内涵的描述，并概括这类对象的有关特征。传统的也是最简单的数据总结方法是计算出数据在各个属性上的和值、均值、方差值等统计量，或用直方图、饼图等图形方式表示。而数据挖掘中的概念描述主要是从数据泛化的角度来讨论数据汇总。数据泛化是一种把数据从低层次抽象概括到高层次抽象的过程。

概念描述可以通过下述方法得到：数据特征化和数据区分。

数据特征是目标类数据的一般特征或特性的汇总，用来描述某类对象的共同特征。数据特征化是生成一个类的特征性描述，该描述只涉及该类对象中所有个体的共性，其输出可以采用多种形式，如饼图、柱状图、曲线、多维数据立方体、含交叉表的多维表等，描述结果也可以用概化关系或规则形式表示。数据区分是描述异类对象之间的区别，将目标类对象的一般特征与一个或多个比较类对象的一般特性相比较，这种比较必须在具备可比性的两个或多个类之间进行。数据区分的输出类似于数据特征化，但它应该包括比较度量，以帮助区分目标类和比较类。

2. 关联分析

关联分析就是从大量的数据中发现项集之间有趣的联系、相关关系或因果结构以及项集的频繁模式。数据关联是数据库中存在的一类重要的知识。若两个或多个变量的取值之间存在某种规律性，则称为关联。关联可分为简单关联、多层关联、多维关联、量化关联和基于约束的关联。关联分析的目的是找出数据库中隐藏的关联规则。

例如，购买计算机也趋向于同时购买财务管理软件，则可以用以下关联规则表示。

$computer \Rightarrow financial\_management\_software$

$[supp{=}2\%，conf{=}60\%]$

规则中的 *supp* 和 *conf* 分别表示规则的支持度和置信度，是度量规则的兴趣度的，它们分别反映关联规则的有用性和确定性。关联规则的支持度 2%意味分析事务中有 2%的顾客同时购买计算机和财务管理软件，置信度 60%意味购买计算机的顾客 60%也购买财务管理软件。

显然，上述关联规则反映了顾客的购买习惯。如果商家能够充分利用这些购买习惯，就可以增加商品的销售，提高销售利润。关联规则挖掘主要是针对事务型数据库，特别是售货数据。由于条形码技术的普及，零售部门可以利用前端收款机收集、存储大量的售货数据，如果对这些历史事务数据进行分析，就可以了解顾客的购买行为。根据顾客的购买习惯，就可以有目的地摆放货架上的商品。例如，可以把顾客经常同时购买的商品放在一起，帮助规划市场，减小库存，对市场变化提供预测等。由此可见，从事务数据中发现关联规则，对于改进零售业等商业活动的决策非常重要。事务数据库中存在非常多的关联规则。事实上，人们可以结合领域知识，选取适当的挖掘方法抽取那些满足一定支持度和置信度的关联规则。

3. 分类

分类的目的是找出一个类别的概念描述，它代表了这类数据的整体信息，即该类数据的内涵描述，一般用规则或决策树模式来表示。该模式能用来识别未知数据的归属或类别。

类的内涵描述分为特征描述和辨别性描述。特征描述是对类中对象的共同特征的描述，辨别性描述是对两个或多个类之间区别的描述。

分类过程分为两步：第一步，建立一个模型，描述预定的数据类或概念集；第二步，使用模型对未分类的对象进行分类。首先评估模型(分类法)的预测准确率，如果认为模型的准确率可以接受，就可以用它对类标号未知的数据元组或对象进行分类。

分类挖掘技术主要有决策树、贝叶斯学习方法和神经网络方法等。

4. 聚类

物以类聚，人以群分。自然界中的事物都可以按照特征相似的原则分为不同的类别。

聚类是根据类内事物的相似性最大、类间事物的相似性最小的原则把数据对象进行聚类或分组的。即对象的聚类这样形成：使得在一个聚类中的对象具有很高的相似性，而与其他聚类中的对象很不相似。所形成的每个聚类可以看做是一个对象类，由它可以导出规则。聚类也可以方便地进行分类编制，将数据对象组织成分层结构，把类似的事件组织在一起。

聚类与分类不同，它们的区别如下：第一，分类需要训练数据集，属于有监督的学习；而聚类不需要训练数据集，属于无监督的学习。第二，在进行分类之前，已知数据的分类情况；而进行聚类之前，对目标数据的分类情况一无所知。

常用的聚类方法包括统计分析方法、机器学习方法、神经网络方法等。

5. 孤立点分析

数据库中可能包含一些这样的数据对象，它们与集合中其他数据的一般行为或模型不一致，这些数据对象称为孤立点。大部分数据挖掘方法将孤立点视为噪声或例外而丢弃。然而，在一些应用中(如欺诈检测)，罕见的事件可能比正常出现的更有用。孤立点数据分析也称做例外挖掘。

孤立点可以使用统计试验进行检测，它假定一个数据的分布或概率模型，并使用距离度量，到其他数据对象的距离很远的对象被视为孤立点。基于偏差的方法通过考察一群对象主要特征上的差别来识别孤立点，而不是使用统计或距离度量。

孤立点分析通常可以作为聚类分析的副产品，根据聚类分析结果，将含有对象个数少于设定阈值的聚类中的事物看做是孤立点。

6. 时间序列分析

时间序列分析是描述行为随时间变化的对象的规律或趋势，并对其进行建模。这包括与时间相关数据的特征、区分、关联、分类或聚类，根据分析的不同特点分为时间序列数据分析、序列或周期模式匹配和基于类似性的数据分析。

时序数据库是指由随时间变化的值或数据对象组成的数据库。值通常是在等时间间隔测得的数据。时序数据库应用非常普遍，如股票市场的每日波动、动态产品加工过程、科学实验、医学治疗等。时序数据库也是一种序列数据库。序列数据库是指由有序事件序列组成的数据库，它可以有时间标记，也可以没有。例如，Web 页面遍历序列是一种序列数据，但不是时序数据。

时间序列分析包括趋势分析、相似搜索、序列模式挖掘和与时间有关的数据周期模式挖掘。

7. 预测

预测是从历史数据中找出变化规律，建立模型，并用此模型预测未来数据的种类、特征等。通常用分类来预测离散数据，而用回归分析来预测连续数据。典型的回归分析是利用大量的历史数据，建立线性或非线性回归方程。根据回归模型，只要输入自变量的值，就可以求出因变量的值，以达到对因变量的预测。

5.4.4 数据挖掘分类

数据挖掘涉及多个学科方向，主要包括数据库技术、统计学、机器学习、可视化和信息科学等，如图 5.4 所示。

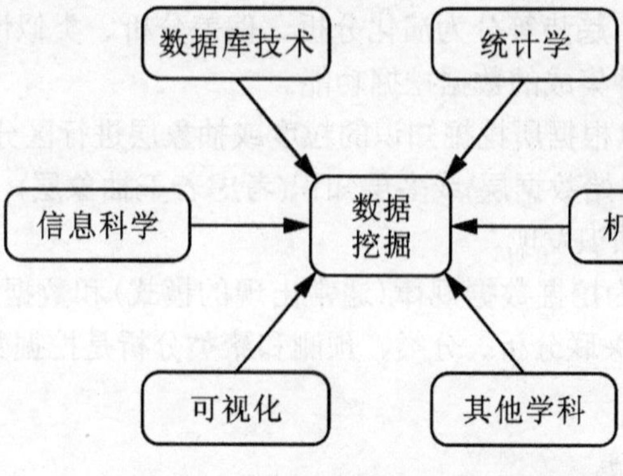

图 5.4 数据挖掘受多学科的影响

数据库技术经过 20 世纪 80 年代的大发展，除关系数据库外，又陆续出现了面向对象数据库、多媒体数据库、分布式数据库以及 Web 数据库等。数据库的应用由一般查询到模糊查询和智能查询，数据库计算已趋向并行计算。从以上各类数据库中挖掘知识正在兴起，并已得到迅速发展。

统计学是一门古老的学科，具有广泛的应用，已成为社会调查、了解民意以及制定决策的重要手段。

机器学习是人工智能的重要分支，它是在专家系统获取知识出现“瓶颈”后发展起来的。机器学习的大部分方法和技术已演变为数据挖掘的方法和技术。

由于数据挖掘源于多个学科，因此产生了大量的、各种不同类型的数据挖掘系统。这样，就需要对数据挖掘系统给出一个明确的分类。这种分类可以帮助用户区分数据挖掘系统，选择最适合其需要的挖掘系统。根据不同的标准，数据挖掘系统可按数据库类型、挖掘对象、挖掘任务、挖掘方法与技术及应用等方面进行分类。

1. 按数据库类型分类

数据挖掘系统可以根据挖掘的数据库类型进行分类。数据库系统本身可以根据不同的标准(如数据模型、数据或所涉及的应用类型)进行分类，每类可能需要自己的数据挖掘技术。这样，数据挖掘系统就可以进行相应的分类。

例如，如果根据数据模型分类，可以有关系的、事务的、面向对象的、对象-关系的或数据仓库的数据挖掘系统。如果根据所处理的数据的特定类型分类，可以有空间的、时间序列的、文本的、多媒体的数据挖掘系统或 WWW 数据挖掘系统。

2. 按数据挖掘对象分类

数据挖掘除对数据库这个主要对象进行挖掘外，还有文本数据挖掘、多媒体数据挖掘、Web 数据挖掘。由于对象不同，因此挖掘的方法相差很大。文本、多媒体、Web 数据均是非结构化数据，挖掘的难度较大。

3. 按挖掘的知识类型分类

数据挖掘系统可以根据所挖掘的知识类型进行分类，即根据数据挖掘的功能，如特征、区分、关联、聚类、例外者、趋势等分为演化分析、偏差分析、类似性分析等。一个全面的数据挖掘系统应当提供多种集成的数据挖掘功能。

此外，数据挖掘系统可以根据所挖掘知识的粒度或抽象层进行区分，包括泛化知识(在高抽象层)、原始层知识(在原始数据层)或多层知识(考虑若干抽象层)。一个先进的数据挖掘系统应当支持多抽象层的知识发现。

数据挖掘系统还可以分为挖掘数据规律(通常出现的模式)和数据反规律(如例外或局外者)。一般地，概念描述、关联分析、分类、预测和聚类分析是挖掘数据规律的，而将孤立点作为噪声排除。

4. 按挖掘方法和技术分类

数据挖掘的方法和技术较多，主要有以下类别。

1) 归纳学习类

该类又分为基于信息论方法挖掘类和基于集合论方法挖掘类。基于信息论方法是在数据库中寻找信息量大的属性来建立属性的决策树。基于集合论方法是对数据库中各属性元组集合之间的关系(上、下近似关系，覆盖或排斥关系，包含关系等)来建立属性间的规则。各类中又包括多种方法，归纳学习主要用于分类问题。

2) 仿生计算类

该类主要有神经网络方法和遗传算法。神经网络方法是在模拟人脑神经元而建立的神经元数学模型和 Hebb 学习规则基础上提出的一系列算法模型，用于识别、预测、联想、优化和聚类等实际问题。遗传算法是在模拟生物的遗传进化过程的基础上建立选择、交叉、变异等数学算子，主要用于问题的优化和规则的生成。

3) 公式发现类

在科学实验与工程数据库中，用人工智能方法寻找和发现连续属性(变量)之间的关系，建立变量之间的公式，已引起了人们的关注。该类中有多种数据挖掘方法，如 BACON、基因表达式编程等。

4) 统计分析类

统计分析是一门独立的学科，由于能求出数据库中数据的各种不同统计信息和知识，故它也构成了数据挖掘中的一大类方法。

5) 模糊数学类

在自然界中存在很多模糊的概念，如年青、年老等，它们无法用严格的数值来表示。扎德提出了用模糊数学的方法来描述这类模糊量。将模糊数学应用于各类数据挖掘算法中，形成了模糊数据挖掘类，如模糊聚类、模糊分类、模糊关联规则等。

6) 可视化技术类

可视化技术是一种图形显示技术。对数据的分布规律进行可视化显示或对数据挖掘过程进行可视化显示，会明显地提高人们对数据挖掘的兴趣和挖掘的效果。该技术已形成了可视化数据挖掘类的多种方法。

5.4.5 数据预处理

数据预处理是从大量的数据属性中提取出对目标有重要影响的属性来降低原始数据的维数，或者是处理一些不好的数据，从而改善实例数据的质量和提高数据挖掘的速度。由于挖掘结果极易受噪声数据、空缺数据和不一致数据的影响，因此，挖掘前需要进行数据预处理。数据预处理的方法一般包括基于粗糙集的约简方法、基于概念树的数据压缩方法、信息论思想和概化知识发现(数据立方体、面向属性归约方法、最大熵)、基于统计分析的属性选取方法和遗传算法等。数据预处理包括数据的收集和准备、数据清理、数据集成、数据变换和数据归约等内容。

1. 数据的收集和准备

数据准备一般包含以下两方面：一方面是从多种数据源中综合数据挖掘所需要的数据，保证数据质量的综合性、易用性和时效性，这有可能要用到数据仓库的思想和技术；另一方面就是如何从现有的数据中衍生出所需要的指标，这主要取决于数据挖掘者的分析经验和工具的方便性。

选择正确的数据源对整个数据挖掘项目的成败至关重要，在后面数据挖掘的步骤中会着重强调这一点。单是数据描述，并不能为人们制定行动计划提供足够的依据，必须用历史数据建立一个预测模型，然后再用另外一些数据对这个模型进行测试。

进行数据准备时需要回答以下几个问题：如何创建数据表？如何对表示形式不恰当的数据进行挖掘？如何先处理那些没有被完全清理的数据，然后进行挖掘？有些人将数据挖掘看做一个不可思议的过程，认为它吞进的是原始数据，吐出来的则是知识。实际上，数据挖掘是一个过程，而数据准备则是这个过程的基础。例如，如果想知道有谁会响应一个直销活动，就需要了解以前做过响应的客户的资料。如果有他们的名单和地址，就应该认识到这些数据虽然对客户来说是独一无二的，但却不是最适合进行数据挖掘的数据。

众所周知，SQL 是广泛用于数据库查询的语言，有很多数据挖掘软件提供商利用 SQL 来为数据挖掘做数据准备。但 SQL 在很多时候有些力不从心，因为数据挖掘和分析的一些算法通常要求数据具有一定的格式和规范性。像城市和州那样的信息是描述性信息，而像客户年龄、收入水平、兴趣类别和家庭类型等人口统计资料则更有价值。这些信息可以从许多公司获取，但在进行数据挖掘之前，必须将它们合并，即使数据具有一定的格式和规范性。

2. 数据清理

数据清理(Data Cleaning)要解决数据质量、冗余数据、过时数据和术语定义的变化等问题。

1) 数据质量

输入数据库中的异常数据、不相关的字段或互相冲突的字段(比如年龄和生日不一致)、数据的编码方式等都会对数据挖掘输出结果的质量产生影响。虽然一些算法自身会对上面提到的这些问题做一些考虑，但让算法自己做所有这些决定是不明智的。数据很少是100%正确的。因此有必要了解作为决策基础的数据质量。实际上，数据挖掘是一种典型的“垃圾入垃圾出”，即数据的质量越好，则挖掘的结果就越精确。数据不总是“干净”的，可以通过填写空缺值、平滑噪声数据，识别、删除孤立点来去掉数据中的噪声，纠正不一致的数据。

2) 冗余数据

冗余是指重复存在的信息，最明显的冗余数据是挖掘数据中存在两个或多个重复的记录，文件中也常常存在冗余数据。冗余数据的存在使得挖掘程序需要对相同的信息进行重复处理，增加了数据挖掘的复杂性并降低了挖掘的效率。

3) 过时数据

例如，如果数据集取自1994年，那么当时是24岁的人在2003年时应当是33岁了。换句话说，数据从当时到现在已发生了变化。

4) 术语定义的变化

确定一个人是偶尔吸烟还是频繁吸烟的标准是什么？如果各有各的衡量标准，则数据就有可能被曲解。

下面分析“脏数据集”会产生哪些问题。

(1) 一致性问题。例如，软饮料清单中的一列可能会出现这样一些名词：Pepsi、Pepsi Cola和Cola，这些名词代表的是同一种饮料，但计算机则不能理解。

(2) 失效数据的清理问题。地址是一个经常出现过时数据的典型例子。在当今社会中，人们常常改变他们的地址，所以一年以上的地址变得不再可靠。体现在有的客户概况信息已超过两年以上，而且客户已经搬家，但新的地址并没有在地址表中反映出来。邮寄清单必须经常更新，因为人们的工作会发生变化，他们的地址也随之改变。将这种不再正确的老地址称为失效数据。

(3) 印刷错误的问题。英文单词会经常性地被误拼或误打，汉语词组也同样如此。

(4) 数值缺失。数据的一些取值时常会发生缺失现象。有些数据挖掘方法要求待挖掘的是完整的数据记录。这样就很难从中得到有用的信息，或很难以此为基础进行预测。

(5) 数据导出。在通常情况下，最有价值的数据是从已有的数据中导出的。例如，如果用maximum\$－94和maximum\$－95分别表示1994年和1995年的美元支出，那么，一个有价值的导出数据就是￥－difference，它代表1994年和1995年支出金额的变化情况。导出一个数据字段可以采用不同的方法，可以在关系数据库中通过SQL导出新的数据字段，也可以使用查询工具导出新的数据字段。

3. 数据集成

数据集成(Data Integration)将数据由多个数据源合并成一致的数据存储，如数据仓库、数据集市或数据立方体。合并数据、商务数据普遍存储于主机上，或者是 UNIX 服务器或 Windows NT 工作站的关系数据库中，这些系统的数据以表的形式存储。为了挖掘这些表，数据必须组织成二维表的形式。在关系系统中合并数据有许多方法，包括通过视图、SQL 语句和将数据输出到文本文件中。视图由数据库管理员创建，查询工具通过创建查询合并数据，查询将多个表连接起来输出到一个结果文件中。

数据集成的关键是获取数据，如访问数据仓库。数据挖掘通常都是在实现了数据仓库和数据集市之后加以讨论的，但这并不是因为进行数据挖掘必须有数据仓库或数据集市的支持，其原因在于：如果没有数据仓库和数据集市的支持，在建造数据挖掘这类决策支持系统之前，企业必须先花费大量的时间将分散在各处的数据集成在一起。

将数据仓库与数据挖掘工具直接集成起来是一个较好的数据集成方法。虽然目前已有许多这方面的工具，但在进行数据挖掘之前仍需要完成一些中间步骤，通过如下几种方法来访问数据。

1) 通过基于事务的关系数据库或基于 PC 的数据库访问数据

即使数据没有存放在数据仓库中，也可以通过使用开放式数据库互连(ODBC)接口，直接从基于事务的关系数据库或基于 PC 的数据库中访问数据。目前，许多厂商都支持 ODBC，ODBC 已成为大部分数据库之间的互连标准。虽然有可能面临一次访问多个表的问题，但这可以通过在数据库上创建视图加以解决，视图使多个表看起来就像是一个表一样。与使用数据仓库相比，使用关系数据库进行数据挖掘将会增加脏数据出现的机会，这反过来又增加了数据准备的工作量。

2) 通过数据转换工具访问数据

如果没有适当的数据仓库或其格式不能被数据挖掘工具所接受，则可以采用其他方案来获取数据。例如，有若干种数据转换工具可以用来对数据集进行合并和(或)格式转换。

在数据挖掘的过程中，通常会遇到的问题是数据的存储格式与工具所支持的格式不一致。例如，主机中的数据常常以定长格式存放，而且不容易转化为逗号或制表符定界格式，而数据挖掘工具通常需要用逗号定界或制表符定界格式的文件来取代数据库的连接。

目前，在市场上只有少数基于 PC 的数据转换工具(如 Data Junction 或 DBMS Copy)可以将任意格式的数据转化为另一种格式。此外，对于数据仓库厂商而言，还有一系列厂商(如 Prism)可以提供更大规模的数据合成服务。

3) 通过查询工具访问数据

创建适合数据挖掘的数据源的另一种可选方案是使用查询工具连接数据库表，然后再根据连接得到的表来创建文件。为了解决这个问题，一些厂商(如 Business Objects、Brio Technology 及 Congnos 公司)制定了查询工具与数据挖掘工具的集成标准。标准查询可以用来解决从若干个关系表中抽取数据的问题。

4) 通过平面文件访问数据

为能够方便地对关系表进行数据挖掘，还有最后一种可选方案，这就是使用基于正文的文件或平面文件。目前，几乎所有的数据挖掘工具都可以对平面文件进行挖掘。这种方案的主要优点是正文文件的读取速度非常快。显而易见，其缺点是正文文件必须从其他地方创建，而且一旦被创建就很难进行维护。

较小的正文文件可以装入到电子表格中(如微软的 Excel)进行维护，但文件大小要受到一些限制，如最多不超过 254 列、16 000 行，数据是从一个正文文件中装入 Excel 的。

4. 数据变换

数据变换(Data Transformation)就是将数据进行规范化和聚集。规范化可以改进涉及距离度量的挖掘算法的精度和有效性，常用的方法是用平滑法(包括分箱、聚类和回归)来去掉噪声数据；聚集是对数据进行汇总；数据概化使用高层次概念替换低层次“原始”数据来进行概念分层；规范化将属性数据按比例缩放，使之落入一个小的特定区间；属性构造(特征构造)是帮助提高精度和对高维数据结构的理解。

5. 数据归约

数据归约(Data Reduction)是通过聚集、删除冗余特性或聚类等方法来压缩数据的，常用的方法是数据立方体聚集、维归约、数据压缩、数值归约、离散化和概念分层产生。以下是对这些方法进行的解释。

维归约：通过删除不相关的属性(或维)来减少数据量，通常使用属性子集来选择方法。属性子集选择的基本启发式方法包括如下技术：逐步向前选择、逐步向后删除、逐步向前选择和逐步向后删除的结合、判定树归纳。

数据压缩方法：主要有小波变换、主要成分分析和分形技术。

数值归约方法：回归和对数线性模型、直方图、聚类和选择。

离散化技术：可以用来减少给定连续属性值的个数，区间的标号可以替代实际的数据值。常用的方法有：分箱、直方图分析、聚类分析、基于熵的离散化和通过“自然划分”的数据分段。

例如数据分组，按字段 Age(年龄)对人群进行这样的分组：10～25 岁、25～35 岁、35～45 岁、45～55 岁及 55 岁以上。在这个例子中，尽管 Age 本来就是由离散值构成的数值字段，但在数据挖掘前还是将它的值划分成了若干个区间。当字段取某一区间内的数值时，最好先将它们划分成若干个分组；或者将它们定义为分类数据而不用像对字段 Age 那样进行处理。

大部分数据挖掘工具都提供数据分组的方法。数据分组的方法很多，对数据进行分组的方式会影响挖掘的最终结果。在对数据进行分组时，人们常常要问这样的问题：应当将数据划分为多少个组？这要根据具体问题来确定。在对数据进行分组时，为了计算在数据集中有多少不同的组，常常先要分析数据的分布情况。虽然有的统计学家认为数据根本不应当分组，然而数据分组可以大大降低模型的复杂性并减少计算的时间。

进行数据挖掘时通常遇到的一个问题就是要限定数据的范围。为了进行分类研究，在数据集中必须有可以用做研究结果的数据域。例如，关于跳槽率的例子中有一个客户域，它既可以取 Lost (流失的)，也可以取 Loyal(忠诚的)值。

哪些数据域可用做分类研究的输出结果，一般可根据经验得出。例如，随着时间的流逝，银行可以掌握这样一些信息，即一部分客户的账户保持平衡，而另一部分客户则出现了透支。从这些信息中可以得到域值“好的客户”和“差的客户”。

6. 微软数据转换服务

微软数据转换服务(Data Transformation Services，DTS)是一个从不同的数据源中收集数据的重要工具，它提供数据转换功能、创建数据单元供 SQL 服务代理(SQL Server Agent)自动操作。DTS 是一个面向批处理的程序。包是基本的 DTS 单元，DTS 对象包含在包中。包的 4 种对象类型包括：数据连接、DTS 任务、数据转换和工作流。DTS 的内容包括：COM 对象集合，其中每个对象完成一项特定的任务；OLE DB 数据连接的中心；工作流程开发平台和应用开发环境。

连接是 DTS 包中所有活动的基础，它为了进行数据的复制和转换任务，与数据源(标准数据库 SQL Server 2000、Access 2000、Oracle、Dbase、Paradox、OLE DB for ODBC、Excel 2000、HTML、OLE DB 提供者)、目标文件(如文本文件)和其他源(数据链接)进行联系。

5.5 数据挖掘的方法和技术

数据挖掘技术主要建立在数据库技术、统计学、人工智能这 3 个学科的基础之上。数据挖掘是从数据中挖掘知识，这些未知的知识就存在于数据库的数据中，数据库为数据挖掘提供了物质基础，而数据挖掘算法中所采用的技术主要来自统计学和人工智能两个学科。使用的主要方法有信息论方法、集合论方法、神经网络方法、遗传算法、公式发现和可视化技术。

5.5.1 信息论方法

信息论主要用来构建分类中的决策树。其原理是利用信息论中的相互信息寻找数据库中具有最大信息量的属性字段，建立决策树的一个结点，再根据该属性字段的不同取值建立决策树的分支，每个分支子集同样利用最大信息量建立其下层子结点。

5.5.2 集合论方法

集合论方法是开展较早的方法。近年来，由于粗糙集理论的出现，使得集合论方法得到了迅速的发展。

粗糙集理论是一种研究不精确、不确定性知识的数据工具，由波兰科学家 Z.Pawlak 在 1982 年提出。粗糙集的知识形成思想是：一种类别对应于一个概念(类别一般表示为外延即集合，而概念常以规则描述这样的蕴涵形式表示)，知识由概念组成。如果某知识中含有不精确概念，则知识不精确。粗糙集对不精确概念的描述方法是通过下近似和上近似概念来表示的。一个概念(集合)的下近似概念(集合)中的元素肯定属于该概念，而一个概念的上近似概念只是可能属于该概念。

粗糙集在 KDD 中有广泛的用途。特别是在数据预处理的知识约简过程中，用粗糙集可以去掉冗余属性，从而提高系统的效率。

5.5.3 神经网络方法

神经是大脑的重要组成部分，对生物体感知外部世界起着重要的作用。神经网络是由无数个相互关联的神经元组成，每个神经元由树突、细胞体、轴突和突触等部分组成。树突负责接收从其他神经元传入的神经冲动，然后由细胞体对传进来的神经冲动信息进行处理，最后由轴突把处理后的信息再传输给其他神经元。这样，信息就可以在庞大的神经网络中快速地进行传播处理。

人类很早就开始研究神经网络了，James 于 1890 年就在《心理学》一书中描述了神经网络的基本原理。美国心理学家 McCulloch 和数学家 Pitts 在 1943 年提出了神经元的数学模型(MP 模型)，1957 年 F.Rasenblatt 提出了著名的感知机(Perception)模型，1986 年美国加州理工学院生物物理学家 Hopfield 提出了 Hopfield 网络模型，首次引入了能量函数的概念，并成功地求解了 TSP 问题，再一次把人工神经网络推向高潮。

人工神经网络的特点和优越性主要表现在 3 个方面：第一，具有自学习功能；第二，具有联想存储功能；第三，具有高速寻找优化解的能力。目前，人工神经网络已被广泛应用在很多领域中，特别是金融市场普遍采用神经网络建立信用卡和货币交易的欺诈模型。

神经网络方法的最大优点是能精确地对复杂的问题进行预测，但是该方法也有一些缺点。第一，神经网络虽然在预测方面有广泛应用，但却难于理解。第二，神经网络容易受过度训练带来的影响。如果对具有很强学习功能的神经网络用支持这种功能的少量的数据进行训练，开始时正如人们希望的那样，网络学习的是数据中的一般趋势，但此后网络却不断地学习训练数据中非常具体的特征，这不是人们所希望的了。这样的网络记住了训练数据，但缺乏概括能力。第三，神经网络的训练速度问题。构造神经网络时要求对其训练许多遍，这意味着要获得精确的神经网络，需要花费许多时间。然而，所有的回归技术收敛于某一结果都需要一定的时间。

5.5.4 遗传算法

遗传和变异是生物的基本特征之一。生物在自然界中要生存下去，就要不断地和周围的生存环境做斗争。受自然环境的影响，生物个体会发生变异，根据环境的变化而改变自身的特征。有的变异可以使个体更加适应生存环境，而有的变异则使个体难以适应生存环境。那些无法适应生存环境的个体逐渐消亡，而那些生存能力较强的个体，则以较高的概率生存下来，并有较多的机会产生后代。由于生物的遗传和变异，使优良特性不断地遗传给后代。在漫长的进化过程中，这些优良特性不断地积累，因此，生物就有了很多奇妙的特征。这就是“物竞天择，适者生存”。

1975 年美国科学家 Holland 教授根据生物进化理论和遗传变异理论提出了一种基于种群并行搜索优化算法——遗传算法(Genetic Algorithm，GA)。遗传算法是一种基于空间搜索的算法，其基本思想是通过自然选择、遗传、变异等操作以及达尔文适者生存的理论，通过优胜劣汰的竞争选择，模拟自然进化过程，使种群不断向前进化，最终收敛到优化解。

遗传算法首先在解空间中取一群点，作为遗传开始的初始种群。每个点(染色体)用一个二进制数字串表示，其优劣程度用适应度函数(Fitness Function)来度量。

遗传算法的工作原理如图 5.5 所示，其主要步骤如下。

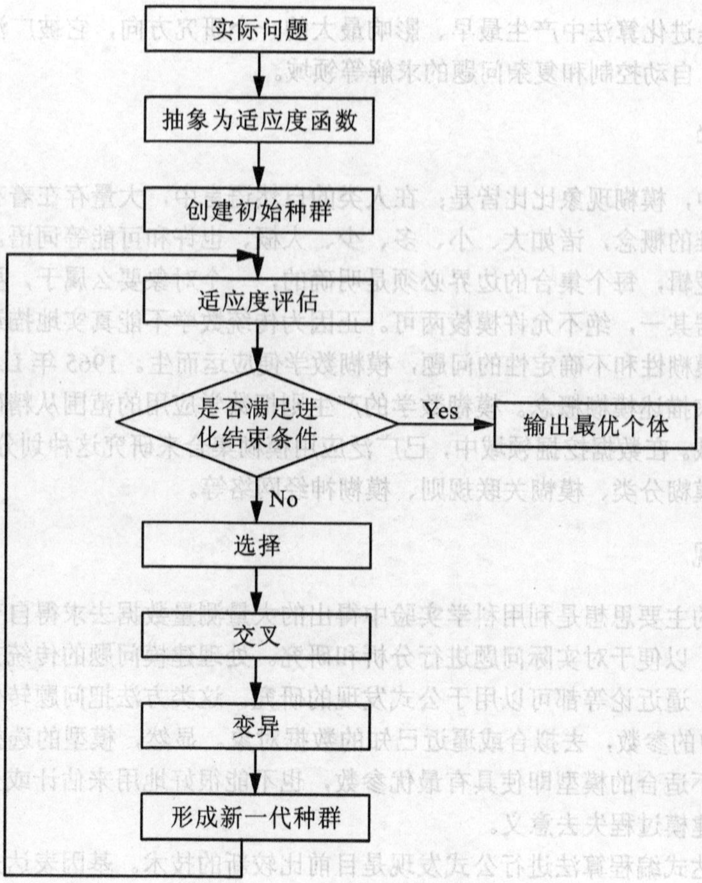

图 5.5 遗传算法的工作原理

随机产生一个由确定长度的特征字符串组成的初始群体，对该字符串群体反复执行下面的(a)和(b)，直到满足停止条件。

(a) 计算群体中每个个体的适应度值。

(b) 应用选择、交叉和变异等遗传算子产生下一代种群。

把迭代终止后适应度最高的个体作为遗传算法的执行结果，这个结果就表示问题的一个优化解。

遗传算法具有以下特点。

(1) 遗传算法直接处理的对象是参数集合的编码而非参数本身，搜索过程不受优化函数连续性的约束。

(2) 遗传算法的搜索是从一定规模的 n 个个体开始而非从单个个体开始，具有很高的并行性，因此具有较高的搜索效率。

(3) 遗传算法是利用目标函数的适应度这一信息来指导搜索的，而不是利用导数或其他辅助信息，对函数的性能没有要求。因此，针对某一特定问题的遗传算法稍加修改就可用于其他问题，所以遗传算法具有较好的普适性和扩展性。

(4) 遗传算法利用选择、交叉、变异等算子而不是利用确定性规则进行随机操作，运行方式和实现步骤比较规范，因此具有易操作性。

遗传算法是进化算法中产生最早、影响最大的一个研究方向，它被广泛应用于参数优化、作业调度、自动控制和复杂问题的求解等领域。

5.5.5 模糊数学

在自然界中，模糊现象比比皆是；在人类的自然语言中，大量存在着有丰富的内涵而无绝对度量标准的概念，诸如大、小、多、少、大概、也许和可能等词语。传统数学的集合论对应一值逻辑，每个集合的边界必须是明确的，一个对象要么属于，要么不属于给定集合，两者必居其一，绝不允许模棱两可。正因为传统数学不能真实地描述和处理这种没有明确边界的模糊性和不确定性的问题，模糊数学便应运而生。1965 年 L.A.Zadeh 教授提出用隶属函数来描述模糊概念。模糊数学的产生则把数学应用的范围从精确现象扩大到了模糊现象的领域。在数据挖掘领域中，已广泛应用模糊集合来研究这种划分上的不确定性，如模糊聚类、模糊分类、模糊关联规则、模糊神经网络等。

5.5.6 公式发现

公式发现的主要思想是利用科学实验中得出的大量测量数据去求得自变量与因变量的一个近似公式，以便于对实际问题进行分析和研究。处理建模问题的传统方法，如数据拟合、回归分析、逼近论等都可以用于公式发现的研究。这类方法把问题转化为确定某一给定函数(模型)中的参数，去拟合或逼近已知的数据对象。显然，模型的选择对这类方法是至关重要的。不适合的模型即使具有最优参数，也不能很好地用来估计或外推系统的状态行为，从而使建模过程失去意义。

用基因表达式编程算法进行公式发现是目前比较新的技术。基因表达式编程算法是在传统遗传算法的基础上发展起来的新型进化计算技术，使用该技术克服了需要事先建模的缺点，它可以发现较为复杂的公式，其速度和精度都远高于传统公式发现技术。

5.5.7 可视化技术

可视化技术是现代计算机软件中普遍使用的技术，它可以把一个复杂的描述用直观的图形化方式展现给用户，加深用户对事物本质的理解。数据挖掘中的可视化分为两类，一类是挖掘结果的可视化；另一类是数据挖掘过程的可视化。

挖掘结果的可视化是通过创建二维或三维图表来描述业务数据的，便于用户理解业务数据。例如，用多维数据结构类型图和多维表格显示多维数据，利用直方图、柱形图、饼图、折线图、雷达图、散点图等形象地表示数据之间的对比与变化关系。

数据挖掘过程的可视化是创建可视化的数据挖掘模型，利用这些模型发现业务数据集中存在的模式，从而便于进行人机交互，可以辅助决策支持及预测新的商机。

5.5.8 知识表示

从数据中挖掘出的知识表示形式常用的主要有 6 种：规则、决策树、知识基、神经网络权值、公式和案例。

1. 规则知识

规则知识由前件和后件两部分组成，前件也称为前提、条件；后件也称为结论。关联规则是形如 $A \Rightarrow B$ 的蕴涵式，其中，$A \cap B = \varnothing$。规则 $A \Rightarrow B$ 在事物集合中成立，具有支持度 s，即概率 $P(A \cup B)$；具有置信度 c，即条件概率 $P(B|A)$。形如：

$$\text{age}(X,\text{"30}\cdots\text{39"}) \wedge \text{income}(X,\text{"42K}\cdots\text{48K"}) \Rightarrow \text{buys}(X,\text{"high\_resolution\_TV"})$$

[*supp*=2%，*conf*=60%]

上述规则表示，年龄介于 30 到 39 岁且收入在 42K～48K 的顾客，则购买高清电视机。在整个事物集合中，该规则成立的支持度为 2%，也就是说年龄介于 30～39 岁且收入在 42K～48K 购买高清电视的顾客在所有顾客中占 2%；置信度为 60%，也就是说在年龄介于 30 到 39 岁且收入在 42K～48K 的顾客有 60%的都购买高清电视。

2. 决策树知识

数据挖掘的信息论方法所获得的知识一般表示为决策树的形式。在由 ID3 算法构造的决策树中，将信息量最大的属性作为树的根结点，其各个取值为该结点的分支，根据取值把该结点所代表的数据集合中的元素分入各个分支。重复建树过程，最后得到相同类别的子集作为树的叶结点。

如图 5.6 所示是对顾客是否购买计算机进行构造的决策树。

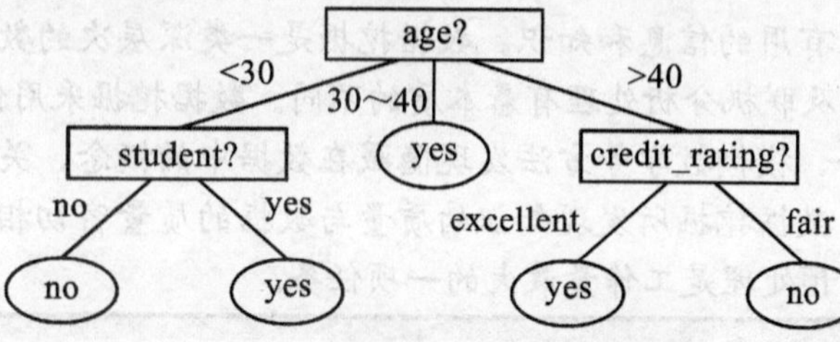

图 5.6　是否购买计算机的决策树

3. 知识基

在知识发现的数据准备过程中，数据转换中的属性约简是找出可以省略的属性。在删除不必要的属性后，对数据库中出现相同的元组(记录)进行合并。这样，通过属性约简可以压缩数据库的属性和相应的元组，最后得到的压缩数据称为知识基，它是原数据库中的精华，很容易被转换成规则知识。

4. 神经网络权值

神经网络方法经过对训练样本的学习后，所得到的知识是网络连接权值和结点的阈值，一般表示为矩阵和向量的形式。

5. 公式

科学和工程数据库中一般存放的是大量的实验数据，它们蕴涵着一定的规律性，通过公式发现算法，可以找出各属性变量间的相互关系，并用公式表示出来。

6. 案例

案例是人们经历过的一次完整的事件。当人们解决一个新问题时，总是先回顾自己以前处理过的类似事件(案例)。利用以前案例中解决问题的方法或者处理的结果作为参考并进行适当的修改，以解决当前的新问题。利用这种思想建立起基于案例的推理。基于案例推理的基础是案例库，在案例库中存放着大量的成功或失败的案例。利用相似检索技术，对新问题到案例中搜索相似案例，再经过对旧案例的修改来解决新问题。

由此可见，案例是解决新问题的一种知识。案例知识一般表示为以下的三元组。

(1) 问题描述：待求解问题及周围世界或环境的所有特征的描述。

(2) 解描述：对问题求解方案的描述。

(3) 效果描述：描述解决方案后的结果情况，是失败还是成功。

本章小结

数据挖掘是一种解决“数据爆炸但知识贫乏”困境的技术，旨在从大量的、不完全的、有噪声的、模糊的、随机的实际应用数据中提取出隐含在其中的、人们事先不知道的、但又是潜在有用的信息和知识。数据挖掘是一类深层次的数据分析方法，它与传统的数据分析以及联机分析处理有着本质的不同。数据挖掘采用信息论、集合论、神经网络、遗传算法、模糊数学等方法发现隐藏在数据中的概念、关联、分类预测和偏差等类型的知识。数据挖掘所发现知识的质量与数据的质量密切相关，在数据挖掘过程中，原始数据的预处理是工作量最大的一项任务。

关键术语

数据挖掘：Data Mining
知识发现：Knowledge Discovery in Database
数据清理：Data Cleaning
数据变换：Data Transformation
数据归约：Data Reduction
微软数据转换服务：Microsoft Data Transformaton Serverics
联机分析处理：OnLine Analysis Processing

阅读材料

数据挖掘应用举例

数据挖掘技术从一开始就是面向应用的。目前，在很多领域中，数据挖掘都是一个很时髦的词，尤其是在银行、电信、保险、交通、零售(如超级市场)等商业领域。数据挖掘所能解决的典型商业问题包括：

数据库营销、客户群体划分、背景分析、交叉销售等市场分析行为，以及客户流失性分析、客户信用记分、欺诈发现等。

1. 数据挖掘在市场营销中的应用

数据挖掘技术在企业市场营销中得到了比较广泛的应用，它是以市场营销学的市场细分原理为基础，其基本假定是“消费者过去的行为是其今后消费倾向的最好说明”。

通过收集、加工和处理涉及消费者消费行为的大量信息，确定特定消费群体或个体的兴趣、消费习惯、消费倾向和消费需求，进而推断出相应消费群体或个体下一步的消费行为，然后以此为基础，对所识别出来的消费群体进行特定内容的定向营销。这与传统的不区分消费者对象特征的大规模营销手段相比，大大节省了营销成本，提高了营销效果，从而为企业带来更多的利润。

商业消费信息来自市场中的各种渠道。例如，当用信用卡进行消费时，商业企业就可以在信用卡结算过程中收集商业消费信息，记录进行消费的时间、地点、感兴趣的商品或服务、愿意接受的价格水平和支付能力等数据；当在申办信用卡、办理汽车驾驶执照、填写商品保修单等其他需要填写表格的场合时，用户的个人信息就存入了相应的业务数据库中；企业除了自行收集相关业务的信息之外，还可以从其他公司或机构购买此类信息为自己所用。

这些来自各种渠道的数据信息被组合，应用超级计算机、并行处理、神经元网络、模型化算法和其他信息处理技术手段进行处理，从中得到商家用于向特定消费群体或个体进行定向营销的决策信息。这种数据信息是如何应用的呢？举一个简单的例子，当银行通过对业务数据进行挖掘后，发现一个银行账户持有者突然要求申请双人联合账户时，并且确认该消费者是第一次申请联合账户，银行会推断该用户可能要结婚了，它就会向该用户定向推销用于购买房屋、支付子女学费等长期投资业务，银行甚至可能将该信息卖给专营婚庆商品和服务的公司。

2. 数据挖掘构筑竞争优势

在市场经济比较发达的国家和地区，许多公司都开始在原有信息系统的基础上通过数据挖掘对业务信息进行深加工，以构筑自己的竞争优势，扩大自己的营业额。美国运通公司(American Express)有一个用于记录信用卡业务的数据库，数据量达到54亿字符，并仍在随着业务的进展不断更新。运通公司通过对这些数据进行挖掘，制定了“关联结算(Relationship Billing)优惠”的促销策略，即如果一个顾客在一个商店用运通卡购买一套时装，那么在同一个商店再买一双鞋，就可以得到比较大的折扣，这样既可以增加商店的销售量，也可以增加运通卡在该商店的使用率。再如，居住在伦敦的持卡消费者如果最近刚刚乘英国航空公司的航班去过巴黎，那么他可能会得到一个周末前往纽约的机票打折优惠卡。

基于数据挖掘的营销常常可以向消费者发出与其以前的消费行为相关的推销材料。卡夫(Kraft)食品公司建立了一个拥有3 000万客户资料的数据库，该数据库是通过收集对公司发出的优惠券等其他促销手段做出积极反应的客户和销售记录而建立起来的。卡夫公司通过数据挖掘了解特定客户的兴趣和口味，并以此为基础向他们发送特定产品的优惠券，并为他们推荐符合客户口味和健康状况的卡夫产品食谱。美国的读者文摘(Reader’s Digest)出版公司运行着一个积累了40年的业务数据库，其中容纳有遍布全球的一亿多个客户的资料，数据库每天24小时连续运行，保证数据不断地得到实时的更新，正是基于对客户资料数据库进行数据挖掘的优势，使读者文摘出版公司能够从通俗杂志扩展到专业杂志、书刊和声像制品的出版和发行业务，极大地扩展了自己的业务。

基于数据挖掘的营销对我国当前的市场竞争也具有启发意义，经常可以看到繁华商业街上一些厂商对来往行人不分对象地散发大量商品宣传广告，其结果是不需要的人随手丢弃资料，而需要的人并不一定能够得到。如果搞家电维修服务的公司向在商店中刚刚购买家电的消费者邮寄维修服务广告，卖特效药品的厂商向医院特定门诊就医的病人邮寄广告，肯定会比漫无目的的营销效果要好得多。

3. 数据挖掘在竞技运动中的应用

美国著名的国家篮球队NBA的教练，利用IBM公司提供的数据挖掘工具临场决定替换队员。NBA

的教练如何带领球队取得胜利呢？当然，人们最容易想到的是全场紧逼、交叉扯动和快速抢断等具体的战术和技术。但是今天，NBA 的教练又有了他们的新式武器：数据挖掘。大约 20 个 NBA 球队使用了 IBM 公司开发的数据挖掘应用软件 Advanced Scout 系统来优化他们的战术组合。例如，因为使用 Scout 软件研究了魔术队队员不同的布阵安排，使之在与迈阿密热队的比赛中找到了获胜的机会。

系统分析显示，魔术队先发阵容中的两个后卫安佛尼·哈德卫(Anfernee Hardaway)和伯兰·绍(Brian Shaw)在前两场中被评为负 17 分，这意味着他俩在场上，本队输掉的分数比得到的分数多 17 分。然而，当哈德卫与替补后卫达利尔·阿姆斯创(Darrell Armstrong)组合时，魔术队得分为正 14 分。

在下一场中，魔术队增加了阿姆斯创的上场时间。此招果然见效：阿姆斯创得了 21 分，哈德卫得了 42 分，魔术队以 88 比 79 获胜。魔术队在第四场让阿姆斯创进入先发阵容，再一次打败了热队。在第五场比赛中，这个靠数据挖掘支持的阵容没能拖住热队，但 Advanced Scout 毕竟帮助魔术队赢得了打满 5 场，直到最后才决出胜负的机会。

Advanced Scout 是一个数据分析工具，教练可以用便携式计算机在家里或在路上挖掘存储在 NBA 中心服务器上的数据。每一场比赛的事件都被统计分类，按得分、助攻、失误等进行划分。时间标记让教练非常容易地通过搜索 NBA 比赛的录像来理解统计发现的含义。例如，教练通过 Advanced Scout 发现本队的球员在与对方一个球星对抗时有犯规记录，他可以在对方球星与这个队员“头碰头”的瞬间分解双方接触的动作，进而设计出合理的防守策略。

Advanced Scout 的开发人因德帕尔·布罕德瑞，在开发该应用时他正在 IBM 的 Thomas J.Watson 研究中心当研究员，他演示了一个技术新手应该如何使用数据挖掘。布罕德瑞说：“教练们可以完全没有统计学的培训，但他们可以利用数据挖掘制定策略”。与此同时，另一个正式的体育联盟——国家曲棍球联盟正在开发自己的数据挖掘应用 NHL－ICE，该联盟与 IBM 建立了一个技术型的合资公司，推出一个电子实时的比赛计分和统计系统。在原理上是一个与 Advanced Scout 相似的数据挖掘应用，可以让教练、广播员、新闻记者及球迷挖掘 NHL 的统计。当他们访问 NHL 的 Web 站点时，球迷能够使用该系统循环地观看联盟的比赛，同时，广播员和新闻记者可以挖掘统计数据，找出花边新闻为他们的实况评述进行润色。

当然，所有的系统都有其局限性。所以不要期望这样的数据挖掘可以帮助一支球队找到赢得足球世界杯的策略。

4. 数据挖掘技术在商业银行中的应用

数据挖掘技术在美国银行金融领域应用广泛。金融事务需要收集和处理大量数据，对这些数据进行分析，发现其数据模式及特征，然后可能发现某个客户、消费群体或组织的金融和商业兴趣，并可观察金融市场的变化趋势。商业银行业务的利润和风险是共存的。为了保证最大的利润和最小的风险，必须对账户进行科学的分析和归类，并进行信用评估。Mellon 银行使用 Intelligent Agent 数据挖掘软件提高销售和定价金融产品的精确度，如家庭普通贷款。零售信贷客户主要有两类，一类是很少使用信贷限额(低循环者)，另一类是能够保持较高的未清余额(高循环者)。每一类都代表着销售的挑战。低循环者代表默认和支出注销费用的危险性较低，但会带来极少的净收入或负收入，因为他们的服务费用几乎与高循环者的相同。银行常常为他们提供项目，鼓励他们更多地使用信贷限额或找到交叉销售高利润产品的机会。高循环者由高和中等危险分段构成。高危险分段具有支付默认和注销费用的潜力。对于中等危险分段，销售项目的重点是留住可获利的客户并争取能带来相同利润的新客户。但根据新观点，客户的行为会随着时间而发生变化。分析客户整个生命周期的费用和收入就可以看出谁是最具创利潜能的。Mellon 银行认为，“根据市场的某一部分进行定制”能够发现最终客户并将市场定位于这些客户。但是，要这么做就必须了解关于最终客户特点的信息。数据挖掘工具为 Mellon 银行提供了获取此类信息的途径。Mellon 银行销售部在先期数据挖掘的项目上使用 Intelligence Agent 寻找信息，其主要目的是确定现有 Mellon 客户购买特定的附加产品：家庭普通信贷限额的倾向，利用该工具可生成用于检测的模型。据银行官员称：Intelligence Agent 可帮助客户增强其商业智能，如交往、分类或回归分析，依赖这些能力，可对那些有较高倾向购买银行产品、服务产品和服务的客户进行有目的的推销。该官员认为，该软件可反馈用于分析和决策的高质量信息，然后将信息输入产品的算法。Intelligence Agent 还有可定制能力。

美国 Firstar 银行使用 Marksman 数据挖掘工具，根据客户的消费模式预测何时为客户提供何种产品。Firstar 银行市场调查和数据库营销部经理发现：公共数据库中存储着关于每位消费者的大量信息，关键是要透彻分析消费者投入到新产品中的原因，在数据库中找到一种模式，从而能够为每种新产品找到最合适的消费者。Marksman 能读取 800～1 000 个变量，并且给它们赋值，根据消费者是否有家庭财产贷款、赊账卡、存款证或其他储蓄、投资产品，将它们分成若干组，然后使用数据挖掘工具预测何时向每位消费者提供哪种产品。预测准客户的需求是美国商业银行的竞争优势。

思考与练习

1. 简述数据挖掘的过程。
2. 数据挖掘技术是如何进行分类的？
3. 在数据挖掘过程中，为什么要进行数据预处理？
4. 数据清理的任务是什么？
5. 什么是数据归约？
6. 主要有哪些数据预处理技术？
7. 挖掘出的知识一般有哪些类型？
8. 什么是偏差知识？
9. 聚类与分类有什么不同？
10. 简述遗传算法的思想和过程。

案例研究

数据挖掘技术的商业价值及其在金融行业中的应用

数据挖掘是一种新的商业信息处理技术，其主要的特点是对商业数据库中的大量业务数据进行抽取、转换、分析和其他模型化处理，从中提取出辅助商业决策的关键性数据。数据挖掘与传统的数据分析，如查询、报表、OLAP、统计分析等数据分析技术的本质区别在于，数据挖掘是在明确假设的前提下去挖掘信息、发现知识。

作为一门应用技术，数据挖掘可谓涵盖广泛，尤其在发达国家，数据挖掘技术的触角已经伸向了各行各业，特别是在银行业。典型的例子就是信用卡，用数据挖掘技术来分析银行客户的信用等级和资产发展的趋势，用以规避银行风险。现在，由于各行业业务信息化的实现，在商业领域中产生了大量的业务数据，这些数据或是为了分析的目的而收集，或是通过纯粹的商业运作而自然产生。分析这些数据不再是单纯为了研究的需要，更主要的是为商业决策提供真正有价值的支持信息。目前，所有企业面临的一个共同问题是：企业的数据量非常大，而其中真正有价值的信息却很少。因此，就要求通过数据挖掘技术的使用，对大量的数据进行深层分析，获得有利于商业决策的信息。

1. 客户概况：对症下药，提高客户的潜在价值

美国北达科他州第一国民银行发现，10%的客户提供了银行几乎所有的利润。旧金山的美国银行也发

现，一小部分客户，大约在20%左右，他们决定了银行的盈利情况。美国银行收集了其高端客户的资料进行研究，以决定提供的服务。在数据挖掘中，客户概况的意义就在于，帮助企业识别出最具价值的客户群，对症下药，对不同客户施以不同的管理方式。客户概况也是客户关系管理中的核心部分。

企业客户大体可分为机构客户和零售客户。中国传统的金融业务侧重对机构客户的关系维护与拓展上，缺乏对零售客户的管理，而在发达国家和地区的金融企业中，零售客户业务的比重通常都在50%以上。由于零售业务涉及居民的生活、消费、投资等方面，与证券、保险、基金等多个金融市场有着非常强的交叉性、连带性，因此业务创新的空间广阔。正如国务院发展研究中心金融研究所副所长巴曙松所说，2006年底中国入世5年保护期满，主流外资银行将正式在中国展开与国内商业银行的激战，而竞争的焦点将是人民币零售业务。

数据挖掘技术正是在管理零售客户这一领域具有强大的技术优势。例如，中国工商银行正在同中国科学院虚拟经济与数据科学研究中心开展合作，应用该中心所独有的数据挖掘技术方法与模型对其客户群进行科学分类，对个人客户群行为特征以及个人客户贡献度分布规律数据进行深度挖掘、分析和提炼，发现蕴藏在复杂数据中的反映客户风险特征和客户忠诚度的知识和规律，以便为中国工商银行的个人客户分类、风险管理、市场营销等提供科学的依据。

CRM应用相应的技术来监控客户服务，通过数据挖掘技术可以有效地增强这一功能，了解每一个客户对公司的价值，使得决策者可以更合理地决定为保留某个客户支付更多的费用是否值得。银行业中的数据挖掘有很多机会。Deloitte咨询发现只有31%的银行曾经确定它们现有的费用分配是反映了客户需求的。Kathleen Khirallah，The Tower集团的分析师，预测美国银行界在CRM系统上的支出将以每年11%的速度增长。

而在中国的金融领域，CRM及其相应技术的应用水平相比于西方成熟的金融市场还有很大的成长空间。以信用卡客户为例，自20世纪90年代前期开始，中国境内个人信用卡业务以井喷的态势发展(见图5.7)。然而截至今日，实现信用卡业务盈利的国内商业银行寥寥无几，根本原因在于银行对持卡客户并不了解，缺乏量体裁衣式的客户管理。实践证明，信用卡行业利润是相当丰厚的，它吸引了很多境外银行进行发卡，并且很多持卡人都拥有4～5张信用卡。大通曼哈顿银行分析部副总裁Michael Eichorst声称，发卡行如果想提高利润率，除了将数据库营销作为自己的核心竞争力之外，别无他法。

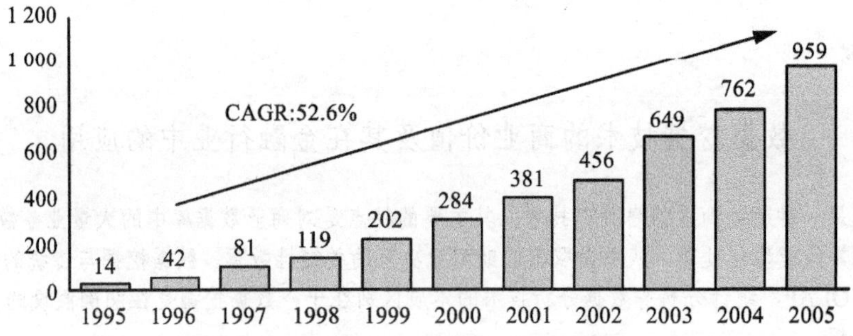

图5.7 中国境内个人信用卡业务发展

渣打银行是国际零售银行业的领头羊之一，其信用卡业务的成功秘诀在于：把客户数据提炼成客户知识，利用数据挖掘技术成功进行CRM，使客户使用该行信用卡的时间延长、次数增加，关联销售业绩上升，从而使利润率整体提高。如何做到这一点呢？首先，渣打银行利用已有的数据库，按照客户特征(包括购买行为、主要服务需求、人口学特征、产品使用情况、客户关系、价格敏感度等考核项目)对客户进行分类(Customer Segmentation)。针对不同的客户类型(例如大客户类型，潜在价值高，但是忠诚度很难保持)设计出量体裁衣的产品组合、沟通方式以及客户服务，从而达到提高客户忠诚度、实现关联销售、最优化定价、产品直销、产品再设计以及渠道管理的目的。而这些目标的实现致使客户管理总体成本降低，客户关系得以改善，最终成功地实现了零售业务利润率的提高。

2. 评分技术：给客户直观量化的分数

银行界广泛使用的另一种数据挖掘工具就是评分技术。这些评分包括风险评分、行为评分、收益率评分、征信局评分、行业评分以及客户评分等。评分技术将顾客的海量信息数据以某种权重加以衡量，针对各种目标给出量化评分。

以征信局评分为例，要达到建立征信局评分的目标，首先要建立起集中的数据仓库，其中涵盖了申请人的各种特征，银行提供的所有产品，包括存款、贷款、信用卡、保险、年金、退休计划、证券承销以及银行提供的其他产品，甚至包括水电煤气、电话费、租金的缴纳情况等。

信用评分通过由数据挖掘模型确定的权重来给每个申请的各个指标打分，加总得到该申请人的信用评分情况。银行根据信用评分来决定是否接受申请，同时也通过信用评分来确定信用额度。过去，信用评分的工作是由银行的信贷员完成的，他们只考虑几个经过测试的变量，比如就业情况、收入、年龄、资产、负债和贷款历史。专业的征信机构应用数据挖掘的方法则能够增加更多的变量，同时可以提高模型的精度。

为推动征信业的发展，中国人民银行于 1998 年开始筹建银行信贷登记咨询系统，通过政府投资建立数据库，先后将全国 1 000 多万企业和 5.6 亿自然人的银行贷款信息纳入其中，并于 2005 年实现全国联网运行，满足银行监管和商业银行贷款查询的需要。

目前，中国人民银行正在联手中国科学院虚拟经济与数据挖掘研究中心对该征信系统进行升级：在个人征信数据库的基础上，以足够大的样本量，运用具有独创性知识产权且国际领先的数据挖掘方法和手段，建立一个能适合于中国现状并且具有实际运用价值的个人评分模型。

这个评分模型将运用 500 多个衍生变量对数据库内的个体进行评分，预测该个体未来的风险系数。分数越高，坏账风险越低，分数越低，坏账风险越高。这一评分系统将帮助信贷员快速准确地做出放贷决定，同时也可以保证银行系统内部放贷标准的统一。这一评分系统具有涵盖面广、使用成本低、建设速度快等特点，它与各银行已有的客户评分相辅相成，为商业银行实现更完善的风险控制，并为客户管理奠定坚实的基础。

3. 购物篮分析：关联营销的有力工具

购物篮分析的意义在于确定并预测消费者的商品购买行为，这些信息有助于进行产品定位和关联销售。购物篮分析主要调查顾客倾向于如何购买产品，一般是怎样的产品组合。这包括同时购买的商品，如牛奶和饼干，或者面包、黄油和果酱，当然也包括序列关系的购买，如购买房子后接着买家具，或买车一年或二年后买新轮胎。顾客的购买趋势信息以及购买时间信息对于零售业来说非常有价值。例如，星期一晚上足球赛一般可以刺激星期一下午的销售，所以商家应该保证有充足的啤酒和土豆片存放在货架上。ACNielsen－US 主席史蒂夫斯密特描述了购物篮分析的一些好处：“购物篮分析在宣传和推销战略的有效选择方面是非常重要的，它能揭示消费者的隐含消费模式，识别促销产品的有利机会。”数据挖掘分析过程不仅包括识别这些关联，还包括寻找这些关联的原因，以及提出增加总利润的方法。

购物篮技术已经被广泛应用在西方金融行业企业中，它可以成功地预测银行客户需求。一旦获得了这些信息，银行就可以改善自身的营销。现在，每家银行每天都在开发新的沟通客户的方法。各银行在自己的自动取款机(ATM)上就捆绑了顾客可能感兴趣的本行产品信息，供使用本行 ATM 的用户了解。如果数据库中显示某个高信用限额的客户更换了地址，这个客户很有可能新近购买了一栋更大的住宅，因此会有可能需要更高的信用限额，更高端的新信用卡，或者需要一个住房改善贷款，这些产品都可以通过信用卡账单邮寄给客户。当客户打电话咨询的时候，数据库可以有力地帮助电话销售代表。销售代表的计算机屏幕上可以显示出客户的特点，同时也可以显示出顾客会对什么产品感兴趣。

4. 数据挖掘与保险行业

近年来，我国保险业持续高速增长，尤其是人身保险呈现出井喷态势。尽管近期我国保险业增长强劲，但相对来说仍处于发展初期。2003 年，我国保险深度达到 3.33%，保险密度达到 287.44 元，与同期全球平均保险深度 8.06%、平均保险密度 469.6 美元相比，我国保险市场的深度和密度都处于很低的水平。

数据挖掘技术在西方保险行业中有多年成功的运作实践，可以协助保险业公司解决保险产品的开发、定价、保单审核、欺诈检验、破产预测、客户管理分类等多项复杂业务。

例如，保险公司都会有一个大型数据仓库系统，记录每项交易和索赔细节。分析的目的就是准确地预测索赔的平均成本及频率，并且检测收益率的价格影响。特定的决策是设定保险产品的价格，达到增加市场份额、保持现有的客户以及增加收益率的目的。保险业的成功定价需要预测多少顾客有可能重新更新他们的保单(Policy)，测算他们的风险水平以及他们对价格上涨的敏感度。数据挖掘技术的应用将会协助中国保险企业完成健康、高效和可持续性的发展。

资料来源：石勇，张悦，数据挖掘技术的商业价值及其在金融行业的应用，市场研究，2007/11。

第 6 章 数据预处理

教学目标

通过本章的学习，应认识到在数据挖掘前数据进行适当处理的必要性，并掌握数据预处理常用的方法。

教学要求

知识要点	能力要求	相关知识点
数据预处理的原因	(1) 了解原始数据存在的主要问题 (2) 明白数据预处理的作用和工作任务	(1) 数据的一致性问题 (2) 数据的噪声问题 (3) 原始数据的不完整和高维度问题
数据预处理的方法	(1) 掌握数据清理的主要任务与常用方法 (2) 掌握数据集成的主要内容和常用方法 (3) 掌握数据变换的主要内容和常用方法 (4) 掌握数据归约的主要内容和常用方法	(1) 数据清理 (2) 数据集成 (3) 数据变换 (4) 数据归约

引例

壳牌勘探有限公司数据仓库的商业价值

每个公司都会存在有类似于冗余数据、错误数据、失效数据以及编码错误数据的情况，只是可能存在于 IT 隐蔽处秘而不宣。这虽然不是新问题，但是现在这种数据混乱却在一些知名项目里变得更加突出，如在实施企业资源规划软件或供应链管理软件(SCM)时，一位工作于波士顿 AMR 研究机构的分析师约翰。哈格蒂(John Hagerty)指出：往往当公司把注意力集中在业务流程而非数据的形式和一致性上时，这种问题就出现了。当这种情况发生后，这个公司的 IT 部门就不得不重新从公司的各个数据库中净化、一致化以及集成化数据，然后再存入数据仓库。

壳牌勘探有限公司(Shell Exploration)正在吃这样的苦头。去年初，这家燃料公司希望整合其企业资源，规划财务数据和若干容量系统产生的数据，后者是处理该公司发现并开采了多少天然气和石油的计量信息系统。"每个不同的系统都有自己的一系列编码，"壳牌勘探有限公司位于苏格兰 Aberdeen 的数据仓库项目经理 Steve Mutch 解释说，"如果推翻重来，在这些系统里再重新净化和集成数据并非良策，可能会占用太多的时间，而且花费昂贵。" Mutch 换了一种办法，他找到了 Kalido 公司的一个软件工具。在伦敦用这个工具从各个系统里分析和映射数据，然后把这些数据集成到数据仓库里。在经过了近 7 个月的数据分析和数据映射工作后，27 个数据源被整合在了一个 450GB 的数据仓库中。

Steve Mutch 说，其实合作的策略并不赖，每个子公司也不会因此而失去对自身数据的控制权。现在，他们更加理解了公司作为一个整体进行信息处理的意义。"一旦建立了这种概念，我们就感到了来自高层领导的压力，要求我们从其他一些应用中集成数据，"他说，"他们自己就可以看到现在能从数据仓库中得到什么信息，而且看到它的功能是多么强大。"

【引例讨论】

(1) 为什么每个公司都会存在有类似于冗余数据、错误数据、失效数据以及编码错误数据的情况？

(2) Steve Mutch 用什么方法将不同业务系统中数据整合到数据仓库中去？

(3) 为什么 IT 的发展提升了许多公司数据资源的价值？

资料来源：James A. O' Brien. Introduction to Information System，12th edition，Copyright @2005 by The McGraw Hill Companies, Inc.

数据挖掘是随着数据库技术和人工智能技术的发展而发展起来的一门新兴学科，其处理对象是大量的日常业务数据。原始业务数据是数据挖掘的信息来源，而这些数据通常含有噪声及大量的空缺值和不一致现象，会影响数据挖掘的效率和结果的有用性，甚至产生一些无效归纳。所以，对这些原始数据进行预处理，为数据挖掘过程提供干净、准确、简洁的数据，提高数据挖掘效率和准确性是数据挖掘中非常重要的环节。

6.1 数据预处理的目的及方法

现实世界中的数据库通常有一个共同的特点，即存在大量的不完整的、含噪声的和不一致的数据。因为用于数据挖掘的原始数据源可能是多个数据库或数据仓库，而这些数据源的结构和规则可能是不同的，这将导致原始数据非常杂乱、不可用，即使在同一个数据库中，也可能存在重复的和不完整的数据信息。为了使这些数据能够符合数据挖掘的要求，提高挖掘的效率和得到清晰的结果，必须进行数据的预处理。

6.1.1 原始数据中存在的问题

归纳起来，原始数据主要存在以下几个方面的问题。

(1) 不一致。数据不一致通常有两种情况：一是多源数据之间的不一致；一是数据记录内部自相矛盾。

由于原始数据来源于多个不同的应用系统或数据库，信息庞杂，采集和加工的方法有别，数据描述的格式也各不相同，缺乏统一的分类标准和信息的编码方案，难以实现信息的集成共享，很难直接用于数据挖掘。

数据记录内部的矛盾通常是由录入错误造成的。如地址字段，其中列出了邮政编码和城市，但是特定的邮政编码区域并不包含在该城市中。可能是人工输入该信息时颠倒了两个数字，或许是信息通过手写体扫描时错读了一个数字。

无论导致不一致值的原因是什么，重要的是检测，并且如果可能的话，纠正这种错误。

(2) 重复。同一事物在数据库中存在两条或多条完全相同的记录，或者相同的信息冗余地存在于多个数据源中。

为了检测并删除这种重复，必须处理两个主要问题。首先，如果两个对象实际代表单个对象，则对应的属性值必然不同，必须解决这些不一致的值。其次，需要避免意外地将两个相似但并非重复的数据对象(如两个具有相同姓名的不同的人)组合在一起。术语“去重复(Deduplication)”通常用来表示处理这些问题的过程。

(3) 不完整。在实际应用系统中，由于系统设计的不合理或者是使用过程中的某些因素，导致某些属性值可能会缺失或者值不确定。例如，认为某些属性不重要在数据输入时忽略了，或者没有能够获得确定的值而空缺。

(4) 含噪声。噪声是指一个测量变量中的随机错误或偏离期望的孤立点值。产生噪声的原因很多，有人为的、设备的和技术的等，以及数据输入时的人为错误或计算机错误；网络传输过程中的错误；数据收集设备的故障等。

(5) 维度高。原始数据中通常记录事物较为全面的属性，而在一次数据挖掘中，这些属性并不全是有用的，只需要一部分属性就可以得到希望知道的知识，而且无用属性的增加还会导致无效归纳，把挖掘结果引向错误的结论。

所以，直接把原始数据用于数据挖掘是不实际的，一个完整的数据挖掘系统应该提供数据预处理模块，此模块的功能是为数据挖掘的算法提供完整、干净、准确、更有针对性的数据，以减少算法的计算量，提高挖掘效率和准确程度。

6.1.2 数据预处理的常用方法

数据预处理包含数据清理、数据集成、数据变换和数据归约这几种方法。本节简要介绍各种方法的概念，具体的内容和例子将在下面各节中给出。

(1) 数据清理。现实世界中的数据通常是“脏的”，通过数据清理过程填充空缺值、识别孤立点、去掉原始数据中的噪声和无关数据。

例如，在客户数据中，一般都包括客户的性别属性，如“男”或“女”，但也经常包含诸如“未知”之类的值或者空值(NULL)，这些噪声数据就需要通过数据清理来保证数据质量。

(2) 数据集成。数据集成是将多个数据源中的数据结合起来存放在一个一致的数据存储中。数据集成涉及多个数据源的数据匹配问题、数值冲突问题、数据的冗余问题等。

例如，在客户数据中，一个数据源可能用“千元”表示客户的收入，而另一个数据源可能使用“元”表示同一个属性。当这两个数据库集成时，要统一同类属性的单位。

(3) 数据变换。数据变换是把原始数据转换成为适合数据挖掘的形式，包括对数据的汇总和聚集、概化、规范化，还可能需要进行属性的构造。

(4) 数据归约。数据归约技术用于产生数据的归约表示，使数据的范围减小，但是更适合于数据挖掘算法的需要，并且能够得到和原始数据相同的分析结果。其主要方法包括数据立方体聚集、维归约、数据压缩、数值归约、离散化和概念分层等。

6.2 数据清理

数据挖掘中使用的数据不必是所有的原始数据，特别是当一些属性明显和挖掘目的无关时，使用整个原始数据反而会降低挖掘效率，甚至产生无效的规律，所以，应该从原始数据中选取合适的属性作为数据挖掘的属性。这个选取过程通常是根据行业知识或专家意见进行的，在这个过程中，有以下几个参考原则。

(1) 尽可能赋予属性名和属性值明确的含义。通常，在现实数据库中，有些属性名称和属性值的含义不是很明确，只能够被操作人员记住和理解，而实施数据预处理和数据挖掘的人一般不可能是操作人员。为了能够使属性被这些人理解和使用，在数据预处理的初期，首先要对名称和取值含义模糊的属性进行处理，赋给它们具有明确含义的名称和取值。

例如，用“0”、“1”来表示性别属性的值，其含义就不明确。

(2) 统一多数据源的属性值编码。在一次数据挖掘过程中，可能会涉及多个数据源的多张表，所以要保证在各个数据源中对同一事物特征的描述是统一的。

例如，在多个数据源中描述性别的属性，一个数据源用“男”、“女”作为该属性的值，另一个数据源可能使用“0”、“1”来表示，第三个数据源可能使用 M、F 作为属性值，在多个数据源合并的时候，就需要把这些属性值统一起来。

(3) 去除唯一属性。一般来说，原始数据中的关键属性(也称唯一属性)对数据挖掘是无用的，它们通常用来作为记录的唯一性标识，不形成规则。但是如果需要建立挖掘结果和原始数据之间的直接对应关系的话，通常要保留一个或多个必要的关键属性或唯一属性。

(4) 去除重复属性。有时候，原始数据中会出现意义相同或者可以用于表示同一信息的多个属性，如年龄和出生日期。在一次数据挖掘中，如果只考察某些客户的年龄段和消费特征的关系，这两个属性就是重复的，只要选取一个就可以了。当然，在某次挖掘中可能同时需要这些重复性，如考察客户年龄段和出生月份(或季节)对消费特征的影响，此时这两个属性就表示不同的信息了，应该同时保留。

(5) 去除可忽略字段。当一个属性值缺失非常严重，只有极少数值保存下来的话，该属性已经不能形成任何有用的知识，但是数据挖掘算法反而会认为这些大量的空值形成了有用的知识，所以这样的属性应该去除。

(6) 合理选择关联字段。如属性 X 可以由另一个或多个属性推导或者计算出来，则认为这些字段之间的关联度高。属性 X 和它的关联属性对数据挖掘的作用是相同的，所以只选择其中之一，或者属性 X，或者它的关联属性。

如当职工的月薪和有薪月份固定时，月薪、有薪月份和年薪之间就形成了高度的关联，只要月薪、有薪月份或者年薪就可以了；再如，商品的价格、数量和总价格也形成高度的关联关系。

经过以上处理之后，还需要对已经选择的属性进行进一步处理，去掉数据中的噪声、填充空值、丢失值和处理不一致数据，这就是数据清理的主要内容。数据清理是数据预处理的第一个步骤，因为原始数据的属性值中包含很多不符合数据挖掘要求或者破坏知识发现的数据，必须通过数据清理来提供干净的数据。下面介绍常用的数据清理方法。

6.2.1 处理空缺值

如果一些有用的属性由于某种原因没有记录值，那么必须在数据清理中对这些空缺值进行处理，处理的方法有下面几种。

(1) 忽略该记录。当一个记录中有多个属性值空缺、特别是关键信息丢失时，即使是采用某种方法把所有缺失的属性值填充好，该记录也已经不能反映真实的情况。对于数据挖掘算法来说，这样的数据性质是很差的，应该忽略该记录。

(2) 去掉属性。如果所有记录中的某一个属性值缺失严重，可以认为该属性对于知识发现来说已经没有意义。此时，一个有效的清理方法就是把该属性排除在挖掘数据集之外。

(3) 手工填写空缺值。以某些背景资料为依据，手工填写空缺值，这种方法耗费的人力很大，而且速度也很慢，不能用来处理较大的和值缺失较多的数据集。

(4) 使用默认值。对于离散值属性，用一个常数取代空缺值，表示这个属性值是未知的，如 unknow。这种方法的优点是简单、易实现。但是如果对于空缺较多的属性，所有空缺都用这个默认值代替的话，在进行挖掘的时候，挖掘算法很可能认为形成了一个有用的知识，导致挖掘得到无用的规律，所以应尽量少用此方法。

(5) 使用属性平均值。对于连续属性，计算所有记录该属性的平均值，用来填充空缺值。

(6) 使用同类样本平均值。计算同类样本记录的该属性平均值，用来填充空缺值。

(7) 预测最可能的值。此方法是一种最常用的方法，它从现有数据的多个信息推测空缺值。根据其他完整的记录数据，使用一定的预测方法，得到最可能的预测值。

一些数据挖掘算法在处理空缺值方面的能力比较强，如决策树算法、关联规则算法等，能够快速地产生较为准确的知识模型，而其他算法则可能花费较长的时间，并且产生的模型的精确性差一些。另外，由于数据库管理系统之间存在一些差异，不同的数据库系统对空缺值的处理可能不同。如 Oracle 数据库不区分空值和空字符串，而在有些数据库系统中，对空值和空字符串的处理是不同的。所以，在进行数据预处理时，要考虑挖掘算法和数据库系统的特点，选择合适的预处理方法。

6.2.2 噪声数据的处理

在测量一个变量时可能产生一些误差或者错误，使得测量值相对于真实值有一定的偏差，这种偏差称为噪声。去除这些噪声，使数据接近真实值的技术称为数据平滑处理。

平滑即去除噪声，还可以将连续的数据离散化，增加粒度。如采用分箱或聚类方法时，实际上是把一个区域内的值用同一个数值表示，在一定的误差允许条件下减少了属性的取值个数，以达到去掉噪声的目的，同时可以减少挖掘算法的工作量。数据平滑的方法包括分箱、聚类、回归等，

1. 分箱

分箱方法是一种简单常用的预处理方法，通过考察相邻的数据来确定最终值。把待处理的数据(某列属性值)按照一定的规则放进一些箱子中，考察每一个箱子中的数据，采用某种方法分别对各个箱子中的数据进行处理。

所谓“箱子”，实际上就是按照属性值划分的子区间。如果一个属性值处于某个子区间范围内，就称把该属性值放进这个子区间代表的“箱子”内。在采用分箱技术时，需要确定的两个主要问题就是：如何分箱以及如何对每个箱子中的数据进行平滑处理。下面首先介绍分箱的方法。注意，分箱之前需要对记录集按目标属性值的大小进行排序。

1) 等深分箱法

等深分箱法也称统一权重法，将数据集按记录数进行分箱，每箱具有相同的记录数，每箱记录数称为箱子的深度，也称箱的权重。这是最简单的一种分箱方法。

例如，在选定的数据集中，客户收入属性 income 排序后的值(人民币/元)为：800、1 000、1 200、1 500、1 500、1 800、2 000、2 300、2 500、2 800、3 000、3 500、4 000、4 500、4 800、5 000。对此记录集应用等深分箱法进行“分箱”，设定权重(箱子深度)为 4，分箱后的结果如下。

箱 1：800 1 000 1 200 1 500；

箱 2：1 500 1 800 2 000 2 300；

箱 3：2 500 2 800 3 000 3 500；

箱 4：4 000 4 500 4 800 5 000。

2) 等宽分箱法

等宽分箱法也称统一区间法，使数据集在整个属性值的区间上平均分布，即每个箱的区间范围是一个常量，称为箱子的宽度。

对上面的例子进行等宽分箱，设定区间范围(箱子宽度)为 1 000 元人民币，分箱后的结果如下。

箱 1：800 1 000 1 200 1 500 1 500 1 800；

箱 2：2 000 2 300 2 500 2 800 3 000；

箱 3：3 500 4 000 4 500；

箱 4：4 800 5 000。

3) 用户自定义区间法

用户可以根据需要自定义区间，当用户明确希望观察某些区间范围内的数据分布时，

使用这种方法可以方便地帮助用户达到目的。

用户自定义：如将客户收入划分为 1 000 元以下、1 000～2 000、2 000～3 000、3 000～4 000 和 4 000 元以上几组，那么，上面例子中的数据分箱后的结果如下。

箱 1：800；

箱 2：1 000 1 200 1 500 1 500 1 800 2 000；

箱 3：2 300 2 500 2 800 3 000；

箱 4：3 500 4 000；

箱 5：4 500 4 800 5 000。

4) 最小熵法

此方法使在各区间分组内的记录具有最小熵。熵是信息理论中数据无序程度的度量标准，提出信息熵的基本目的是找出某种符号系统的信息量和冗余度之间的关系，以便能用最小的成本和消耗来实现最高效率的数据储存、管理和传递。

某个字符(或数值)的信息量的基本计算公式如下。

$$I = -\log_2 p$$

其中，I 表示信息量，p 表示某种字符出现的概率，$\log_2$ 是以 2 为底的对数，用的是二进制。因而，信息量的单位是比特(bit，即二进制的 0 和 1)。数据集的熵用下面的公式进行计算。

$$H=\sum_{i=1}^{\infty} p_i \log_2(1/p_i)$$

数据集的熵越低，说明数据之间的差异越小。最小熵法就是为了使每箱中的数据具有最好的相似性。

给定箱的个数，如果考虑所有可能的分箱情况，最小熵方法得到的箱应该是具有最小熵的分箱。

在实际应用中，要根据所要考察的目的选用合适的分箱方法。

分箱的目的是对各个箱子中的数据进行处理，所以完成分箱之后，就要考虑选择一种方法对数据进行平滑，使得数据尽可能地接近。通常使用 3 种方法进行数据平滑：按平均值平滑、按边界值平滑和按中值平滑。

1) 按平均值平滑

对同一箱值中的数据求平均值，然后用这个平均值代替箱子中的所有数据。如对上面用等宽法分箱后的结果应用此平滑方法，平滑后的结果如下。

箱 1：1 300 1 300 1 300 1 300 1 300 1 300；

箱 2：2 520 2 520 2 520 2 520 2 520；

箱 3：4 000 4 000 4 000；

箱 4：4 900 4 900。

2) 按边界值平滑

对于箱子中的每一个数据，观察它和箱子两个边界值的距离，用距离较小的那个边界值替代该数据。上面的例子用此方法平滑后的结果如下。

箱 1：800 800 800 1 800 1 800 1 800；

箱 2：2 000 2 000 2 000 3 000 3 000；

箱 3：3 500 3 500 4 500；

箱 4：4 800 5 000。

3) 按中值平滑

取箱子的中值，用来代替箱子中的所有数据。中值也称为中数，将一些数据排序之后，如果这些数据是奇数个，中值就是位于最中间位置的那一个；如果是偶数个，中值应该是中间两个数的平均值。上面的例子用此方法平滑后的结果如下。

箱 1：1 350 1 350 1 350 1 350 1 350 1 350；

箱 2：2 500 2 500 2 500 2 500 2 500；

箱 3：4 000 4 000 4 000；

箱 4：4 900 4 900。

2. 聚类

去除噪声数据的第二个方法是使用聚类，聚类是将物理的或抽象对象的集合分组为由类似的对象组成的多个类的过程。聚类的结果是生成一组由数据对象组成的集合，称为簇。同一簇中的所有对象具有相似性，并且一个对象与同簇中任何一个对象之间的相似性一定强于它与其他簇中的任何一个对象之间的相似性。用聚类方法去除噪声，就是要找出那些落在簇之外的值，称为孤立点，这些孤立点被视为噪声。而对同一簇中的对象用相同的特征来标识。

聚类方法不需要任何先验知识，可以直接形成簇并对簇进行描述。关于聚类算法，本书的后续章节将详细讲解。图 6.1 是聚类的一个例子。图中共形成了 3 个聚类，“＋”号用来表示聚类的质心。聚类的质心就是聚类中的平均点。不在任何聚类中的点称为孤立点，就是要去掉的噪声数据。

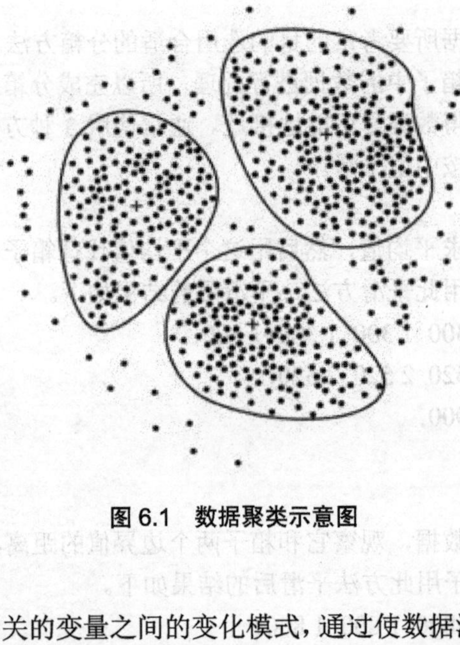

图 6.1　数据聚类示意图

3. 回归

回归试图发现两个相关的变量之间的变化模式，通过使数据满足一个函数来平滑数据，即通过建立数据模型来预测下一个数据，包括线性回归和非线性回归。线性回归又称为简单回归，是最简单的回归形式，用直线建模，将一个变量看作另一个变量的线性函数。如 $Y=aX+b$，其中 Y 称为响应变量，X 称为预测变量，a 和 b 称为回归系数，可用最小二乘法求得，使得实际数据与建模直线之间误差为最小。对于随机的时序数据，可用分段线性逼近的方法划分置信区，使得该区间中的直线模型同实际数据的误差在规定范围内。这样，只要用户制定精度要求，就可以对时序数据进行建模，得到一系列的分段线性模型，它们由回归系数 a、b 及分段时间戳确定。

例如，假设认为挖掘表中的两个属性字段 X 和 Y 之间存在线性关系 $Y=aX+b$，给定 n 组样本数据，可以用数对(X, Y)来表示定两个属性，如(x_1, y_1), (x_2, y_2), …, (x_n, y_n)，回归系数 a 和 b 可以用下面的公式计算得出。

$$b=\frac{\sum_{i=1}^{n}(X_i-\overline{X})(Y_i-\overline{Y})}{\sum_{i=1}^{n}(X_i-\overline{X})^2}$$

$$a=\overline{Y}-b\overline{X}$$

其中，$\overline{X}$ 是 x_1，x_2，…，x_n 的平均值，而 $\overline{Y}$ 是 y_1，y_2，…，y_n 的平均值，求解出回归系数，就可以用属性 X 来预测属性 Y 的值。

多元回归是线性回归的扩展，也称为复回归，有两个或两个以上自变量。当预测涉及多个属性字段时，就应该考虑使用多元回归，如 $Z=aX+bY+c$，回归系数同样也可以使用最小二乘法来求解。

6.3 数据集成

数据挖掘所使用的数据通常来自多个数据存储，所以经常需要把多个数据存储合并起来，这个过程称为数据集成。

由于用于数据挖掘的数据可能来自多个实际应用系统，这些应用系统可能是异构的，还可能存在属性的同名不同义、同义不同名、单位不统一、类型不一致等问题，在数据集成的过程中，需要发现和统一这些矛盾，对原始数据进行重新组织，形成挖掘数据。

在数据集成的过程中，通常需要考虑模式匹配、数据冗余处理和消除数据冲突这几个问题。

6.3.1 模式匹配

通过下面的例子来说明模式匹配问题。

表 6-1 和表 6-2 是两张原始数据表，分别存储客户基本情况和客户交易数据。其中，“客户基本情况”表中包含客户标志(id)、客户收入水平(income)、客户类型(type)等，而“客户交易数据”表中包含客户标志(customer-id)和客户交易细节，如时间(time)、商品名称(goods)、总价格(total-price)等。

表 6-1 “客户基本情况”表

属性名称	数据类型	说明
id	Short int	客户标志
gender	Boolean	性别
birth	Data	出生日期
type	Boolean	是否会员
income	Short int	月收入/元

表 6-2 “客户交易数据”表

属性名称	数据类型	说明
customer-id	Int	客户标志
time	Data	交易日期
goods	String	商品名称
price	Real	商品价格
count	Short int	商品数量
total-price	Real	总价格/元

用户希望发现客户背景和客户购买类型、购买力的关系，针对数据挖掘的需要，在进行数据预处理时，需要把这两张表集成为一个挖掘数据源。

从“说明”列中可以看出，两张表中的数据可以通过“客户标志”关联起来，但是这两张表中的客户标志属性名称不同。所以，在集成时必须通过可靠的手段确定 id 和 customer-id 是同一个信息，通常可以通过和用户讨论的方法来确定，因为用户是数据的使用者，他们应该理解属性的含义。如果数据库可以提供元数据，则元数据应该是确定属性含义的最好依据。

另外，“客户基本情况.id”和“客户交易数据.customer-id”的类型也不相同，必须统一为相同的数据类型，在保证不丢失信息的基础上，应该选择长度较小的数据类型。当数据集很大时，采用较短的数据类型可以节省系统的开销。

模式匹配问题还体现在自动采集数据和人工录入数据的差别上，特别是和时间相关的数据上，自动采集数据的时间戳较密，而人工录入数据的时间戳较稀；事务处理的数据时间是非等间隔的；而数据恢复的时间戳是历史的，这些不同的模式如何匹配必须要有元数据加以说明，才能避免数据集成时带来的模式匹配错误。

6.3.2 数据冗余

冗余是指存在重复的信息，数据冗余的存在使得挖掘程序需要对相同的信息进行重复处理，增加了数据挖掘的复杂性并降低了效率。最明显的数据冗余是挖掘数据中存在两个或多个重复的记录，所以也称这种冗余为重复。

在一次挖掘中，有多个属性同时对挖掘结果产生影响，而对同一个结果有影响的属性之间比较容易产生关联，把可以由其他属性推导出来的属性称为冗余属性。

如上面“客户交易数据”表中的total-price属性，它实际上可以由商品价格和商品数量两个属性计算得到。也就是说，在挖掘中，如果选择这些属性字段是为了使用客户消费金额信息时，total-price属性对挖掘结果的贡献等同于price属性和count属性综合作用的贡献。此时就产生了数据冗余。可以舍弃total-price属性，保留price属性和count属性，或者舍弃price属性和count属性，而保留total-price属性。这是比较明显的数据冗余现象，通常在理解属性含义的基础上稍加观察就可以发现。有时，这种冗余也发生在不同的表之间。

有些数据的冗余比较隐蔽，不容易直观地观察出来。如果希望发现属性之间的关联程度来确定是否发生了冗余现象，可以使用相关分析方法。相关分析方法用来检测一个属性蕴含另一个属性的可能性，这种可能性越大，表明属性之间的蕴含关系越明显，可以去掉其中的一个属性而只保留另一个属性。例如，属性X和Y的相关性可以由下式来度量。

$$\gamma_{x,y}=\frac{\sum_{i=1}^{n}(X_i-\bar{X})(Y_i-\bar{Y})}{(n-1)\sigma_x\sigma_y}$$

其中，n是记录个数，$\bar{X}$和$\bar{Y}$分别是X、Y的平均值，σ_x和σ_y是X和Y的标准差，且

$$\bar{X}=\frac{\sum_{i=1}^{n}X_i}{n}\qquad \bar{Y}=\frac{\sum_{i=1}^{n}Y_i}{n}$$

$$\sigma_x=\sqrt{\frac{\sum_{i=1}^{n}(X_i-\bar{X})^2}{n-1}}\qquad \sigma_y=\sqrt{\frac{\sum_{i=1}^{n}(Y_i-\bar{Y})^2}{n-1}}$$

6.3.3 数据冲突

数据集成中的另一问题是数据冲突问题，即在多个数据源中，表示同一实体的属性值可能不同，这些不同表现在数据值、数据类型、数量单位或编码等方面。例如，对于客户的收入，在一个数据源中可能表示为“元”，而在另一个数据源中可能表示为“千元”。另外，对于客户类型(是否会员客户)，一个数据源可能用布尔型数据表示，而另一个数据源中可能用字符类型表示，即使是用同一种数据类型，由于不同的数据库管理系统对数据类型的处理不同，也可能发生数据冲突。

6.4 数据变换

为了使数据符合算法和挖掘目标的需要，如数据的取值范围、粒度等，还需要对数据进行变换。数据变换涉及多个方面，下面详细介绍数据变换的聚集、数据概化、规范化和属性构造等主要内容。

1. 聚集

聚集(Aggregation)即对数据进行汇总。例如，当分析客户的背景情况对购买能力的影响时，只需要关心客户消费的金额，并不需要了解客户购买了什么商品以及商品的数量、

价格等信息。对于上面给出的“客户交易数据”表，需要汇总客户每次交易的货物总价，进而汇总客户所有交易的总金额。聚集常常用来构造数据立方体。

考虑表 6-3 由事务(数据对象)组成的数据集。该数据集记录一年期间不同日期在各地(明尼阿波利斯、芝加哥、巴黎……)商店的商品日销售情况。对该数据集的事务进行聚集的一种方法，是用一个商店事务替换该商店的所有事务。这把出现在一个商店的数以百计甚至千计的日事务记录归约成单个日事务，而数据对象的个数降低成商店的个数。

表 6-3 包含顾客购买信息的数据集

事务 ID	商　品	商店位置	日　期	价　格	…
…	…	…	…	…	…
101123	Watch	Chicago	09/06/04	$25.99	…
101123	Battery	Chicago	09/06/04	$5.99	…
101124	Shoes	Minneapolis	09/06/04	$75.00	
…	…	…	…	…	

一个显而易见的问题是如何创建聚集事务，即在使用对应于一个特定商店的所有记录创建代表单个商店或日期的聚集事务时，如何合并记录的每个属性。定量属性(如价格)通常通过求和或求平均值进行聚集，定性属性(如商品)可以忽略或汇总成在一个商店销售的所有商品的集合。

表 6-3 中的数据也可以看做是多维数组，其中每个属性是一个维。从这个角度来说，聚集是删除属性(如商品类型)的过程，或者是压缩特定属性不同值个数的过程，如将日期的可能值从 365 天压缩为 12 个月。这种类型的聚集通常用于联机分析处理。

2. 数据概化

通常，从原始数据集得到的数据包含一些低层概念的描述，而在数据挖掘中，有时并不需要细化到这些概念，可以用它的高层概念来替换，并且这些概念的存在会使数据挖掘过程花费更多的时间，增加挖掘的复杂度，所以需要对数据进行概化。

例如，客户的出生日期通常是保存在客户背景数据存储中的，为了了解不同年龄段客户的消费特点，只对客户的出生年代(或者年龄阶段)感兴趣，并不需要知道客户的具体出生日期，所以“出生日期”就可以概化为“出生年代”。

3. 规范化

将数据按比例缩放，使之落入一个特定的区域，如 0.0～1.0，称为规范化。规范化对于基于距离的分类算法(如聚类)和神经网络算法是非常重要的，可以保证输入值在一个相对小的范围内，加快训练的速度；另外，不会发生因为输入值的范围过大而使权重过大的情况。

例如，在应用聚类方法时，数据的度量单位将对聚类的结果产生很大影响，数据的度量单位越小，数值的取值就越大，对聚类产生的影响也越大。而实际上，用户并不关心数据的度量单位。为了避免这种情况的发生，一个办法就是对数据进行规范化(或者称为标准化)，把数据规范化到一个无单位的特定区域中。当采用神经网络算法时，需要事先告知变量的变化范围(如使用某些数据挖掘工具时，将会被要求提供变量范围)，神经网络在这个变化范围内跟踪数据的变化，学习规律。而在预测时，一旦有超出该范围的数据，神经网络就不能准确地跟踪。有时，还会放大数据的范围以增强对比效果。

有许多数据规范化的方法，下面集中讨论常用的方法。

1) 最小—最大规范化

假设数据的取值区间为[*old*_min，*old*_max]，最小—最大规范化即把这个区间映射到新的取值区间[*new*_min，*new*_max]。对于任意一个在原来区间中的变量，在新的区间中都有一个值和它对应，这是一个线性变换过程，变量被映射到新区间的值通过下面的公式计算得出。

$$x' = \frac{x - old\_\mathrm{min}}{old\_\mathrm{max} - old\_\mathrm{min}}(new\_\mathrm{max} - new\_\mathrm{min}) + new\_\mathrm{min}$$

其中，x 是属性的真实值，x' 是规范化后的值。

例如，“客户背景数据”表中的客户月收入 income 属性的实际值范围为[430, 8 000]，要把这个属性值规范到[0，1]，对属性值 3 200 应用上述公式。

$$x' = \frac{3\,200 - 430}{8\,000 - 430} \times (1.0 - 0) + 0$$

$$= 0.365\,918$$

根据精度要求保留小数(假设精度要求 0.0001)，最终取值 0.365 9 就是属性值 3 200 规范化后的值。

应用最小—最大规范化的前提条件是属性的取值范围必须已知，如果取值超出了给定的范围，该方法产生的规范化值将超出约定的区间范围，发生越界错误。

2) 零—均值规范化

零—均值规范化也称为 z-score 规范化，根据属性值的平均值和标准差进行规范化，即

$$x' = \frac{x - \overline{X}}{\sigma_x}$$

其中，$\overline{X}$ 为所有样本属性值的平均值，而 σ_x 为样本的标准差。当属性值范围未知的时候，可以使用此方法进行规范化。

例如，6.2.2 小节中的客户收入数据：800、1 000、1 200、1 500、1 500、1 800、2 000、2 300、2 500、2 800、3 000、3 500、4 000、4 500、4 800、5 000，采用零—均值规范化方法进行规范化。

首先，求样本的平均值：

$$\overline{X} = \frac{\sum_{i=1}^{n} x_i}{n} = 2\,637.5$$

样本的标准差：

$$\sigma_x = \sqrt{\frac{\sum_{i=1}^{n}(x_i - \overline{X})^2}{n-1}} = 1\,333.17$$

如果对属性值 3 000 进行零—均值规范化，可得到：

$$x'=\frac{x-\overline{X}}{\sigma_x}=\frac{3\,000-2\,637.5}{1333.17}=0.2719$$

3) 小数定标规范化

通过移动属性值的小数点位置进行规范化。此方法也需要在属性取值范围已知的条件下使用，小数点移动的位数根据属性的最大绝对值确定，具体计算公式如下。

$$x'=\frac{x}{10^a}$$

其中，a 是使 $\max(|x'|)<1$ 的最小整数。

仍以 6.2.2 小节中的客户收入数据为例，该样本数据值的范围为 800～5 000，最大绝对值为 5 000，为了使得

$$\max\left(\left|\frac{x}{10^a}\right|\right)=\max\left(\left|\frac{5\,000}{10^a}\right|\right)<1$$

成立，a 取 4，规范化后最大值 5 000 的值为 0.5。

4. 属性构造

为了提高数据挖掘的精度或者使数据结构更容易理解，有时候会根据已有的属性构造新的属性添加到挖掘数据集中。例如，在客户背景数据表中，根据客户月收入，构造“收入水平”属性，取值为低、中、高。这种方法对于分类算法很有帮助。

6.5 数据归约

数据归约是对源数据集到得到的数据集的归约表示，从原始数据选择出来的数据集非常大，甚至使得在其上进行数据挖掘非常困难。数据归约的目的是为了获得比原始数据小得多的、但不破坏数据完整性的挖掘数据集，该数据集可以得到与原始数据相同的挖掘结果。

有多种方法用于数据归约，本节着重介绍以下几种方法。

(1) 数据立方体聚集。数据立方体聚集就是把聚集的方法用于数据立方体。

(2) 维归约。维归约就是检测并删除不相关、弱相关或冗余属性。

(3) 数据压缩。数据压缩就是选择正确的编码压缩数据集。

(4) 数值归约。数值归约就是用较少的数据替代原数据或采用较短的数据单位、数据模型替代原数据。

(5) 离散化和概念分层。使连续的数据离散化，就是用确定的有限个区段值代替原始值；概念分层是指用较高层次的概念替换低层次的概念，以此来减少取值个数。

6.5.1 数据立方体聚集

数据立方体是数据的多维建模和表示，由维和事实组成。维就是涉及的属性，而事实是一个具体的数据。通常认为立方体是一个三维的几何结构，实际上，一个数据立方体的维数可以是 n。表 6-4 的“销售记录”表，用来记录各种商品在全国各个省份的销售情况。

表 6-4 “销售记录”表结构

属性名称	数据类型	长　度	说　明
goods-type	String	10	商品类型
year	String	4	年份
province	String	20	省份
benifit	Real	6	销售金额/万元

以表 6-4 中的商品类型、年份和省份作为立方体的维，销售金额为事实来构造的三维数据立方体如图 6.2 所示。

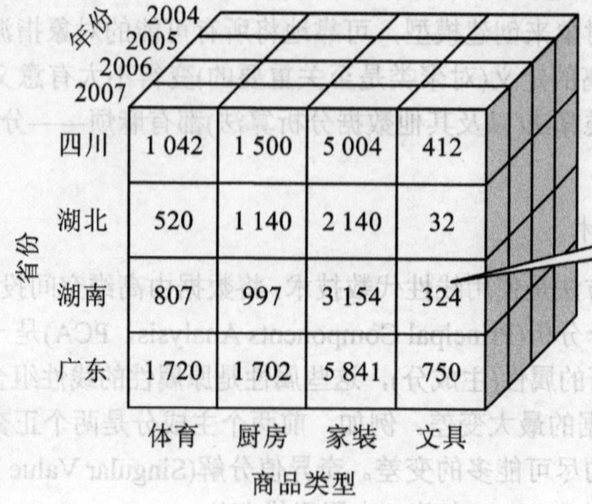

图 6.2 销售数据立方体

如果在挖掘的时候感兴趣的信息是年度总销售量，不关心在每个省份的销售量，就可以对上面构造的立方体进行聚集，得到一个二维数据立方体，如图 6.3 所示。

如果需要，还可以把二维数据立方体进一步聚集成一维。

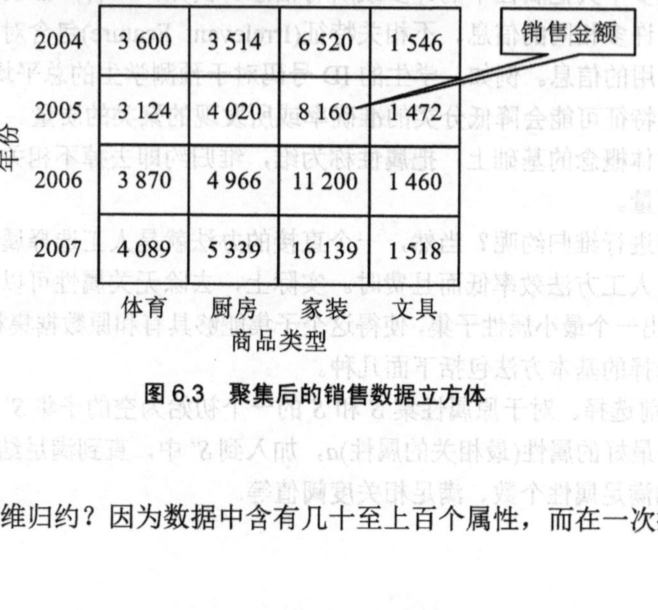

图 6.3 聚集后的销售数据立方体

6.5.2 维归约

为什么要进行维归约？因为数据中含有几十至上百个属性，而在一次挖掘中，只有其中小部分属性与挖掘任务相关。前面也曾叙述过，无关的数据会降低数据挖掘的速度，甚至产生无用的规律，影响结果分析，所以要去掉这些属性，即维归约。

维归约是指通过创建新属性，将一些旧属性合并在一起来降低数据集的维度。通过选择旧属性的子集得到新属性，称为特征子集选择或特征选择。

本节将简单介绍 3 个重要的主题：维灾难、基于线性代数方法(如主成分分析)的维归约技术和特征子集选择。

1. 维灾难

维灾难(Curse of Dimensionality)是指这样的现象：随着数据维度的增加，许多数据分析变得非常困难。特殊地，随着维度增加，数据在它所占据的空间中越来越稀疏。对于分类，这可能意味没有足够的数据对象来创建模型，可靠地将所有可能的对象指派到一个类；对于聚类，点之间的密度和距离的定义(对聚类是至关重要的)变得不太有意义。结果是，对于高维数据，许多分类和聚类算法(以及其他数据分析算法)都有麻烦——分类准确率降低，聚类质量下降。

2. 维归约的线性代数技术

维归约的一些最常用的方法是使用线性代数技术，将数据由高维空间投影到低维空间，特别是对于连续数据。主成分分析(Principal Components Analysis，PCA)是一种用于连续属性的线性代数技术，它找出新的属性(主成分)，这些属性是原属性的线性组合，是相互正交的(Orthogonal)，并且捕获数据的最大变差。例如，前两个主成分是两个正交属性，是原属性的线性组合，捕获了数据的尽可能多的变差。奇异值分解(Singular Value Decomposition，SVD)是一种线性代数技术，它与 PCA 有关，也用于维归约。

3. 特征子集选择

降低维度的另一种方法是仅使用特征的一个子集。尽管看起来这种方法可能会丢失信息，但是如果存在冗余或不相关的特征，情况并非如此。冗余特征(Redundant Feature)重复了包含在一个或多个其他属性中的许多或所有信息。例如，一种产品的购买价格和所支付的销售税额包含许多相同的信息。不相关特征(Irrelevant Feature)包含对于现在的数据挖掘任务几乎完全没用的信息。例如，学生的 ID 号码对于预测学生的总平均成绩是不相关的。冗余和不相关的特征可能会降低分类的准确率或所发现的聚类的质量。

在数据立方体概念的基础上，把属性称为维，维归约即去掉不相关的属性，减少数据挖掘处理的数据量。

那么，如何进行维归约呢？当然，一个直接的办法就是人工选择属性，但是如果涉及很多属性的话，人工方法效率低而且费时。实际上，去除无关属性可以通过选择相关属性来完成，试图找出一个最小属性子集，使得这个子集能够具有和原数据集相同或近似的分布。

属性子集选择的基本方法包括下面几种。

(1) 逐步向前选择。对于原属性集 S 和 S 的一个初始为空的子集 S'，做下面的循环操作：从 S 中选择最好的属性(最相关的属性)a，加入到 S' 中，直到满足结束条件。结束条件可以有多种，如满足属性个数、满足相关度阈值等。

(2) 逐步向后删除。在原属性集 S 上做下面的循环操作：从 S 中选择最坏的属性(最不相关的属性)a，删除这个属性，直到满足结束条件。结束条件与向前选择方法相同。向前选择方法和向后删除方法的效果应该是相同的。

(3) 向前选择和向后删除结合。同时使用向前选择和向后删除方法，每次选择一个最好的属性，并删除一个最坏的属性。

(4) 判定树归纳。如图 6.4 所示，判定数是一棵倒立的树，每棵判定树只有一个树根、多个叶子结点和内部结点。

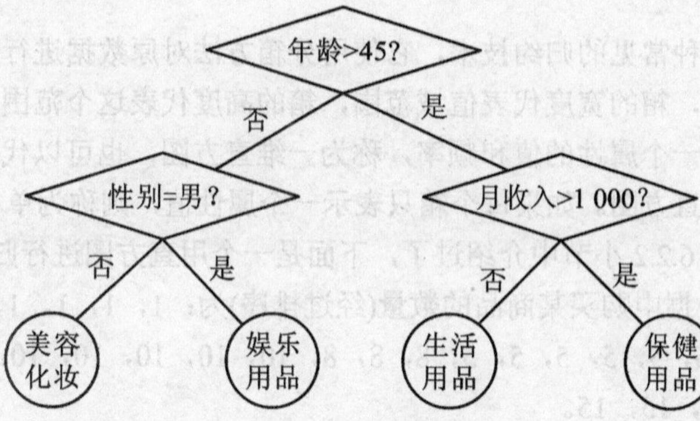

图 6.4　用判定树进行属性归约

每个内部结点表示在一个属性上的测试，每个分支代表一个测试结果输出，从根到每个叶子结点所经过的路径代表该叶子结点满足的测试条件，每个叶子结点代表一个判定类。

判定树算法是一种分类算法，在每一个测试点，算法从属性集中选择相关性最强的属性作为判定条件，根据判定结果把数据划分成为两个互斥的类。当算法结束时，所有内部结点代表的属性被认为是相关属性而选中，不在树中的属性被认为是不相关的，应该删除。如图 6.4 所示，经过判定树归约后的最终属性集为(年龄，性别，月收入)。

(5) 基于统计分析的归约。统计分析中的一些算法，如主成分分析、逐步回归分析、公共因素模型分析等可以直接用于维归约。统计分析算法的特点是用少量的特征元组去描述高维的原始知识基。

6.5.3　数据压缩

数据压缩就是经过数据编码或者变换，得到原始数据的压缩表示。数据压缩可以减少数据存储而不影响数据挖掘的结果。

数据压缩的方法分为两类：无损压缩和有损压缩。无损压缩如基于熵的编码方法，有损压缩如主成分分析法，是将分散在一组变量熵的信息集中到某几个综合指标(主成分)上的探索性统计分析方法，以便利用主成分描述数据集的内部结构，实际上也起着数据降维的作用。

主成分分析法具有变差最优性、信息损失最小性、相关最优性和回归最优性的特点，是数据压缩和多元降维的重要工具。其主要思想是从 n 个属性中找到 k 个最能代表数据特征的 n 维正交向量($k<n$)，创建一个具有“最主要特征”的向量集合来替换原数据，把原数

据映射到一个较小的空间，实现数据压缩。本书不详细讨论主成分分析的具体算法，有兴趣的读者可参照算法的有关资料。

6.5.4 数值归约

数值归约就是通过某种方法，选择较少的数据替代原数据，减少数据量。常用的方法有直方图、聚类、抽样、回归和对数模型等，其中一些技术在前面已介绍过。

1. 直方图

直方图技术是一种常见的归约技术，它使用分箱方法对原数据进行近似。每个箱代表一个区域范围内的值，箱的宽度代表值域范围，箱的高度代表这个范围内值的个数，即频率。每个箱可以代表一个属性的值和频率，称为一维直方图，也可以代表两个以上属性的值和频率，称为多维直方图。如果每个箱只表示一个属性值，则称为单桶。

箱的划分已经在6.2.2小节中介绍过了，下面是一个用直方图进行归约的例子。

40组客户交易数据中购买某商品的数量(经过排序)为：1，1，1，1，2，2，2，2，2，4，4，4，5，5，5，5，5，5，5，5，5，8，8，8，10，10，10，10，10，10，10，12，12，12，12，15，15，15，15，15。

用单桶直方图可以清楚地表示出这些数据的分布情况，如图6.5所示。

根据图6.5可知，数据可以被表示成为一些数对。由此可知，单桶直方图具有一定的归约效果，如果希望进一步归约数据，可以使每个箱代表一个值域范围(采用6.2.2小节介绍的分箱方法)，如采用等宽方法分箱，把值域区间划分为1～5，6～10和11～15这3个范围，得到图6.6所示的归约结果。

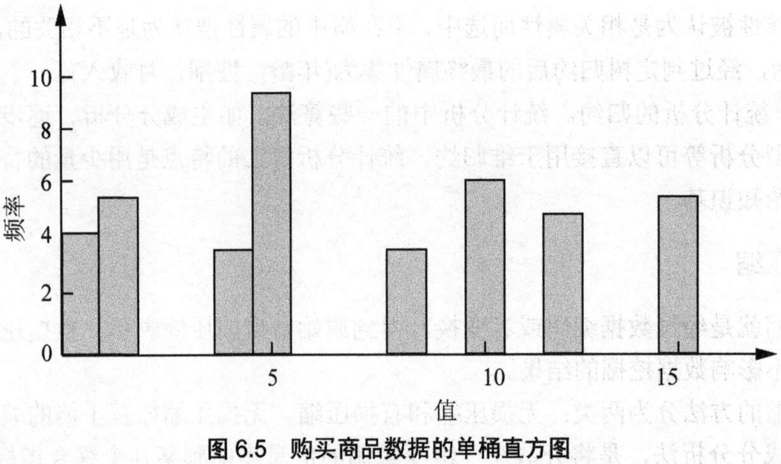

图6.5 购买商品数据的单桶直方图

2. 聚类

用数据的聚类来代表实际数据，当数据中存在聚类特征时，即数据可以形成有限个聚类时，此方法可以很好地归约数据。聚类方法的基本概念已经在6.2.2小节介绍过了，具体的方法将在后续章节中介绍。

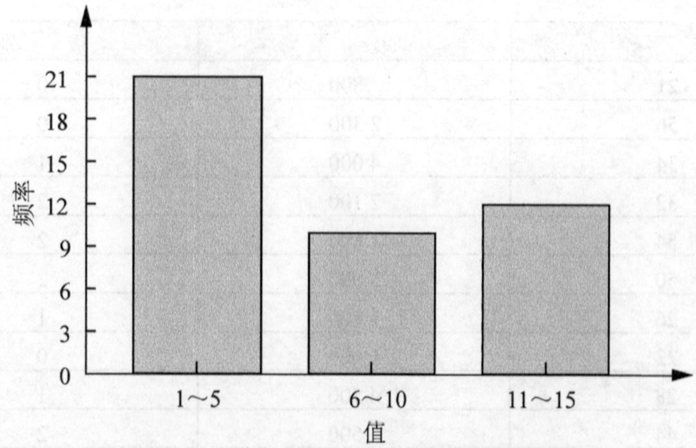

图 6.6　购买商品数据的等宽直方图(箱宽为 5)

3. 抽样

与其他数据归约方法不同，抽样不是对属性进行选择或者删除，它是对记录进行选取，即用较小的数据样本集表示大的数据集。如果一个数据集所包含的记录过多，可以从中抽取一个子集，这个子集就称为样本，样本应该与原数据集具有相同的数据分布。样本的大小一般没有特别的规定，要凭经验和需要来确定，但太小的样本会因为容易包含太多的偏差而不具有代表性。下面介绍抽样的方法。

(1) 不放回简单随机抽样。假定数据集 D 共有 N 条记录，从这 N 条记录中抽取出 K 个样本，做不放回抽样，即被抽取的记录不再放回原数据集 D。不放回简单随机抽样对每个记录被抽取的概率都是相等的，即 K/N。

(2) 放回简单随机抽样。从数据集 D 的 N 条记录中做放回抽样，抽取出 K 个样本。放回抽样即每次抽取出一条记录，记录该记录的信息，然后把它放回到记录集 D，再做下一次抽样。在放回抽样中，一条记录可能被抽去 0 次、1 次或多次。

(3) 聚类抽样。首先把数据集 D 的数据放入 M 个聚类，然后从每个聚类中抽取样本。

(4) 分层抽样。分层即把数据集 D 划分成互不相交的部分，每一部分称为一层。分层抽样就是在数据集 D 的每个层上做简单随机抽样。聚类抽样和分层抽样都可以保持样本的特征不会丢失。

如图 6.7(a)所示是数据集 D。

如果采用随机抽样方法，对于年龄段在 40～49 的记录就很可能不被抽取到，相当于损失了这个区域的数据。而如果使用聚类或者分层抽样方法，可以先根据 age 字段进行聚类或分层，然后再在每个聚类或层中抽取，这样就可以保持 40～49 年龄段之间的信息。如采用按年龄段分层的方法，把数据集分为 20～30、30～40、40～50 和 50 岁以上 4 个层，从每个层中随机抽取样本，结果如图 6.7(b)所示。

在 40～50 年龄段中只有一条记录，如果采用简单随机抽样，该记录很有可能不被抽取，而按照年龄分层后抽样，则一定可以被抽取，这就保留了该年龄段的信息。

年　龄	收　入	级　别
21	800	0
56	2 300	0
34	4 000	1
32	2 100	2
54	1 800	2
50	3 000	2
26	1 800	1
23	1 600	0
28	4 500	1
44	3 500	2

(a)

年　龄	收　入	级　别
21	800	0
23	1 600	0
26	1 800	1
28	4 500	1

→

年　龄	收　入	级　别
21	800	0
26	1 800	1

年　龄	收　入	级　别
34	4 000	1
32	2 100	2

→

年　龄	收　入	级　别
34	4 000	1

年　龄	收　入	级　别
44	3 500	2

→

年　龄	收　入	级　别
44	3 500	2

年　龄	收　入	级　别
56	2 300	0
54	1 800	2
50	3 000	2

→

年　龄	收　入	级　别
50	3 000	2

(b)

图 6.7　用户数据按年龄分层抽样

4. 线性回归

以上介绍的几种抽样方法都是直接从数据集中抽取实际的数据，形成一个样本集，样本集中保存的是样本的实际数据。下面要介绍的线性回归和非线性回归方法是用数据模型近似数据，它们并不保存实际数据，而是产生一个数据模型，只保存数据模型的参数，所以也称为参数方法。这类方法只对数值型数据有效。

根据数据的特征，可以确定一个线性模型来近似数据，并根据实际数据计算出回归系数，形成预测模型。有了这个模型后，就可以只保存回归系数和预测变量，在需要时根据它们得到相应变量的值。

5. 非线性回归

当自变量与因变量之间的关系不是线性关系，即为非线性关系时，要采用非线性回归方法。可以通过一定的转换函数，将非线性关系转换为线性关系，从而采用线性回归分析方法来解决非线性关系。

一元回归分析可以用来对某些非线性关系进行估计，只要这些非线性关系可以通过取对数变成线性关系。比较常见的非线性关系以及对应的线性模型有以下两种。

(1) $y = e^{a+bx}$，其对数线性模型为

$$\ln y = a + bx$$

可以用最小二乘法分为两步对上述模型进行估计。

先通过运行 $y' = a + bx$ 对 a、b 进行估计，式中 $y' = \ln y$。然后用 $y = e^{a+bx}$ 进行预测。

(2) $y = ab^x$，其对数线性模型为

$$\lg y = \lg a + x\lg b$$
$$y' = A + Bx$$

其中，$y' = \lg y$，$A = \lg a$，$B = \lg b$，用最小二乘法对上述模型进行估计，计算出参数 A 和 B，y 可以通过式 $y = 10^{A+Bx}$ 计算。

6.5.5 离散化和概念分层

离散化就是为了适应算法或者存储的需要，用有限数量的离散数据替代连续数据。通常采用的方法是把数据划分区间，每个区间中的数据用一个值来代替。前面已经介绍过的分箱、直方图、聚类等都是离散化技术。如果在数据集上递归地使用某种离散化技术，就形成了数据集的概念分层。

1. 分箱产生的概念分层和离散化

如对数据集 D 递归地使用等宽分箱技术，形成的概念分层和离散化如图 6.8 所示。

数据集 D=(0，2，2，5，5，5，10，10，11，14，14，14，18，18，18，26，26，26，26，26，35，35，35，35，38，38，39，42，42，42，43，43，55，55，55，55，58，60，66，66，66，69，72，72，73，75，75，75)。

其中，树型结构中有 4 个层次的结点，根结点表示原始数据集合，其他每一层结点共同表示一个概念分层，它们具有同一个概念级别。而不论处于哪一个概念层中，每个结点都代表一个符合一定条件的数据集合。图 6.8 中给出了所有叶子结点的数据集合以及对它们离散化后的值，读者可以试着写出其他各层的数据集合以及离散化结果。

在具体应用中，可以根据需要确定分层的终止条件，如预先设定层数，或者设定达到的最小区间范围。由这个例子可以看出，概念分层可以用做数据离散化的方法，同时，它也可以用做数据归约的方法。

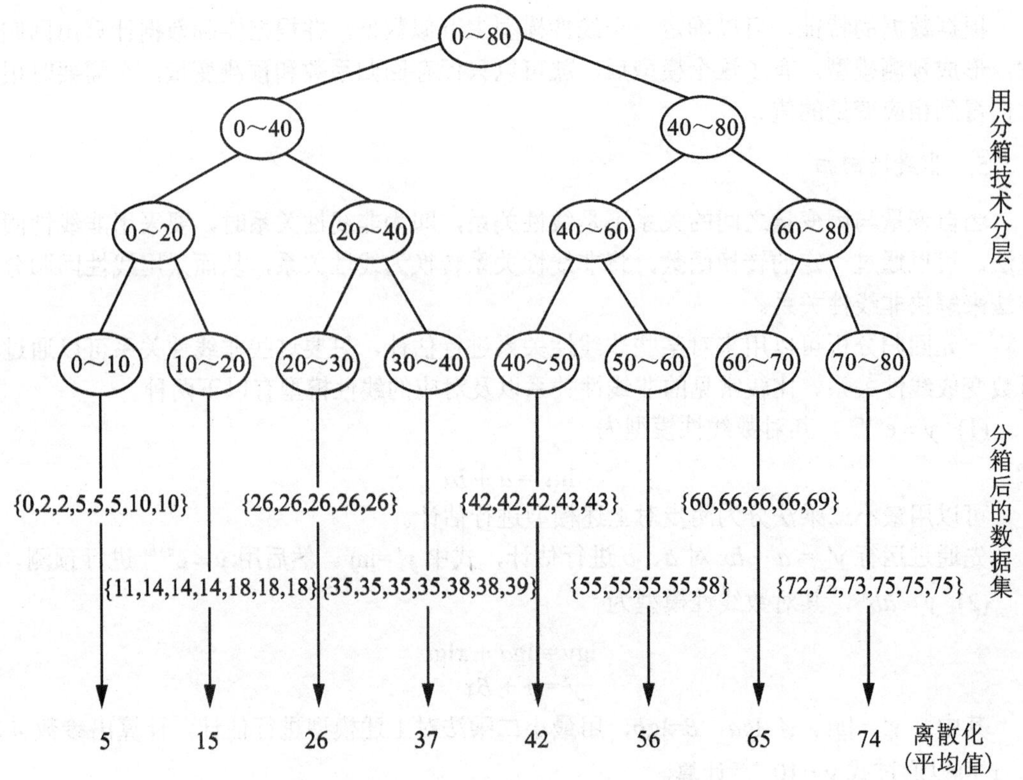

图 6.8 等宽分箱技术形成的概念分层和离散化

2. 分类数据的概念分层

分类数据是指分类属性所包含的数据(可以是数值型、字符型或字符串等)。所谓分类属性，就是指那些具有有限个取值的属性，如商品类型、店铺的位置和客户类型等，这些数据之间没有大小关系，所以不能采用数值数据的分层方法。下面介绍几种典型的用于分类数据概念分层的方法。

(1) 由用户或者专家在模式级显式地说明数据的包含关系。如果分类属性之间存在部分包含或完全包含的关系，可以由用户或者领域专家说明属性之间的包含关系，根据这个包含关系形成概念分层。例如，由常识可知，在属性组：year、month、day 之间就存在完全包含关系：day<month<year，可以用这个关系定义它们的概念分层，如图 6.9(a)所示。

(2) 通过显式数据分组说明分层结构的一部分。手工定义部分概念分层，在产生包含关系的属性之间，有的属性取值数目较少，而有些属性包含大量不同的离散值。对取值过多的属性，通过枚举值逐一来定义概念分层是不可能的；而对于值较少的属性，可以对它们进行手工分组。如把日期值{1,2,3,4,5,6,7,8,9,10}定义为“上旬”，{11,12,13,14,15,16,17,18,19,20}定义为“中旬”，{21,22,23,24,25,26,27,28,29,30}定义为“下旬”，就形成了图 6.9(b)所示的概念分层。

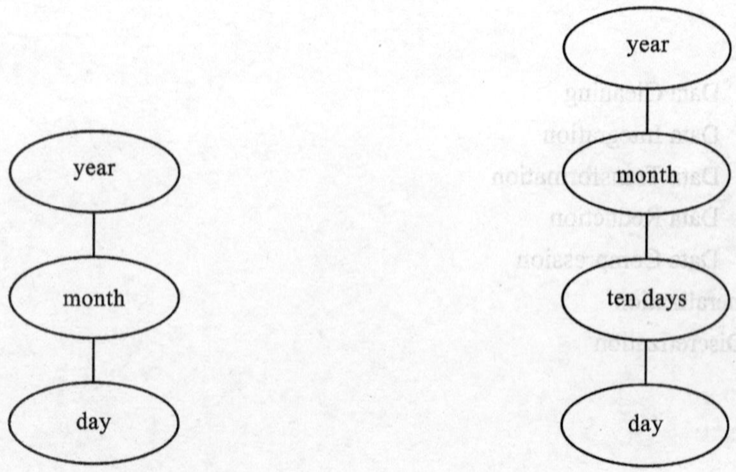

(a) (b)

图 6.9 对属性组：year，month，day 的概念分层

(3) 根据属性值的个数自动产生分层。只给出属性组，不定义属性的包含关系，根据属性值的个数自动产生分层。此方法的根据是：与定义在较低概念层的属性相比，定义在较高概念层的属性通常具有较少数量的不同的值，把具有最少不同值的属性放在最高层，属性的不同值数目越多，所处的概念层越低。并不是所有的属性之间的关系都可以这样确定，也有特殊的情况，如上面的例子中，如果属性 year 的不同取值个数超过 12，则会产生类似：day<year<month 的概念分层。所以，有时候需要对自动产生的分层进行手工调整。

(4) 根据数据语义产生分层。有时候，由于用户对数据结构认识的误差或者操作上的失误，只提供了相关属性组的部分属性，不能形成一个完整的分层结构，此时就要借助于数据语义，即在数据模式中加入属性的说明，这些说明把属性组联系在一起。当一个属性被增加进属性组中时，依靠数据语义可以把所有相关的属性增加进来。

本章小结

数据预处理是数据挖掘中非常重要的一个环节，挖掘使用的数据来源于多个实际业务系统，而这些源数据可能存在重复、不完整、空缺值和不一致等情况，会影响数据挖掘的效率和结果的有用性，所以需要对数据挖掘的源数据进行预处理。

在预处理过程中，常使用的方法有数据清理、数据集成、数据变换和数据归约。数据清理包括填充空缺值、识别孤立点、去掉原始数据中的噪声和无关数据等内容，常用的去噪方法有分箱、聚类和回归等；数据集成是将多个数据源中的数据整合起来存放在一个一致的数据存储中，其中，需要解决模式匹配、消除数据冲突和数据冗余等问题；数据变换是把原始数据变换成为数据挖掘的形式，包括对数据的平滑、聚集、概化、规范化处理，还可能需要进行属性的构造；数据归约的主要目的是减少数据量，用到的主要方法包括数据立方体聚集、维归约、数据压缩、数值归约、离散化和概念分层等。

关键术语

数据清理：Data Cleaning
数据集成：Data Integration
数据变换：Data Transformation
数据归约：Data Reduction
数据压缩：Data Compression
概化：Generalization
离散化：Discretization

阅读材料

“反数据挖掘”的数据变换方法

该方法是为了数据的安全，按保护要求进行敏感级别定义和敏感级别提升，针对数据库系统中的数据值进行变换处理。Clifton 等讨论了几种防止对数据“过分”挖掘的方法。

(1) 给数据增加“噪声”。这是美国统计局所采用方法，它的基本思想是通过对数据值进行修改，使对这些被修改了的数据所进行的数据挖掘难以得到有用的结果。

(2) 消除数据中的附加信息。一些数据由于其产生方式等原因往往具有一些隐含的其他信息，如果某些用户知道这些数据所含额外信息的规律，就可以对其进行利用，得到许多其他信息。例如，美国公民的社会安全号码(Social Security Number)是按照发证机构的序号来编码的(即社会安全号码的前三位数字是发证机构的号码)，且这些发证机构对所发出证件是按顺序进行编码的。了解了上述规律后，就可以根据社会安全号码的前三位数字，对拥有社会安全号码的人按地区进行分组(或更进一步，可以对这些人按年龄进行分组，因为证件号码是按顺序进行编码的)。其实，即使不知道社会安全号码的生成规律，它所具有的一些特征在数据挖掘中也是有用的。例如，通过数据挖掘发现社会安全号码的前三位数字具有较高的出现频率，就可以据此对社会安全号码进行分类。这样，在这些分类的基础上可以进一步发现某些现象(具有类似社会安全号码的人的癌症发病率较高)，这就完全可能启发用户进行数据挖掘(比如，这些人又具有哪些共同点？)。这就可能导致侵犯个人隐私的问题。再如，以公司电话号码簿为例，如果知道该公司的电话号码是根据电话在公司大楼里的位置而定的，另外再知道存在这样一条规则：即在同一项目组工作的人，他们的电话号码具有一定的规律。那么，可以通过发现公司雇员电话号码的规律将雇员进行分组，从而知道(大约)有几个项目组存在。对于某个需要保密的敏感项目组，可以根据每个组中成员的专业背景和工作性质进一步推断出这些项目组所进行工作的大致内容是关于什么方面的。要解决这些问题，一个办法就是尽量减少数据所隐含的附加信息。只有这样才能防止对其进行数据挖掘，使对其的使用不至于偏离它本身的目的。

(3) 故意增加错误数据。在某些应用中，可以在原有的数据中有意识地引入一些错误的数据。在很明确地知道这些数据将会被如何使用的前提下，可以在系统数据中添加一些起误导作用的数据，它们在正常的系统许可的使用方式下是不会遇到的，而在一些不“合适”的查询里可能会碰上，它们既能误导攻击者，又能作为系统被攻击的标志。例如，在电话簿里添加一些不存在的人名，如果这本电话簿的使用者知道公司里确实有某个人，就可以得到他的电话号码；反之，如果用户不知道公司里的情况，只是凭借这本号码簿，那他就完全可能查到的是某个根本不存在的人的所谓的电话号码。如果这个公司是通过接线员来进行人工转接的话，在这个外部人员要求接线员转接到某个根本不存在的分机号(那个根本不存在的公司雇员的分机号)时，就表示了一个安全事件。这种方法要求所增加的数据难以被系统外部用户所区分，否则这些人完全可以重新恢复原有的数据集。

资料来源：http://www.yesky.com/336/1035836.shtml, 2003-04-23。

思考与练习

1．对数据挖掘的数据为什么要进行预处理？

2．原始数据中常存在哪些主要问题？产生这些问题的原因是什么？

3．怎样处理空缺值？

4．噪声数据的处理有哪些方法？

5．什么是数据集成？主要工作内容是什么？

6．数据变换的目的是什么？有哪些常用的数据变换方法？

7．数据归约的目的是什么？数据归约有哪些方法？

8．维归约与数据概化有何区别？

9．下面是一个超市某种商品连续 24 个月的销售数据(单位为百元)：21，16，19，24，27，23，22，21，20，17，16，20，23，22，18，24，26，25，20，26，23，21，15，17。

使用等深、等宽和自定义区间的方法对数据进行分箱，做出利用各种分箱方法得到的直方图。

10．对第 9 题中分箱后的数据采用平均值、边界值和中值等方法进行平滑。

11．如果挖掘算法需要把第 9 题中的商品销售数据规范化到区间[0，1]上，试采用最小—最大规范化方法，写出规范化后的结果。

12．试采用一种分箱方法，对以下某种商品连续 30 周的销售利润数据进行归约(千元)：3，2，5，7，4，2，5，6，8，8，4，5，4，6，2，3，7，5，5，4，6，3，4，7，8，3，6，4，2，3。

案例研究

数据预处理在保险理赔预测中的应用

1．引言

在当今竞争日益激烈的市场环境中，只有那些能够从浩如烟海的商务数据中发现商机、能够利用先进的信息技术成功地收集、分析、理解信息并依据信息进行决策的企业才能获得竞争优势，才是市场的赢家。因此，越来越多的管理者开始借助数据挖掘技术来发现商务运营过程中存在的问题。

数据挖掘技术在国外发达国家应用较广，保险理赔预测便是其中的一个重要应用；在中国数据挖掘技术的应用尚不普及，其中一个重要的原因便是数据的不规范。本案例将以保险理赔预测为应用背景，介绍如何通过数据预处理来规范数据，从而保证数据挖掘的质量。

2. 保险理赔预测介绍

1) 保险理赔预测定义

保险诈骗行为是指投保人、被保人或者受益人以非法占有保险赔款为目的，采取各种欺诈手段，骗取保险人赔款的违法犯罪行为。保险诈骗对保险业的发展有巨大的负面影响。据一些国家对保险业务的统计分析，因诈骗而导致的赔款支出，可以基本确定地估计一般占保险费收入的10～30%，多的可以达到50%；美国保险监督学会估计美国每年的骗赔已超过1 000亿美元。

“保险理赔预测”是指运用理赔的历史经验，对投保人提出的理赔要求进行分析预测，判断其存在保险欺诈的可能性，并对存在保险欺诈可能性的案件展开调查。保险理赔预测是数据挖掘的重要应用方向，在国外有很多成功的应用，而在我国则刚刚起步。从目前国内的情况来看，此类工作由各保险公司的理赔部门以人工形式完成。

2) “保险理赔预测”的行业模型

由于目前“保险理赔预测”工作是以人工形式完成，因此存在与人员素质有关、效率不高等问题，而这些问题恰恰可以通过引入计算机工作来解决。“理赔调查预测”的行业模型是一种有监督学习：即将“正常”与“可疑”两类数据均记录下来，并用这些数据建立一个预测模型。该模型可将一个新的理赔申请分到“正常”或“可疑”两类之一。数据挖掘是实现“理赔调查预测”的关键计算机技术，即针对历史理赔数据进行学习，并由计算机根据学习的知识自动进行预测。

3) “保险理赔预测”的主要问题

由于国内保险公司的业务系统存在许多不规范之处，因此“理赔调查预测”并不是一个简单的运用算法进行数据挖掘的问题。首要的工作不是算法的选择与改进，而是对原来不规范的数据进行预处理，使其符合数据挖掘算法的要求。在实现过程中需要解决的问题很多，下面将以其中最为重要的也是最为典型的“案件描述”的处理为例，说明“保险理赔预测”数据预处理的方法。本文所用数据来源于国内某著名保险公司，由于涉及该公司的商业机密，故将重要属性以字母A、B、C等代替。

3. 数据现状

现实系统中的数据往往是不完整的、有噪声的和不一致的，现将现实系统中的数据情况介绍如下。

1) 数据来源不规范

该公司数据采用集中管理，数据库存放在总部的一台小型机上。数据库中包含数百张表，数据库中存在数据冗余，即相同含义的数据存放在不同的多张表中。由于这些表由不同的程序维护，因此它们的数据可能并不同步。同时，某些相同含义的字段在不同的表中字段名并不相同。

2) 数据不规范

下面结合保险系统的实际情况，将不规范数据细分为以下几类。

(1) 书写错误。该类错误一般是由于操作人录入错误所引起的。

(2) 用词不统一。该类问题又可细分为多种表现形式：用词不规范(如“被人打伤”有时又写成“被打伤”。尽管表达的是相同的含义，但用词却不统一；描述详细程度不一(如“车祸”、“车祸致伤”、“车祸伤及面部”等同时存在，各种描述的详细程度是逐次递增的)；内容组合(即在一个案件描述中同时表述了多种伤情，而且分割符不统一，无法分割为多种伤情。如“肋骨骨折，头皮血肿”、“拇指骨折烫伤”等)。

(3) 数据不完整。该类数据的个别字段数据不完整，需要补充。如有些保单没有投保金额；而有些早期的代理人没有诚信等级等。

(4) 重复数据。该类数据在数据库中存放位置相连，有的内容完全一样，有的则是基本相同，但后面的数据在某些字段比前面记录详细。这些都是由于业务系统的控制逻辑不严而破坏了数据完整性。

(5) 违反业务规律。该类数据从表面上看并无异常，也没有重复。但各字段的取值与保险业务的实际不符。如某些保单没有理赔金额，或者理赔金额为负，投保时间晚于出险时间，报案时间晚于出险时间等。

3) 数据集过大

由于目前国内保险公司业务系统中的数据不够规范，致使数据分布较广，数据集过大，不利于计算机进行学习。以理赔数据为例，在总共30 996次报案记录中，“案件描述”共有8 040种。其中出现次数最多的10种“案件描述”为(括号内为出现次数)：“A”(1989)；“B”(901)；“C”(627)；“D”(579)；“E”(457)；“F”(454)；“G”(451)；“H”(437)；“I”(372)；“J”(361)。

“案件描述”按出现次数统计分布情况如表6-5所示(总共出现30 996次)。

表6-5 “案件描述”出现次数

单一“案件描述”出现次数范围	出现次数总和	案件描述种类	占总种类比例
≥1 000	1 989	1	0.0124%
≥500	4 096	4	0.04%
≥200	8 376	17	0.211%
≥100	11 796	42	0.522%
≥50	14 453	81	1.01%
≥20	17 566	188	2.34%
≥10	19 895	364	4.53%
≥5	21 863	667	8.29%
≥2	24 790	1 834	22.81%
≥1	30 996	8 040	100.00%

从表6-5可以看出，数据分布很广，78%的“案件描述”只出现了1次，出现次数在50次以上的“案件描述”只占全部“案件描述”的1%。如不对上述数据进行预处理，是很难保证数据挖掘的质量的。

4. 数据预处理

1) 数据集成

为了解决数据来源的不规范问题，本文使用了建立视图(view)的方式来重新组织数据。具体来说，从各数据表中抽取与保险理赔预测相关的数据，组成视图，并对其中的字段重新命名。这样既可以解决各数据表中数据不一致的问题，又可以解决不同字段名的冲突问题。

2) 数据清洗

数据清洗是整个数据预处理的核心环节，也是技术含量最高、难度最大的过程，关于数据清洗有许多成熟的算法，下面介绍如何通过专业知识来进行数据清洗的方法。

(1) 对书写错误的清洗。对于拼音型语言而言，书写错误主要是拼写错误，如将“insurance”写成“insrance”，这是可以通过算法加以纠正的。但对于中文而言，录入时不会产生笔画错误的字，书写错误主要是错别字或漏写的字，这属于语义检索的范畴，所以通常采用手工方式检查。

这里采用手工排查的方式，在程序中将书写错误一一罗列，并加以纠正。鉴于数据分布较广，程序只对出现次数超过20的188种“案件描述”进行了排查。

(2) 对不统一用词的清洗。解决用词不统一问题，最好的办法就是进行标准化，即对各种输入内容的格式和写法进行规范，并以此标准重新规范数据库中已存在的数据。这将极大地减少排列组合数目，减小数据的离散度，有利于数据模型的准确性。不过，进行标准化需要对现有的业务系统进行调整。因此也可利用其他技术手段，取得近似标准化的方法。对于“用词不规范”的问题，本文采用了计算机查询与手工相结合的方法，如将原数据中出现的“高血压”、“高血压病”、“高血压症”等统一称为“高血压”，这可以通过SQL语句来实现；将“上感”、“上呼吸道感染”、“感冒”等统一称为“上呼吸道感染”则需要人工的参与。鉴于数据分布较广，因此只对出现次数大于20的“案件描述”进行合并。

对于“描述详细程度不一”的问题，鉴于数据的分布情况，采用了向上合并的方法，即把出现次数低的内容向出现次数高的内容合并。如将“车祸”(出现361次)、“车祸致伤”(出现15次)、“车祸伤及面部”(出现1次)等合并为“车祸”。

(3) 对不完整数据的处理。对于不完整数据的处理，本文采用的是“采用最可能的值填充空缺值”的方法，即根据保险专业知识，从当前记录判断空缺值。如对于缺少保额的记录，如根据保单情况计算保额，涉及的相关数据、算法较多，且不能包含对新险种的计算。本文在对此种数据的处理中借用了保险知识——理赔要求金额与保额近似相等，因此以理赔要求金额替代了空缺的保额。

(4) 对重复数据的清洗。对重复数据的清洗，本文并未采用相似度的计算来判断是否重复，而是根据关键字段的取值来进行判断。

具体来说，同一份保单，在同一出险时间应该只有1份理赔申请，若多于1份，则必然重复。而且数据库中的存放顺序与实际录入时间顺序相同，因此最后一条就是所需的记录，其他的属于重复记录。使用这种方法可以准确地清洗重复记录，而且不需要复杂的计算。

(5) 对违反业务规律数据的清洗。对违反业务规律数据的清洗，因与业务逻辑有关，因此需根据实际工作经验制定相关的规则对数据进行清洗。在本案例中对某些保单没有理赔金额或者理赔金额为负，投保时间晚于出险时间，报案时间晚于出险时间等违反业务规律的数据进行了删除。

3) 数据归约

经过上述处理之后，数据集仍然很大，还不能取得很好的数据挖掘效果，为了将数据集从7 000～8 000压缩至100～200，本文采用如下算法进行数据归约。

算法：data_reduction 对大数据集进行归约。
输入：数据集，置信度(Z)，阈值(Y)。
输出：归约后的数据集。
方法：

```
(1) 在数据集的属性中增加3类：恒调、恒不调和未分类；
(2) 输入数据集中一条属性A；
(3) if A的出现数量> Y then (4)；
(4) 返回(2)；
(5) 设D= A中"调查"数量÷A中出现总数量；
(6) if D>=Z then (7)；
(7) 将A替换为"恒调"，返回(2)；
(8) if D<=1-Z then (9)；
(9) 将A替换为"恒不调"，返回(2)；
(10) 将A替换为"未分类"，返回(2)。
```

通过上述方法，可有效地压缩数据集。试验表明，当 Z=0.9、Y=20时，“案件描述”可压缩为125种，通过训练，数据挖掘取得很好的效果。

4) 处理流程

处理流程如图6.9所示。

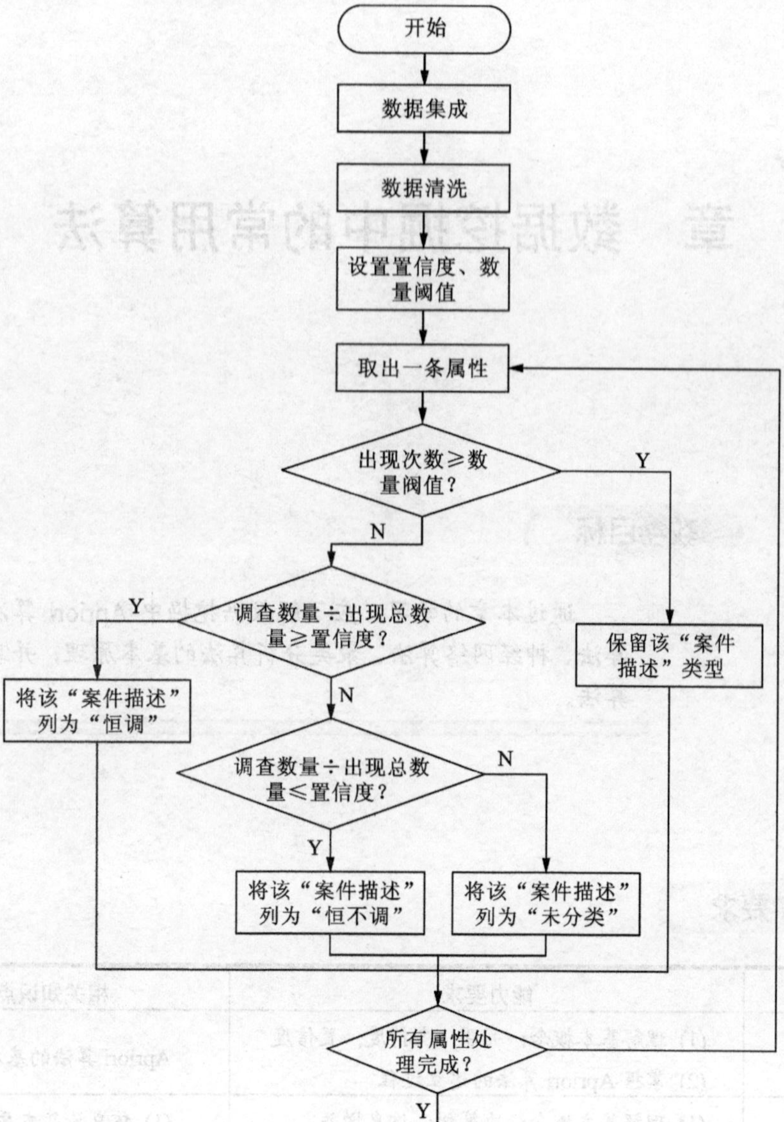

图 6.10 “案件描述”数据预处理流程

5. 结论

本文讨论了数据预处理在“保险理赔预测”中的应用，并提出了一种数据归约方法。通过上述分析，我们可以得到以下结论：(1)现实的业务系统中的数据常常是不规范的，为了使数据挖掘取得较好的效果，需要下大力气进行数据预处理，数据预处理的效果关乎项目的成败；(2)在预处理的过程中，恰当地引入专业知识，可以提高准确性，降低计算强度；(3)本文提出的数据归约方法可以有效地压缩数据集，对原数据集影响不大，在实际应用中取得了很好的效果。该方法还可推广至其他数据挖掘领域。

资料来源：张健，冯建华. 数据预处理在保险理赔预测中的应用. 计算机工程与设计，2005，26(9)。

第 7 章 数据挖掘中的常用算法

教学目标

通过本章的学习，应了解数据挖掘中 Apriori 算法、决策树算法、神经网络算法、聚类分析算法的基本原理，并掌握主要的算法。

教学要求

知识要点	能力要求	相关知识点
Apriori 算法	(1) 理解基本概念：关联；支持度；置信度 (2) 掌握 Apriori 算法的建立过程	Apriori 算法的基本原理
决策树算法	(1) 理解基本概念：决策树；信息增益 (2) 掌握 ID3 算法的建立过程 (3) 掌握预剪枝与后剪枝方法	(1) 信息论基本原理 (2) ID3 算法 (3) 树剪枝
神经网络算法	(1) 理解基本概念：神经元；神经网络 (2) 掌握 BP 算法	(1) 神经网络的构成 (2) 反向传播模型
聚类分析	(1) 理解聚类的概念 (2) 了解数据矩阵、相异度矩阵数据类型 (3) 掌握相异度计算方法 (4) 掌握常用的聚类算法	(1) 聚类分析的数据类型 (2) 聚类分析算法

引例

HNC 是位于加利福尼亚州圣地亚哥市的一家公司。对于 HNC 公司来说，一笔大买卖因为欺诈行为，每年会损失 1 000 万美元。显然，防止这种欺诈行为的发生对公司是相当重要的。但从成千上万的交易记录中提取几个存在潜在欺诈损失的数据是相当困难的事情。一是来自对信用错误的拒绝，错误的拒绝意味着一个无辜的交易被标记为潜在欺诈，这种情况的发生同样会使公司与错误地接受交易蒙受同样的损失。二是若持卡人的合法交易不能进行，他们将会很生气。HNC 利用嵌入式神经网络聚类算法模型来预测信用和借贷欺诈。应用于 HNC 公司的神经网络聚类算法模型，首先对每个持卡人的行为建立模型，在信用卡交易结束之前评估信用，将持卡人当前的交易记录与历史交易模式做对比分析。如果当前的交易相比过去的消费行为反差太大，就在交易完成之前对它进行标记。这样，HNC 很好地规避了风险，获得了巨大的商业成功。

数据挖掘是以数据为处理对象，以算法为处理手段，最终以获得模式或规则为目的。充分理解数据挖掘算法是掌握及运用这门技术的重要环节。目前，数据挖掘的算法有很多，本章主要介绍几种常用的算法。

7.1 Apriori 算法

关联规则是数据挖掘中最常用的方法，关联规则挖掘的主要目的是从大量的数据中寻找关联性，最著名的就是针对购物篮分析的“啤酒和尿布”的例子。关联分析的结果可以用于营销策划、广告策划或分类设计。例如，可以把经常同时购买的商品摆放得近一些，来进一步促进这些商品的一起销售。最经典的关联规则挖掘算法是 Apriori 算法，是由 R.Agrawal 等人于 1993 年首先提出的。

7.1.1 基本原理

1. 关联的基本概念

在自然界中，某种事物发生时其他事物也会发生的一种联系称为关联。关联分析的目的是寻找给定数据记录集中数据项之间隐藏的关联关系，描述数据之间的密切度。

设 $I=\{i_1, i_2, \cdots, i_m\}$ 是项目集，D 是全体事务的集合，事务 T 是 I 上的一个子集，集合 $T\subseteq I$，每个事务有唯一的 TID 标识。关联规则就是形如 $X=>Y$ 的蕴含式，其中 $X\subseteq I$，$Y\subseteq I$ 且 $X\cap Y=\Phi$，X 称为规则的条件，Y 称为规则的结果。关联规则设定两项约束：支持度 supp 和可信度 conf。

支持度：$P(X\cup Y)$，即 X 和 Y 这两个项目集在事务集 D 中同时出现的概率。

置信度：$P(Y\mid X)$，即在出现项目集 X 的事务集 D 中，项目集 Y 也同时出现的概率。

关联规则 $X=>Y$ 成立的条件是：①它具有支持度，即事务集 D 中至少有 supp%的事务包含 $X\cup Y$；②它具有置信度，即事务集 D 中包含 X 的事务至少有 conf%同时也包含 Y。关联规则挖掘问题就是发现具有用户指定的最小支持度和最小置信度的关联规则。同时满足最小支持度阈值和最小置信度阈值的规则称为强规则。关联规则发现的主要对象是操作型数据库，描述在一个交易中物品之间同时出现的规律的知识模式。例如，超市通过对销售数据进行关联分析，通常可以发现这些数据中隐含如下形式的规律：购买电脑的顾客中有60%的人同时购买杀毒软件，在所有交易中有4%的人同时购买电脑和杀毒软件。由上可知，关联规则是通过量化的数字来描述物品 X 的出现对物品 Y 的出现有多大的影响。用式子表达上述分析结果如下。

买“电脑” ⇒买“杀毒软件” [*supp*=4%，*conf*=60%]

2. 关联的挖掘过程

所有支持度大于最小支持度的项集称为频繁项集，简称频集。挖掘关联规则问题的处理过程分为两步：①产生所有的频繁项目，即找出所有支持度不低于用户指定的最小支持度的项目集；②利用最大数据项集生成所需要的关联规则，根据用户指定的最小置信度确定规则的取舍，最后得到强关联规则。

7.1.2 Apriori 算法的基本思想与分析

1. 算法的基本思想

频繁项集的所有非空子集也都必须是频繁的，这是 Apriori 的性质。基于这个性质，如果项集 I 不满足最小支持度阈值 *minsup*，则 I 不是频繁的，即 $P(A)<minsup$。如果项 A 添加到 I，则结果项集 $A\cup I$ 不会比 I 更频繁出现。因此，$A\cup I$ 也不是频繁的，即 $P(A\cup I)<minsup$。

Apriori 算法的中心思想是首先通过对事务数据库进行扫描，找出支持度不小于最小支持度的所有项目，即频繁 1 项集，接下来循环进行下面的 3 步。①对频繁 k 项集中的项进行连接，前提条件是前 k–1 项必须相同；②进行剪枝，利用 Apriori 性质对连接后的项目集进行筛选，删除那些子集不是频繁集的项目集，得出候选$(k+1)$项集；③对数据库进行扫描，计算候选项的支持度，从候选集中删除支持度小于最小支持度的候选项，进而得出频繁$(k+1)$项集。以此类推，直到不能找到频繁项集为止，也即频繁 k 项集为空。

Apriori 算法的实现是通过对数据库进行扫描从候选集中找出频繁项，不断对候选项计数来完成的。从上面可以看出，最大频繁项目集中有多少项就需要对事务数据库扫描多少次，对于一些大型数据库或数据仓库来说，多次扫描所带来的开销是非常惊人的。

2. Apriori 核心算法分析

为了生成所有的频集，使用递推的方法。其流程简要描述如下。

输入：事务数据库 D，最小支持度阈值 *minsup*。

输出：D 中的频繁项集 L。

(1) 在第一次扫描中，对 D 中每一个数据项计算其支持度，确定出满足最小支持度的 1 频繁项集集合 L_1。

(2) 利用已经生成的 L_{k-1} 自身连接，得到候选 k 项集的集合 C_k。

(3) 然后扫描数据库，计算这些候选集的支持度。

(4) 对候选k项集C_k进行剪枝。扫描C_k，计算这些候选项集的支持度，删除支持度低于用户给定最小支持度阈值*minsup*的项目集，最后，生成所有长度为k的频繁项集L_k。

(5) 重复(2)～(4)，直到L_k为空。

(6) 对L_1到L_k取并集，即为最终的频繁集L。

下面通过举例来说明这种方法。

【例 7-1】 假设数据库中有 9 个事务(见表 7-1)，即D =9，Apriori 假定事务中的项按字典次序存放。利用 Apriori 算法寻找D中的频繁项集。

表 7-1 事务集合 D

TID	项 ID 的列表
T1	*i*1，*i*2，*i*5
T2	*i*2，*i*4
T3	*i*2，*i*3
T4	*i*1，*i*2，*i*4
T5	*i*1，*i*3
T6	*i*2，*i*3
T7	*i*1，*i*3
T8	*i*1，*i*2，*i*5
T9	*i*1，*i*2，*i*3

设最小支持度阈值为 2，首先扫描D，对每个候选项计数得到候选 1 项集的集合C_1，见表 7-2。将支持度计数结果与最小支持度进行比较，保留满足最小支持度的项，得到频繁 1 项的集合L_1，见表 7-3。由于候选 1 项集的支持度都大于 2，所以，所有候选 1 项集都是频繁 1 项集。

表 7-2 候选 1 项集的集合 C_1

项　集	支持度计数
{*i*1}	6
{*i*2}	7
{*i*3}	5
{*i*4}	2
{*i*5}	2

表 7-3 频繁 1 项集的集合 L_1

项　集	支持度计数
{*i*1}	6
{*i*2}	7
{*i*3}	5
{*i*4}	2
{*i*5}	2

继续扫描D，产生候选 2 项集的集合C_2，并对每个候选项计数，见表 7-4。将支持度计数结果与最小支持度进行比较，保留满足最小支持度的项，得到频繁 2 项的集合L_2，见表 7-5。

依次，连续剪枝，得到频繁 3 项的集合L_3，见表 7-6。

表 7-4 候选 2 项集的集合 C_2

项　集	支持度计数
{*i*1，*i*2}	4
{*i*1，*i*3}	3
{*i*1，*i*4}	1
{*i*1，*i*5}	2
{*i*2，*i*3}	3
{*i*2，*i*4}	2
{*i*2，*i*5}	2
{*i*3，*i*4}	0
{*i*4，*i*5}	0

表 7-5 频繁 2 项的集合 L_2

项　集	支持度计数
{*i*1，*i*2}	4
{*i*1，*i*3}	3
{*i*1，*i*5}	2
{*i*2，*i*3}	3
{*i*2，*i*4}	2
{*i*2，*i*5}	2

表 7-6 频繁 3 项的集合 L_3

项　集	支持度计数
{*i*1，*i*2，*i*5}	2

7.1.3　从频繁项集产生关联规则

当从数据库 D 的事务中找出频繁项集后，很容易产生强关联规则。对于置信度，可以用式(7-1)来计算，其中，条件概率用项集支持度计数表示。

$$\text{conf}(X \Rightarrow Y)=\text{P}(Y \mid X)=\frac{\text{support\_count}\{X \cup Y)}{\text{support\_count}(X)} \tag{7-1}$$

其中，$\text{support\_count}\{X \cup Y)$ 是包含项集 $X \cup Y$ 的事务数，$\text{support\_count}(X)$ 是包含项集 X 的事务数。根据式(7-1)，关联规则可以产生如下。

(1) 对于每个频繁项集 l，产生 l 的所有非空子集。

(2) 对于 l 的每个非空子集，如果

$$\frac{\text{support\_count}\{t)}{\text{support\_count}(s)} \geqslant \text{min}conf \tag{7-2}$$

则输出规则 $s \Rightarrow (l-s)$。其中，min*conf* 是最小置信度阈值。

【例 7-2】 基于例 7-1 的事务数据库，假定数据包含频繁项集，设最小置信度阈值为 70%。试根据以上关联规则原理，产生强规则。

根据关联规则，有以下关联规则及对应的置信度。

(1) $i1 \wedge i2 \Rightarrow i5, conf = 2/4 = 50\%$。

(2) $i1 \wedge i5 \Rightarrow i2, conf = 2/2 = 100\%$。

(3) $i1 \wedge i5 \Rightarrow i1, conf = 2/2 = 100\%$。

(4) $i1 \Rightarrow i2 \wedge i5, conf = 2/6 = 33\%$。

(5) $i2 \Rightarrow i1 \wedge i5, conf = 2/7 = 29\%$。

(6) $i5 \Rightarrow i1 \wedge i2, conf = 2/2 = 100\%$。

由于最小置信度阈值为 70%，故产生的强规则只有(2)、(3)和(6)。

【例 7-3】 “啤酒与尿布”的关联分析。

一个超市的销售系统记录了客户购物的情况。表 7-7 中记录了 5 位客户的购物清单。

表 7-7　某超市 5 位客户的购物清单

记　录　号	购物清单
1	啤酒、尿布、婴儿爽身粉、面包、雨伞
2	尿布、婴儿爽身粉
3	啤酒、尿布、牛奶
4	尿布、啤酒、洗衣粉
5	啤酒、牛奶、可乐(coke)

超市经理想知道商品之间的关联，要求列出那些同时购买的、且支持度≥40%(即在 5 行中，至少出现两次)的商品名称。知识发现数据库系统(Knowledge Discovery Database System，KDDS)透过特定算法(例如，著名的 Apriori(验证)算法及或改进型算法)多次扫描数据库，依次得出表 7-8 和表 7-9。其中，支持度小于 0.4 的项目，如单项中的{面包}、{雨伞}和双项中的{尿布、牛奶}等已经略去，这 3 项统计为空，只有{啤酒，尿布，牛奶}

出现了一次(表 7-7 中的 3 号记录)，支持度小于 40%的则略去。

表 7-8 频繁单项集

单 项 集	支 持 度
{啤酒}	4/5
{尿布}	4/5
{婴儿爽身粉}	2/5
{牛奶}	2/5

表 7-9 频繁双项集

双 项 集	支 持 度
{啤酒，尿布}	3/5
{啤酒，牛奶}	2/5
{尿布，婴儿爽身粉}	2/5

由 Apriori 算法得出的知识可解释如下：从单项统计中看出，80%的客户买了啤酒，80%的客户买了尿布。从双项统计中看出，60%的客户同时买了啤酒和尿布，40%的客户买了啤酒和牛奶，40%的客户买了尿布和婴儿爽身粉。此外，还可观察到，在买了啤酒的客户中，又买了尿布的占 0.6 {啤酒，尿布} /0.8 {啤酒} =75%。

于是可列出下列 6 条规则。

R1：啤酒→尿布，*supp*=60%，*conf*=0.6/0.8=75%。

R2：尿布→啤酒，*supp*=60%，*conf*=0.6/0.8=75%。

R3：牛奶→啤酒，*supp*=40%，*conf*=0.4/0.4=100%。

R4：啤酒→牛奶，*supp*=40%，*conf*=0.4/0.8=50%。

R5：尿布→婴儿爽身粉，*supp*=40%，*conf*=0.4/0.8=50%。

R6：婴儿爽身粉→尿布，*supp*=40%，*conf*=0.4/0.4=100%。

KDD 规则反映了商品之间的表面关系，其不一定是现实世界的因果关系。规则是死的，人是活的，运用之妙，存乎一心。例如，R6“婴儿爽身粉→尿布”有很高的信赖度，是相当合理而可以解释的，R3 有很高的信赖度，将提示进一步的调查分析，而在本例中，是因为训练资料太少而引起失真所致。

7.2 决策树算法

分类分析是通过分析训练集中的数据，为每个类别做出准确的描述，或者建立分析模型，或者挖掘出分类规则，然后利用这个分类规则对其他数据库中的记录进行分类的方法。最为典型的分类分析方法是基于决策树的分类方法。决策树是一个类似于流程图的树结构，其中每个内部结点表示一个属性测试，每个分支代表一个测试输出，而每个叶子结点代表类或类分布。也就是说，决策树根据不同的特征，以树型结构表示分类或决策集合，产生规则和发现规律。决策树方法以其易于提取显式规则、计算量相对较小、可以显示重要的决策属性和较高的分类准确率等优点而得到广泛的应用。目前，已有多种决策树算法，如 CLS、ID3、CHAID、C4.5、CART、SLIQ、SPRINT 等。早期著名的 ID3(Iterative Dichotomiser3)算法是 J.R.Quinlan 在 1986 年提出的，该算法引入了信息论中的理论。

7.2.1 信息论的基本原理

信息论是为解决信息传递(通信)过程问题而建立的理论。一个传递信息的系统是由发送端(信源)和接收端(信宿)以及连接这两者的通道(信道)三者组成。在通信过程中，信源和干扰都被理解为某种随机过程或随机序列。在通信之前，由于信宿不能确切了解信源所发出的具体信息，这称为先验不确定性。在通信后，信宿接收到了信息，先验不确定性会被消除或减少。但在一般情况下，由于干扰的存在，先验不确定性不能被全部消除，只能部分被消除，这就是后验不确定性。如果后验不确定性的大小恰好等于先验不确定性的大小，这时信宿根本没有收到信息。如果后验不确定性的大小为零，则说明信宿收到了全部的信息。因此，信息是用来消除不确定性的度量，而信息量的大小是由消除的不确定性的大小来计量的。

1. 信源熵

不确定性的最佳评估方法是平均信息量，即信息熵(Entropy)，定义为：信源各个离散消息的自信息量的数学期望(即概率加权的统计平均值)为信源的平均信息量，一般称为信源的信息熵，也叫信源熵或香农熵，有时称为无条件熵或熵函数，简称熵，记为 $H(X)$。

$$H(X)=E\left[\log_2\frac{1}{p(x_i)}\right]=-\sum_{i=1}^{n}p(x_i)\log_2 p(x_i) \tag{7-3}$$

信源熵实质上是对无记忆信源平均不确定度的度量。$H(X)$ 的定义公式与统计热力学中熵的表示形式相同，这就是信源熵名称的由来。信源熵是信源输出前的平均不确定性，也称先验熵。

例如，$p(x_1)=\frac{1}{4}$，$p(x_2)=\frac{3}{4}$，则 $H(X)=-\frac{1}{4}\log_2\frac{1}{4}-\frac{3}{4}\log_2\frac{3}{4}=-0.811$。对于 $p(x_1)=1$，$p(x_2)=0$ 的情况，$H(X)=1\times\log_2 1+0\times\log_2 0=0$，表示信宿没有接收到信源的信息。

2. 条件熵

条件熵是在联合符号集合 XY 上的条件自信息量的数学期望。在已知随机变量 Y 的条件下，随机变量 X 的条件熵 $H(X/Y)$ 定义为

$$H(X/Y)=-\sum_{j=1}^{m}\sum_{i=1}^{n}p(x_i y_j)\log_2 p(x_i/y_j) \tag{7-4}$$

相应地，在给定 X 的条件下，Y 的条件熵 $H(Y/X)$ 为

$$H(Y/X)=-\sum_{i=1}^{n}\sum_{j=1}^{m}p(x_i y_j)\log_2 p(y_j/x_i) \tag{7-5}$$

条件熵是一个确定值，表示信宿在收到 Y 后，信源 X 仍然存在的不确定度，也称为后验熵。

3. 互信息量

$H(X)$代表收到输出符号集 Y 以前关于 X 的平均不确定性，而 $H(X/Y)$ 代表收到 Y 后关于 X 的平均不确定性。可见，通过信道传输消除了一些不确定性，获得了一些信息。定义：

$$I(X;Y)=\sum_{i=1}^{n}\sum_{j=1}^{m}p(x_iy_j)\log_2\frac{p(x_i/y_j)}{p(x_i)}$$
$$=\sum_{i=1}^{n}\sum_{j=1}^{m}p(x_iy_j)\log_2\frac{1}{p(x_i)}-\sum_{i=1}^{n}\sum_{j=1}^{m}p(x_iy_j)\log_2\frac{1}{p(x_i/y_j)} \tag{7-6}$$
$$=H(X)-H(X/Y)$$

$I(X;Y)$为 X 与 Y 之间的平均互信息。它代表收到 Y 后获得的关于 X 的信息量。熵差 $H(X)-H(X/Y)$是不确定性的消除，即互信息才是接收端所获得的信息量。

7.2.2 ID3 算法

ID3 算法是借用信息论中的互信息(J.R.Quinlan 把它称为信息增益)寻找训练集中具有最大信息量的属性字段，建立决策树的一个结点，再根据该属性字段的不同取值建立树的分支；在每个分支子集中重复建立树的下层结点和分支过程。ID3 的基本原理如下。

设 $E=\{V_1, V_2, \cdots, V_m\}$是 m 维有穷向量空间，其中 V_i 是有穷离散符号集，E 中的元素 $e=(E_1, E_2, \cdots, E_n)$称为实例。设 Pe 和 Ne 是 E 的两个实例集，分别称为正例集和反例集。假设向量空间 E 中的正例集 Pe 和反例集 Ne 的大小分别为 p 和 n。

ID3 基于如下两种假设：在向量空间 E 上的一棵正确决策树对任意实例的分类概率同正反实例的概率；一棵决策树对一实例做出正确判断所需的信息量如下。

$$I(p,n)=-\frac{p}{p+n}\log_2\frac{p}{p+n}-\frac{n}{p+n}\log_2\frac{n}{p+n} \tag{7-7}$$

如果以某属性 A 作为决策树的根，则 A 具有 m 个值$\{V_1, V_2, \cdots, V_m\}$，它将 E 分成 m 个子集$\{E_1, E_2, \cdots, E_m\}$，假设子集 E_t 中含有 p_t 个正例和 n_t 个反例，那么子集 E_t 所需的期望信息是 $H(P_t, N_t)$，以属性 A 为根所需的信息熵如下。

$$E(A)=\sum_t[\frac{p_t+n_t}{p+n}I(p_t+n_t)] \tag{7-8}$$

以 A 为根的信息增益为

$$\text{Gain}(A)=I(P, N)-E(A) \tag{7-9}$$

ID3 选择使 Gain(A)具有最大的属性 A^*作为根结点，对 A^*的不同取值对应的 E 的 V 个子集 E_t，递归调用上述生成过程来生成子结点。

算法描述如下。

ID3Tree (T，T-attributelist)

T 为样本空间，T-attributelist 为属性集。

(1) 创建根结点 N。

(2) IF T 都属于同一类 C，则返回 N 为叶结点，标记为类 C。

(3) IF T-attributelist 为空或 T 中所剩的样本数少于某给定值，则返回 N 为叶结点，标记为 T 中出现最多的类。

(4) FOR EACH T-attributelist 中的属性，计算信息增益 information gain。

(5) 结点 N 的分裂属性为 T-attributelist 中具有最高信息增益的属性。

(6) FOR EACH 由结点 N 长出的新结点{

IF　该结点对应的样本子集只有唯一的一种决策类别，

则将该结点标记为该类别的叶结点；

ELSE

在该结点上执行 ID3Tree (T'，T'-attributelist)，对它继续进行分裂;}

其中，T'为由结点 N 划分而来的子集，T'-attributeslit 为去除被选分裂属性后的属性集。

【例 7-4】 表 7-10 是顾客数据表，用决策树考察某顾客是否会购买 PC。

表 7-10 顾客数据表

年　龄	收　入	是否学生	信　用	购买 PC
<=30	高	否	中	否
<=30	高	否	优	否
31～40	高	否	中	是
>40	中	否	中	是
>40	低	是	中	是
>40	低	是	优	否
31～40	低	是	优	是
<=30	中	否	中	否
<=30	低	是	中	是
>40	中	是	中	是
<=30	中	是	优	是
31～40	中	否	优	是
31～40	高	是	中	是
>40	中	否	优	否

类标号属性为购买 PC，它有两个不同的值(“是”、“否”)，即有两个不同的类，m=2；设 p 对应“是”，n 对应“否”，则 p=9，n=5。

1) 创建根结点

先计算对给定样本分类所需的期望信息。

$$I(p,n)=-\frac{p}{p+n}\log_2\frac{p}{p+n}-\frac{n}{p+n}\log_2\frac{n}{p+n}$$

$$=-\frac{9}{14}\log_2\frac{9}{14}-\frac{5}{14}\log_2\frac{5}{14}$$

$$=0.94$$

下面计算每个属性的熵。从年龄开始计算。

年龄=“<=30”：　$p_{11}=2$，$n_{11}=3$　$I(p_{11},\ n_{11})=0.971$

年龄=“30～40”：　$p_{12}=4$，$n_{12}=0$　$I(p_{12},\ n_{12})=0$

年龄=“>40”：　$p_{13}=3$，$n_{13}=2$　$I(p_{13},\ n_{13})=0.971$

如果样本按年龄划分，对一个给定的样本分类所需的期望信息如下。

$$E(年龄)=\frac{5}{14}I(p_{11},n_{11})+\frac{4}{14}I(p_{12},n_{12})+\frac{5}{14}I(p_{13},n_{13})=0.694$$

因此，这种划分的信息增益是：

Gain(年龄)= $I(P, N) - E$(年龄)=0.246。

同理可得

Gain(收入)=0.029

Gain(是否学生)=0.151

Gain(信用)=0.048

在所有的属性中，年龄的信息增益最高，被选作测试属性。创建一个根结点，用年龄标记，并对每个属性值引出一个分支。

2) 分支建立

考虑分支“年龄=‘<=30’”的结点。

因为 Gain(收入)= 0.571

Gain(学生)=0.971

Gain(信用)= 0.02

所以分支“年龄=‘<=30’”结点的测试属性为“学生”。

考虑分支“年龄=‘31～40’”的结点，由于所有记录属于同一类别“是”，所以分支“年龄=‘31～40’”的结点为叶结点。

考虑分支“年龄=‘>40’”的结点。

因为 Gain (收入)= 0.02

Gain(学生)= 0.02

Gain(信用)= 0.971

所以分支“年龄=‘>40’”结点的测试属性为“信用”。

考虑分支“学生=‘否’”的结点，由于所有记录属于同一类别“否”，所以分支“学生=‘否’”的结点为叶结点。

考虑分支“学生=‘是’”的结点，由于所有记录属于同一类别“是”，所以分支“学生=‘是’”的结点为叶结点。

考虑分支“信用=‘优’”的结点，由于所有记录属于同一类别“否”，所以分支“信用=‘否’”的结点为叶结点。

考虑分支“信用=‘中’”的结点，由于所有记录属于同一类别“是”，所以分支“信用=‘是’”的结点为叶结点。

建立的决策树如图 7.1 所示。

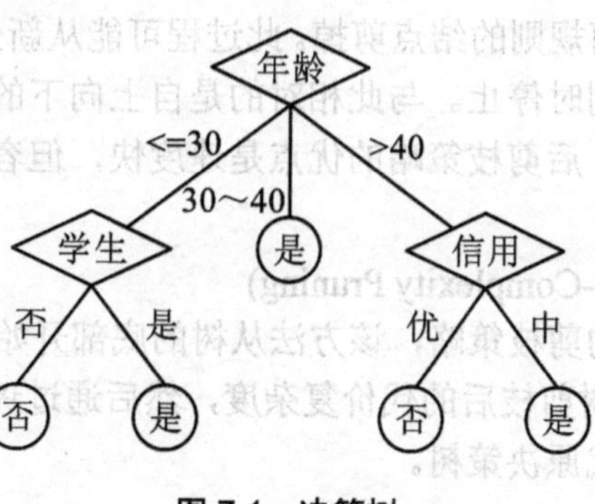

图 7.1　决策树

7.2.3 树剪枝

在建立决策树的过程中，首先考虑分类的正确性，其次要把决策树的复杂程度作为另外一个需要考虑的重要因素。如果决策树构造得过于复杂，结点就会增多，每个结点所包含的训练实例个数就减少，则支持每个结点的假设的实例个数就越少，可能导致随后错误率较大，对于用户也很难理解，这样，分类树的构造就失去意义了。决策树越小，就越容易被理解，其存储与传输的代价也就越小。但也不是结点越小错误率就越低，要在树的大小与正确率之间进行平衡。因此，应该在保证正确率的前提下尽量构造简单的决策树。简化决策树的方法很多，剪枝是最常用的方法，它主要是通过在训练过程中明确地控制树的大小来简化决策树。决策树变得异常庞大有多种原因，其中之一是特征描述不当。树的有些特征描述方式不能精确地建立目标概念模型，当用这种描述方式时，目标模型非常复杂。相反，运用得当的描述将大大降低模型的复杂程度。因此，在树修剪的过程中要考虑相应的描述。另一个导致树庞大的原因是噪声。剪枝主要包括预剪枝(Pre-pruning)与后剪枝(Post-pruning)两种方法。

1. 预剪枝

预剪枝就是在完全正确分类训练集之前，提前停止树的构造。在建树的过程中，当分裂过程满足一定的条件时，结点就不再继续分裂，该结点成为一个叶子结点。叶子结点取子集中频率最大的类作为自己的标识，或者可能仅仅存储这些实例的概率分布函数。预剪枝会引起树在不完全成熟之前停止，即树可能在不应停止的时候而停止扩展，而且，选取一个适当的阈值是困难的。较高的阈值可能得到过分简化的树，而较低的阈值可能使树简化的太少。预剪枝有一个缺点就是在相同的标准下，也许当前的扩展不能满足要求，但是更进一步的扩展能够满足要求。这将使得算法过早地停止决策树的构造。后剪枝将克服这个缺点，也可通过其他方法(如构造属性、前向搜索等)来克服。但是，由于预剪枝不必生成整棵决策树，且算法相对简单、效率高，适合解决大规模问题，所以这种方法的实际应用还是值得考虑的。

2. 后剪枝

目前，后剪枝方法已经得到了广泛的讨论，并在实际中得到了成功的应用。后剪枝首先生成与训练数据完全一致的树，然后由下向上，即搜索开始于树最底层的内部结点(子类都是叶的结点)，将符合修剪规则的结点剪掉。此过程可能从新生成的最底层结点重新开始，直到没有结点满足修剪规则时停止。与此相对的是自上向下的策略，即从根开始依次修剪结点，直到无法修剪为止。后剪枝策略的优点是速度快，但容易遗漏有价值的子树。后剪枝的一些主要策略如下。

1) MCCP (MinimalCost-Complexity Pruning)

这是基于代价复杂度的剪枝策略，该方法从树的底部开始，对于每个内部结点 N，计算 N 处的代价复杂度和该树剪枝后的代价复杂度，然后通过评价这些子树的代价复杂度来选择一棵最好的子树以取代原决策树。

2) PEP(Pessimistic Error Pruning)

此方法是由 QululnaJR 在 1987 年提出的悲观剪枝法，类似于 MCCP 方法。其原理是用产生决策树的训练数据来检测错误率，但实际上对错误的估计过于乐观了，因此会产生较大的偏差。对产生的偏差可以使用二项式分布中的连续修正加以修正，以得到更为符合实际的错误率。

3) MEP(Minimum Error Pruning)

MEP 方法由 Niblett 和 Bartko 首先提出，该方法使用了拉普拉斯概率估计来提高 ID3 方法存在噪声数据问题中的性能。MEP 方法的基本思路是采用自底向上的方式，对于树中的每个非叶结点，首先计算该结点的误差，然后计算该结点每个分支的误差，并且将权相加，权为每个分支拥有的训练样本比例。如果该结点大于每个分支的误差的加权和，则保留该子树；否则剪裁它。

4) REP(Reduced Error Punring)

REP 也是由 QuinlnaJR 提出的。在此方法中，检测决策树中的非叶结点，当此结点被最佳的叶结点取代而产生的错误数目小于或者等于之前未修剪的决策树的错误数目时，则修剪成功；否则修剪失败，放弃修剪。如果修剪成功，则重复这一方法，直至错误数目比前一决策树有所增加为止。

5) MDL(Minimum DeseriPtion Length)

MDL 剪枝方法是 MehtaM、RissnaenJ 和 Agrawa1R 等人在 1995 年提出的一种决策树剪枝的方法。该方法将构造的决策树中所包含的信息量以二进制编码的形式来表示，利用编码的长度表示决策树某一分支的误分类率的大小，进而决定是否剪枝，它的目的在于生成一棵描述长度最小的决策树。

7.2.4 由决策树提取分类规则

当决策树建立好后，从其中提取分类规则。具体的做法是，可以对从根到树叶的每条路径创建一个形如 IF…THEN 的规则。沿着给定路径上的内部“结点一分支”对形成规则前件(“IF”部分)，叶结点形成规则后件(“THEN”部分)。当给定的树很大时，IF…THEN 规则易于理解。

在上面的例 7-4 中，沿着由根结点到叶子结点的路径，图 7.1 的决策树可以转换成以下的 IF…THEN 分类规则。

IF 年龄=“<=30”AND 学生=“否”THEN 购买 PC=“否”
IF 年龄=“<=30”AND 学生=“是”THEN 购买 PC=“是”
IF 年龄=“30～40”THEN 购买 PC=“是”
IF 年龄=“>40”AND 信用=“优”THEN 购买 PC=“否”
IF 年龄=“>40”AND 信用=“中”THEN 购买 PC=“是”

7.3 神经网络算法

人工神经网络(Artificial Neural Network)是数据挖掘中另一种高效的分类方法，它是由大量的处理单元互相连接而成的网络，能够模拟大脑的基本特性，进行识别和训练，而且不需要先验知识。神经网络具有自适应和学习能力，网络不断地检测结果与实际情况是否相符，把与实际情况不符的输入/输出数据对作为新的样本，神经网络对新样本进行动态学习并动态地改变网络结构和参数，从而得到更符合实际情况的知识和规则。常用的神经网络模型是多层前馈神经网络。

7.3.1 神经网络的基本原理

人工神经网络是在研究生物神经系统的启发下发展起来的一种信息处理方法，它模拟生物神经系统的结构，是由大量的处理单元组成的非线性自适应动态系统，具有高度非线性的超大规模实践特性、网络的全局作用、大规模并行分布处理及高度的鲁棒性和容错性，有联想记忆、抽象概括和自适应能力，这种抽象概括和自适应能力一般称为自学能力。

神经网络系统是由大量的、同时也是很简单的处理单元(或称神经元)广泛地互相连接而形成的复杂网络系统，它反映了人脑功能的许多基本特性，如学习、归纳和分类，但它并不是人脑神经网络系统的真实写照，只是对其做某种简化、抽象和模拟，这也是现实情况所能做到的，是目前神经网络研究的基本出发点。神经元是神经网络中最基本的处理单元。从神经元的特性和功能可以知道，神经元是一个多输入/单输出的信息处理单元，而且，它对信息的处理是非线性的。根据神经元的特性和功能，可以把神经元抽象为一个简单的数学模型。工程上用的人工神经元模型如图 7.2 所示。

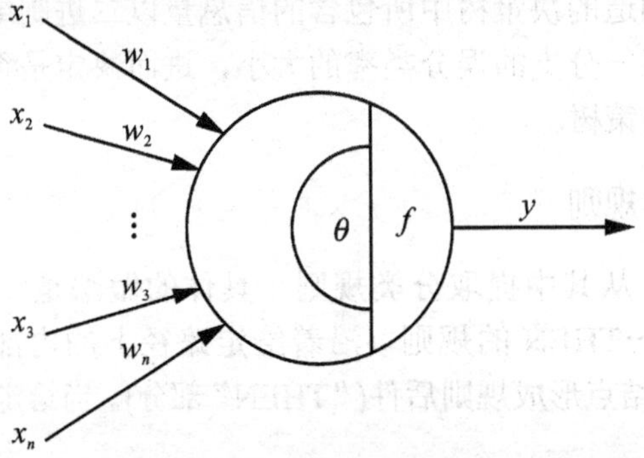

图 7.2 人工神经元模型

在图 7.2 中，x_1，x_2，…，x_n 表示神经元的输入(它们是其他神经元的输出)，w_1，w_2，…，w_n 表示相互连接的神经元之间的连接强度(或权重)，θ 表示其阈值，y 表示经过该神经元处理后的输出值。通常，每个神经元的输出值只有一个，但它可以连接到其他多个神经元，作为其他神经元的输入。神经元的这种输入输出关系可表示为

$$y = f\left(\sum_{i=1}^{n} \omega_i x_i - \theta\right) \tag{7-10}$$

在式(7-10)中，$f(x)$为激活函数，激活函数有多种形式，其中最常见的有阶跃型、线性型和 S 型(Sigmoid)这 3 种形式。S 型函数的输出是非线性的，故这种神经元也称为非线性连续型模型。本文将采用 S 型函数，表示为

$$f(x) = \frac{1}{1+\mathrm{e}^{-x}} \tag{7-11}$$

7.3.2 反向传播模型

按照网络的拓扑结构和运行方式，神经网络模型分为前馈多层式网络模型、反馈递归式网络模型和随机型网络模型等。但理论上最完善、应用最广泛的主要是误差反向传播(Back Propagation，BP)网络。误差反向传播网络又称为多层前馈神经网络。BP 网络是一种非线性映射的人工神经网络，分为输入层、隐藏层和输出层，层与层之间采用全互连方式，层内神经元之间无连接，其模型结构如图 7.3 所示。

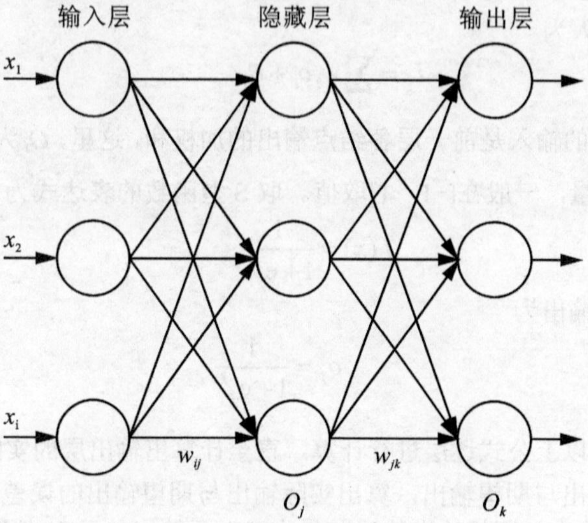

图 7.3 多层前馈神经网络结构

网络训练样本为 $X\{x_1, x_2, \cdots, x_i\}$，每层之间存在加权连接，其中，$w_{ij}$ 表示某层的单元 j 到前一层单元 i 的权。

(1) 输入层：该层能接收来自各种接触点的数据。这些数据形成 BP 网络的经验数据组。

(2) 隐藏层：使用输入层的数据，通过识别行为模式和解释信息来评价经验数据组，可分为多层，它对于输入层和输出层的使用者来说是透明的，故称为隐藏层。隐藏层的状态影响输入/输出之间的关系，即改变隐藏层的权系数，可以改变整个多层神经网络的性能。

(3) 输出层：该层通知使用者通过分析获得的模式和行为信息，同时利用这信息形成预测模型。

BP 网络的学习过程是一种误差边向后传播边修正权系数的过程，BP 算法把网络的学习过程分为正向传播和反向传播两种交替过程。如果其中的正向传播输出的误差平方和达不到预期的精度，则沿误差的负梯度方向修正各层神经元的权值和阈值，如此反复，直至网络全局误差平方和达到预期的精度。其工作过程简述如下。

1. 正向传播

输入信息先传到隐藏层的结点上，经过各单元的特性为 S 型的激活函数运算后，把隐藏层结点的输出信息传到输出结点，最后给出输出结果。在传播过程中，每一层神经元的状态只影响下一层的神经元。在输出层把现行输出和期望输出进行比较，如果现行输出不等于期望输出，则进入反向传播过程。

2. 反向传播

如果得不到实际的输出，则转入反向传播过程，将误差信号沿原来的连接线路返回，通过修改各层神经元的权值，逐次地向输入层传播进行计算，再经过正向传播过程。这两个过程的反复运用，逐渐使得误差信号最小，网络学习过程就结束。

3. BP 算法

BP 算法的基本思想是首先对 w_{ij} 赋值，在输入层各结点的输出等于输入。对于中间的隐藏层，结点 j 的输入为

$$I_j = \sum_i w_{ij} o_i + \theta_j \tag{7-12}$$

也就是每个结点的输入是前一层各结点输出的加权和，这里，O_i 为单元 i 的输出，θ_j 为改变单元 j 活性的偏量，一般在[−1，1]取值。取 S 型函数的表达式为

$$f(x) = \frac{1}{1+\mathrm{e}^{-x}} \tag{7-13}$$

那么，结点 j 的输出为

$$o_j = \frac{1}{1+\mathrm{e}_j^{-I}} \tag{7-14}$$

对每个隐藏层按以上公式逐层进行计算，直至计算出输出层的实际输出 o_k。

然后比较实际输出与期望输出，算出实际输出与期望输出的误差。根据误差修改权重 w_{jk} 及 θ_j，使得实际输出与期望输出的误差最小。对于输出单元 k，误差定义为

$$Err_k = o_k(1-o_k)(T_k - o_k) \tag{7-15}$$

其中，T_k 为输出层单元 k 的期望输出。更新权重和偏量，取 l 作为学习率，主要是为了避免陷入局部最优解。

$$\begin{cases} \Delta w_{jk} = l \cdot Err_k o_j \\ \Delta\theta_k = l \cdot Err_k \end{cases} \tag{7-16}$$

同理，隐藏层单元 j 与前一层 i 之间的权重 w_{ij} 的修改量 Δw_{ij} 和单元 j 的 θ_j 的修改量 $\Delta\theta_j$ 为

$$Err_j = o_j(1-o_j)\sum_k Err_k w_{jk} \tag{7-17}$$

$$\begin{cases} \Delta w_{ij} = l \cdot Err_j o_i \\ \Delta\theta_j = l \cdot Err_j \end{cases} \tag{7-18}$$

一般，达到以下某个条件，就结束迭代过程。

(1) 前一周期所有的 $\Delta w_{ij} = l \cdot Err_j o_i$ 都小于某个设定的值。

(2) 前一周期预测的准确率大于某个设定的值。

(3) 超过预先指定的周期数。

BP 算法如下。

其中，l 为学习率；o_i 为单元 i 的输出；o_j 为单元 j 的输出；T_j 为输出层单元 j 的期望输

出；Err_j 为与隐藏层单元 j 的误差加权和；w_{jk} 为单元 j 与单元 k 相连的有向加权边的权重；θ_j 为改变单元 j 活性的偏量。

输入：训练样本 S，学习率 l，多层前馈网络。

输出：一个训练的、对样本分类的神经网络。

方法：

(1) 初始化网络的权和阈值

(2) WHILE 终止条件满足{

(3) FOR S 中的每个训练样本 X{

(4) FOR 隐藏或输出层每个单元 j{(

(5) $I_j = \sum_i w_{ij} o_i + \theta_j$; //相对于前一层计算单元 j 的净输入

(6) $o_j = \frac{1}{(1 + e_j^{-I})}$; // 计算每个单元 j 的输出

(7) FOR 输出层每个单元

(8) $Err_j = o_j(1 - o_j)(T_j - o_j)$; //计算误差

(9) FOR 由最后一个到第一个隐藏层，对于隐藏层每个单元 j

(10) $Err_j = o_j(1 - o_j)\sum_k Err_k w_{jk}$; //计算关于下一个较高层 k 的误差

(11) FOR 网络中的每一个权 w_{ij}

(12) $w_{ij} = w_{ij} + l \cdot Err_j o_i$;

(13) FOR 网络中每个单元偏量 θ_j

(14) $\theta_j = \theta_j + l \cdot Err_j$

【例 7-5】 假设训练样本 S 的属性值为 {1，0，1}，实际类别分别为 1，两层前馈神经网络 NT 如图 7.4 所示，NT 中每条有向加权边的权重、每个隐藏层与输出层单元的偏置见表 7-11，学习率为 0.9。写出输入 S 训练 NT 的过程。

首先算出单元 4、5、6 的输入、输出，具体结果见表 7-12，然后计算 4、5、6 的误差，见表 7-13；NT 中每条有向加权边的新权重、每个隐藏层与输出层单元的新偏置见表 7-14。

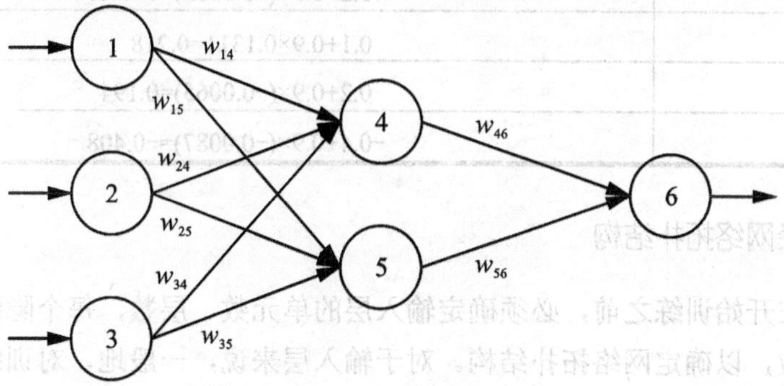

图 7.4 两层前馈神经网络

表 7-11 权重、单元的偏置

X_1	X_2	X_3	w_{14}	w_{15}	w_{24}	w_{25}	w_{34}	w_{35}	w_{46}	w_{56}	θ_4	θ_5	θ_6
1	0	1	0.2	−0.3	0.4	0.1	−0.5	0.2	−0.3	−0.2	−0.4	0.2	0.1

表 7-12 隐藏层与输出层每个单元的输入、输出

单元 j	输入 I_j	输出 O_j
4	0.2×1+0.4×0+(−0.5)×1+(−0.4)=−0.7	1/(1+e−(−0.7))=0.332
5	(−0.3)×1+0.1×0+0.2 × 1+0.2=0.1	1/(1+e−0.1)= 0.525
6	(−0.3) ×0.332+(−0.2)×0.525+0.1=−0.105	1/(1+e−(−0.105))=0.474

表 7-13 隐藏层与输出层每个单元的误差

单元 j	误　差
6	0.474×(1−0.474)×(1−0.474)=0.1311
5	0.525×(1−0.525)×(0.1311×(−0.2))=−0.0065
4	0.332×(1−0.332)×(0.1311×(−0.3))=−0.0087

表 7-14 有向加权边的新权重、每个隐藏层与输出层单元的新偏置

w_{46}	−0.3+0.9×0.1311×0.332=−0.261
w_{56}	−0.2+0.9×0.1311×0.525=−0.138
w_{14}	0.2+0.9×(−0.00087)×1=0.192
w_{15}	−0.3+0.9×(−0.0065)×1=−0.306
w_{24}	0.4+0.9×(−0.0087)×0=0.4
w_{25}	0.1+0.9×(−0.0065)×0=0.1
w_{34}	−0.5+0.9×(−0.0087)×1=−0.508
w_{35}	0.2+0.9×(−0.0065)×1=0.194
θ_6	0.1+0.9×0.1311=0.218
θ_5	0.2+0.9×(−0.0065)=0.194
θ_4	−0.4+0.9×(−0.0087)=−0.408

7.3.3 定义神经网络拓扑结构

神经网络在开始训练之前，必须确定输入层的单元数、层数，每个隐藏层的单元数和输出层的单元数，以确定网络拓扑结构。对于输入层来说，一般地，对训练数据的输入值进行规范化，使每个值作为一个输入单元。对于隐藏层单元数的选择比较复杂，目前还没很好的方法来表示。如何选取最佳的隐藏层数目，可以参考下面的公式。

$$k < \sum_{i=0}^{n} c\binom{n_1}{i}, n_1 = \sqrt{n+m} + a, n_1 = \log 2^n \qquad (7\text{-}19)$$

其中，k 为样本数，n 为输入结点数，m 为输出样本，n_1 为隐藏层结点数。

7.3.4 神经网络的工作过程

所有神经网络的工作过程主要分为两个阶段：工作阶段和学习阶段。

(1) 工作阶段：此时各连接权值固定，处理单元状态变化，以求达到稳定状态。

(2) 学习阶段：各处理单元状态保持不变，各连接权值可修改。

神经网络的学习过程如图 7.5 所示。

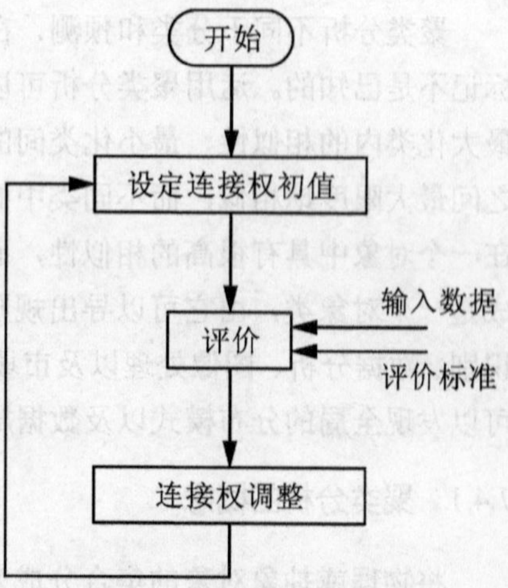

图 7.5 神经网络的学习过程

学习方式主要有两种：有监督(教师)学习、无监督学习。有教师学习过程需要给定结果，并且给出反馈值：无教师学习过程则不用指定结果，不给出期望反馈值，按照网络自认为合适的方式组织数据。

有教师学习过程需要给定一组样本(输入输出数据对)，网络根据实际输出与样本进行比较，以决定连接权的调整方式。这个评价标准是人为的由外界提示给网络的，其过程如图 7.6 所示。

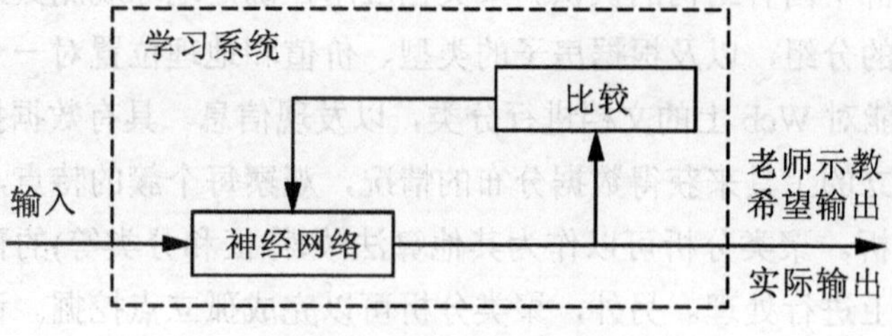

图 7.6 有教师学习过程

无教师学习过程外部不提供正确的输入，网络仅仅是根据其特有的网络结构和学习规则，对属于同一类的模式进行自动分类。这种网络的学习评价标准是隐含于网络的内部的，其过程如图 7.7 所示。

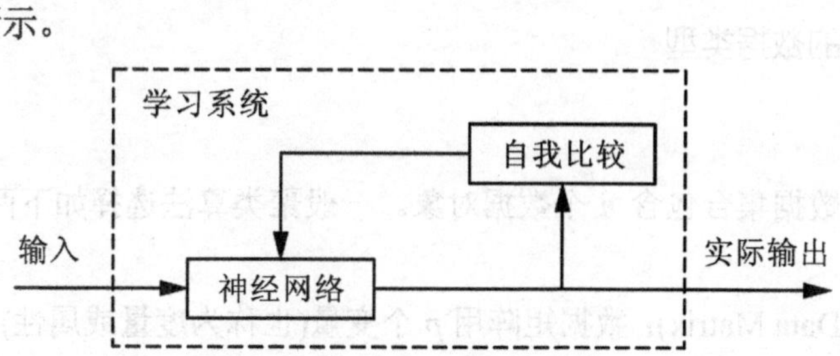

图 7.7 无教师学习过程

7.4 聚类分析

聚类分析不同于分类和预测，在一般情况下，对于给定的数据对象集，每个对象的类标记不是已知的。运用聚类分析可以产生这种标记。聚类分析是把大量数据点的集合根据最大化类内的相似性、最小化类间的相似性的原则进行聚类或分组，使得每个类中的数据之间最大限度地相似，而不同类中的数据最大限度地不同，即对象的聚类这样形成：使得在一个对象中具有很高的相似性，而与其他簇中的对象很不相似。所形成的每个簇可以看成是一个对象类，由它可以导出规则。聚类分析已经广泛地应用在许多领域中，包括模式识别、数据分析、图像处理以及市场研究。通过聚类，人们能够识别出密集和稀疏的区域，可以发现全局的分布模式以及数据属性之间有趣的相互联系。

7.4.1 聚类分析的概念

将物理或抽象对象的集合分成为由类似的对象组成的多个类的过程称为聚类。由聚类所生成的簇是一组数据对象的集合，这些对象与同一个簇中的对象彼此相似，与其他簇中的对象相异。

在商务上，聚类能帮助市场分析人员从客户基本库中发现不同的客户群，并用购买模式来刻画不同客户群的特征。在生物学上，聚类能用于推导植物和动物的分类，对基因进行分类，获得对种群中固有结构的认识。聚类也应用在确定地球观测数据库中相似地区、汽车保险单持有者的分组，以及根据房子的类型、价值和地理位置对一个城市中的房屋进行分组上。聚类也能对 Web 上的文档进行分类，以发现信息。具有数据挖掘的功能，聚类分析能作为一个独立的工具来获得数据分布的情况，观察每个簇的特点，集中对特定的某些簇做进一步的分析。聚类分析可以作为其他算法(如特征和分类等)的预处理步骤，这些算法再在生成的簇上进行处理。另外，聚类分析可以完成孤立点挖掘。许多数据挖掘算法试图使孤立点影响最小化或者排除它们，然而孤立点本身可能是非常有用的。如在欺诈探测中，孤立点可能预示着欺诈行为。聚类是一个富有挑战性的研究领域，它的潜在应用都有各自特殊的要求。

7.4.2 聚类分析中的数据类型

1. 数据结构

假设要聚类的数据集合包含 n 个数据对象。一般聚类算法选择如下两种有代表性的数据结构。

(1) 数据矩阵(Data Matrix)：数据矩阵用 p 个变量(也称为度量或属性)来表示 n 个对象，这种数据结构是关系表的形式，或者看成 $n \times p$(n 个对象 $\times p$ 个变量)的矩阵。如下所示。

$$\begin{bmatrix} x_{11} & \cdots & x_{1f} & \cdots & x_{1p} \\ \vdots & & \vdots & & \vdots \\ x_{i1} & & x_{if} & & x_{ip} \\ \vdots & & \vdots & & \vdots \\ x_{n1} & & x_{nf} & & x_{np} \end{bmatrix}$$

(2) 相异度矩阵(Dissimilarity Matrix)：相异度矩阵存储 n 个对象两两之间的近似性，表现形式是一个 $n\times n$ 维的矩阵。在此，$d(i,j)$是对象 i 和对象 j 之间相异性的量化表示，通常是一个非负的数值，当对象 i 和 j 越相似或“接近”时，其值越接近 0；两个对象越不同，其值越大，而且 $d(i,j)=d(j,i)$，$d(i,i)=0$，如下所示。

$$\begin{bmatrix} 0 & & & & \\ d(2,1) & 0 & & & \\ d(3,1) & d(3,2) & 0 & & \\ \vdots & \vdots & \vdots & \ddots & \\ d(n,1) & d(n,2) & \cdots & & 0 \end{bmatrix}$$

2. 相异度计算

许多聚类算法以相异度矩阵为基础，若数据以数据矩阵的形式出现，则首先要将数据矩阵转化为相异度矩阵。

1) 区间标度变量

区间标度变量是一个粗略线性标度的连续度量。典型的例子包括重量和高度、经度和纬度坐标以及大气温度等。区间标度变量对象间的相异度 $d(i,j)$是基于对象间的距离来计算的，最常用的距离度量方法是欧几里得距离、曼哈坦距离、明考斯基距离。欧几里得距离的定义如下。

$$d(i,j)=\sqrt{|x_{i1}-x_{j1}|^2+|x_{i2}-x_{j2}|^2+\cdots+|x_{im}-x_{jm}|^2} \tag{7-20}$$

这里的 $(x_{i1},x_{i2},\cdots,x_{im})$ 和 $(x_{j1},x_{j2},\cdots,x_{jm})$ 是数据对象 i、j 的 m 个属性值。

曼哈坦距离的定义如下。

$$d(i,j)=|x_{i1}-x_{j1}|+|x_{i2}-x_{j2}|+\cdots+|x_{im}-x_{jm}| \tag{7-21}$$

以上的 $d(i,j)$都满足如下的数学要求。

(1) 非负性：$d(i,j)\geqslant 0$，是一个非负的数值。

(2) 一个对象与自身的距离是 0，即 $d(i,i)=0$。

(3) 对称性：$d(i,j)=d(j,i)$。

(4) 三角不等式：$d(i,j)\leqslant d(i,k)+d(k,j)$，表示从对象 i 到对象 j 的直接距离不会大于途经任何其他对象 k 的距离。

明考斯基距离是欧几里德距离和曼哈坦距离的概化，它的定义如下。

$$d(i,j)=(|x_{i1}-x_{j1}|^q+|x_{i2}-x_{j2}|^q+\cdots+|x_{im}-x_{jm}|^q)^{1/q} \tag{7-22}$$

这里的 q 是一个正整数。当 q=1 时，表示曼哈坦距离，当 q=2 时表示欧几里德距离。

2) 二元变量

一个二元变量只有两个状态 0 和 1，0 表示该变量为空，1 表示变量存在。例如，给出一个描述病人的变量 Smoker，1 表示病人抽烟，0 表示不抽烟。对于这种情况，需要特定的方法来计算其相异度。如果假设所有的二元变量有相同的权重，可以得到一个两行两列的可能性分布见表 7-15。在表中，p 是对象 i 和 j 值都为 1 的变量的数目，r 是在对象 i 中值为 1，在对象 j 中值为 0 的变量的数目，s 是在对象 i 中值为 0，在对象 j 中值为 1 的变量的数目，q 是在对象 i 和 j 中值都为 0 的变量的数目。变量的总数是 m，$m=q+r+s+p$。

表 7-15　二元变量的分布表

j \ i	1	0	求和
1	p	r	$p+r$
0	s	q	$s+q$
求和	$p+s$	$r+q$	m

如果它的两个状态有相同的权重，那么该二元变量是对称的，也就是两个取值 0 或 1 没有优先权。例如，“性别”属性，它有两个值：“女性”和“男性”。基于对称二元变量的相似度称为恒定的相似度，即当一些或者全部二元变量的编码改变时，计算结果不会发生变化。对恒定的相似度来说，评价两个对象 i 和 j 之间相异度最著名的系数是简单匹配系数，其定义如下。

$$d(i,j)=\frac{r+s}{p+q+r+s} \tag{7-23}$$

如果两个状态的输出不是同样重要，那么该二元变量是不对称的。例如，一个疾病检查的肯定和否定结果。根据惯例，将比较重要的输出结果，通常也是出现概率较小的结果编码为 1(如患病)，而将另一种结果编码为 0(如没病)。给定两个不对称的二元变量，两个都取值为 1 的情况(正匹配)被认为比两个都取值为 0 的情况(负匹配)更有意义。因此，这样的二元变量被认为好像只有一个状态。基于这种变量的相似度被称为非恒定的相似度。对于非恒定的相似度，最著名的评价系数是 Jaccard 系数，在计算机中，负匹配的数目 q 被认为是不重要的，因此被忽略，其定义如下。

$$d(i,j)=\frac{r+s}{p+r+s} \tag{7-24}$$

当对称和非对称的二元变量出现在同一个数据集中时，可以应用混合变量方法。举例说明如下。

【例 7-6】 假如一个病人记录表(见表 7-16)包含的属性有“姓名”、“性别”、“发烧”、“咳嗽”、“测试－1”、“测试－2”、“测试－3”和“测试－4”。

表 7-16　病人记录的属性关系表

姓　名	性　别	发　烧	咳　嗽	测试－1	测试－2	测试－3	测试－4
张三	男	*Y*	*N*	*P*	*N*	*N*	*N*
王五	女	*Y*	*N*	*P*	*N*	*P*	*N*
李四	男	*Y*	*Y*	*N*	*N*	*N*	*N*
…	…	…	…	…	…	…	…

“姓名”是对象标识，“性别”是对称的二元变量，其余的属性都是非对称的二元变量。对于非对称属性，值 Y 和 P 被置为 0。假设对象(病人)之间的距离只基于非对称变量来计算。根据 Jaccard 系数公式，上述 3 个病人两两之间的相异度计算如下。

$$d(\text{张三，王五})=\frac{0+1}{2+0+1}=0.33$$

$$d(\text{张三，李四})=\frac{1+1}{1+1+1}=0.67$$

$$d(\text{李四，王五})=\frac{1+2}{1+1+2}=0.75$$

上面的值显示了李四和王五不可能有相似的疾病，因为他们有着最高的相异度。在这 3 个病人中，张三和王五最可能有类似的疾病。

3) 标称变量

标称变量是二元变量的推广，它可以具有多于两个的状态值。例如，颜色是一个标称变量，它的域可能有 5 个状态：红色、黄色、绿色、粉红色和黑色。假设一个标称变量的状态数目是 M，这些状态可以用字母、符号或者一组整数(如 1，2，…，M)来表示。标称变量的域是由多个无先后次序的状态值构成的。标称变量所描述的对象之间的相异度是用简单匹配方法来计算的，其定义如下。

$$d(i,j)=\frac{p-m}{p} \tag{7-25}$$

通过为每个状态创建一个二元变量，可以用二元变量来表示标称变量。对一个有特定状态值的对象，对应该状态值的二元变量值置为 1，而其余的二元变量值置为 0。

4) 序数型变量

一个离散的序数型变量类似于标称变量，但是，序数型变量的 M 个状态是以有意义的序列进行排序的。序数型变量对记录那些难以客观度量的主观评价是非常有用的。一个序数型变量的值可以映射为秩，例如，假设一个变量 f 有 M_f 个状态，这些有序的状态定义了一个排列 1，…，M_f。在计算对象的相异度时，序数型变量的处理与区间标度变量非常类似。假设 f 是用于描述 n 个对象的一组序数型变量之一，关于 f 的相异度计算包括如下步骤。

(1) 第 i 个对象的 f 值为 x_{if}，变量 f 有 M_f 个有序的状态，对应于序列 1，…，M_f 用对应的秩 r_{if} 代替 x_{if}。

(2) 每个序数型变量可以有不同数目的状态，一般将每个变量的值域映射到[0.0,1.0]上，以便每个变量都有相同的权重，可以通过用 z_{if} 代替 r_{if} 来实现，计算公式如下。

$$z_{if}=\frac{r_{if}-1}{M_f-1} \tag{7-26}$$

(3) 相异度计算可以采用任意一种距离度量的方法，采用 z_{if} 作为第 i 个对象的 f 值。

5) 比例标度型变量

比例标度型变量在非线性的标度取正的度量值，近似地遵循公式 Ae^{Bt} 或 Ae^{-Bt}，这里的 A 和 B 是正的常数。一般做完对数变换后，再使用距离来衡量两个对象之间的相异度。具体方法如下。

(1) 对比例标度型变量进行对数变换，如对象 i 的 f 变量的值 x_{if} 被变换为 $y_{if}=\log x_{if}$。变换得到的 y_{if} 值可以采用区间标度变量的方法来处理。

(2) 将 x_{if} 看做连续的序数型数据，将它的秩作为区间标度的值来对待。

6) 混合类型的变量

前面研究了几种变量，但在实际情况中，可能包含上述全部的变量类型。对于这种情况，一般将不同类型的变量组合在单个相异度矩阵中，把所有有意义的变量转换到共同的值域区间[0.0,1.0]上。假设数据集包含 p 个不同类型的变量，对象 i 和 j 之间的相异度 $d(i，j)$定义如下。

$$d(i,j)=\frac{\sum_{k=1}^{m}\delta_{ij}^{k}d_{ij}^{k}}{\sum_{k=1}^{m}\delta_{ij}^{k}} \tag{7-27}$$

(1) 如果 f 是二元变量或标称变量：如果 $x_{ik}=x_{jk}=0$，则 $\delta_{ij}^{k}=0$，否则 $\delta_{ij}^{k}=1$；如果 $x_{ik}=x_{jk}$，则 $d(i,j)$=0，否则 $d(i,j)$=1。

(2) 如果 f 是区间标度变量：$\delta_{ij}^{k}=1$，$d_{ij}^{k}=\dfrac{x_{ik}-x_{jk}}{\max_k-\min_k}$，其中 $\max_k$，$\min_k$ 是 k 的最大值与最小值。

(3) 如果 f 是序数型变量：首先将它的域转换为序数集合，然后作为区间标度属性进行处理。

(4) 如果是比例标度型变量：首先进行对数转换，然后作为区间标度属性来处理。

这样，在同一个应用中，当描述对象的变量是不同类型时，对象之间的相异度也能够进行计算。

7.4.3 几种主要的聚类分析方法

算法的选择取决于数据的类型、聚类的目的和应用。如果聚类分析被用做描述或探查的工具，可以对同样的数据尝试多种算法，以发现数据可能揭示的结果。主要的聚类算法大体上可以划分为以下几类。

1. *层次的方法*

层次聚类算法通过将数据组织成若干组并形成一个相应的树状图来进行聚类，它又可以分为两类，即自底向上的凝聚聚类和自顶向下的分裂聚类。凝聚方法一开始将每个对象作为单独的一个组，然后合并相近的对象或组，直到所有的组合并为一个(层次的最上层)，或者达到一个终止条件。分裂方法一开始将所有的对象置于一个簇中，在迭代的每一步中，一个簇被分裂为更小的簇，直到最终每个对象在单独的一个簇中，或者达到一个终止条件。聚类的代表算法有 BIRCH、CURE、Chameleon 等。

2. *划分的方法*

划分聚类也叫做分割聚类，给定一个有 m 个数据对象或元组的数据库，一个划分方法构建数据的 k 个划分，每个划分表示一个聚簇，并且 $k<m$，即它将数据划分为 k 个组，同时满足如下的要求：每个组至少包含一个对象；每个对象必须属于且只属于一个组，同时在某些模糊划分技术中，第二个要求可以放宽。一个好的划分的一般准则是：所形成的聚

类将使得一个客观划分标准(常称为相似函数)最优化，从而使得一个聚类中的对象是“相似”的，而不同聚类中的对象是“不相似”的。有代表性的划分方法包括 *K*_means 基于划分的方法(Partitioning Method)，其他算法有 K_MEDO IDS、CLARANS 等。

3. 基于密度的聚类算法

绝大多数的划分方法是基于对象之间的距离进行聚类的。这样的方法只能发现球状的簇，而在发现任意形状的簇上比较困难。因而提出了基于密度的另一类聚类方法，其主要思想是：只要临近区域的密度(对象或数据点的数目)超过某个阈值，就把它加到与之相近的聚类中。也就是说，对给定类中的每个数据点，在一个给定范围的区域中必须至少包含某个数目的点。一般来说，在一个数据空间中，高密度的对象区域被低密度(稀疏)的对象区域(通常认为是噪声数据)所分割。因此，这样的方法可以用来过滤“噪声”孤立点数据，发现任意形状的聚类结果。其代表算法有 DBSCAN 和 DENCLUE。

4. 基于网格的方法

基于网格的聚类是从对数据空间划分的角度出发，利用属性空间的多维网格数据结构，将空间划分为有限数目的单元，这些单元形成了网格结构，所有的聚类分析都在网格上进行。这种方法的主要特点是：处理时间与数据对象的数目无关，但与每维空间所划分的单元数相关；而且，由于其间接的处理步骤(数据→网格数据→空间划分→数据划分)，因此该方法还与数据的输入顺序无关。与基于密度的聚类只能处理数值属性的数据所不同的是，基于网格的聚类可以处理任意类型的数据，但同时降低了聚类的质量和准确性。常用的算法有 STING 、WAVE-CLUSTER 和 CLIQUE。

5. 基于模型的聚类算法

基于模型的算法为每一个聚类假定了一个模型，寻找数据对给定模型的最佳拟合。一个基于模型的算法可能通过构建反映数据点空间分布的密度函数来定位聚类，也可能通过标准的统计数字决定聚类的数目，再考虑“噪声”数据或孤立点，从而产生健壮的聚类算法。这种算法常基于这样的假设：数据是根据潜在的概率分布生成的。基于模型的算法主要有两类：统计学方法和神经网络方法。神经网络聚类方法是将每个聚类描述成一个样本，每个样本作为聚类的一个“典型”，它不必与一个示例或对象相对应，可以根据某些距离进行度量。新的对象可以被分配给样本以及与其最相似的类，被分配给一个类的对象的属性可以根据该类的样本的属性来预测。

7.4.4 K_means 聚类分析算法

K_means 算法是划分聚类中较流行的一种算法，它是一种迭代的聚类算法。在迭代过程中，不断移动簇集中的对象，直至得到理想的簇集为止，每个簇用该簇中对象的平均值来表示。利用 K_means 算法得到的簇，簇中对象的相似度很高，不同簇中对象之间的相异度也很高。

K_means 算法的流程如下。

(1) 从 n 个数据对象中随机选取 k 个对象作为初始簇中心。

(2) 计算各样本到 k 个聚类中心的距离，把样本归到离它最近的那个聚类中心所在的类。

(3) 计算新形成的 k 个类的均值作为新的聚类中心，重复(2)重新聚类。

(4) 转到(3)，这个过程不断重复，直到满足某个准则的函数不再明显变化或者聚类的对象不再变化时才停止。

通常，采用平方误差准则，其定义如下。

$$E=\sum_{i=1}^{k}\sum_{p\in c_i}\left|p-m_i\right|^2 \tag{7-28}$$

式中，E 为数据库中所有对象与相应聚类中心的均方差之和，p 代表对象空间中的一个点，m_i 为聚类 C_i 的均值(p 和 m_i 均是多维的)。

【例 7-7】数据对象集合 S 见表 7-17，作为一个聚类分析的二维样本，要求的簇的数量 k=2。

(1) 选择 $O_1(0,2)$，$O_2(0,0)$ 为初始的簇中心，即 $M_1=O_1=(0,2)$，$M_2=O_2=(0,0)$。

表 7-17 数据对象集合 S

O	x	y
1	0	2
2	0	0
3	1.5	0
4	5	0
5	5	2

(2) 对剩余的每个对象，根据其与各个簇中心的距离(采用欧几里德距离)，将它赋给最近的簇。

对 O_3：

$$d(M_1,O_3)=\sqrt{(0-1.5)^2+(2-0)^2}=2.5$$

$$d(M_2,O_3)=\sqrt{(0-1.5)^2+(0-0)^2}=1.5$$

显然 $d(M_2,O_3)\leqslant d(M_1,O_3)$，故将 O_3 分配给 C_2；同理，将 O_4 分配给 C_2，O_5 分配给 C_1。

更新，得到新簇 $C_1=\{O_1,\ O_5\}$ 和 $C_2=\{O_2,\ O_3,\ O_4\}$。

计算平方误差准则，单个方差为

$$E_1=[(0-0)^2+(2-2)^2]+[(0-5)^2+(2-2)^2]=25$$

$$E_2=27.25$$

总体平方误差是：$E=E_1+E_2=25+27.25=52.25$

(3) 计算新的簇的中心。

$$M_1=((0+5)/2,2+2)/2)=(2.5,2)$$

$$M_2=((0+1.5+5)/3),\ (0+0+0)/3)=(2.17,0)$$

重复(2)和(3)，得到 O_1 分配给 C_1，O_2 分配给 C_2，O_3 分配给 C_2，O_4 分配给 C_2，O_5 分配给 C_1。更新，得到新簇 $C_1=\{O_1,O_5\}$ 和 $C_2=\{O_2,O_3,O_4\}$，中心为 $M_1=(2.5,2)$，$M_2=(2.17,0)$

相应的单个方差分别为

$$E_1=[(0-2.5)^2+(2-2)^2]+[(2.5-5)^2+(2-2)^2]=12.5$$

$$E_2=13.15$$

总体平方误差是：$E=E_1+E_2=25.65$

由上可以看出，第一次迭代后，总体平方误差值为 52.25～25.65，显著减小。由于在两次迭代中，簇中心不变，所以停止迭代过程，算法停止。

本章小结

本章介绍了数据挖掘中常用的几种算法：Apriori 算法、决策树算法、神经网络算法、聚类分析算法。

Apriori 算法是最经典的关联规则算法。在决策树算法的说明中，首先介绍了信息论的基本知识，在此基础上，详细介绍了 ID3 算法的原理与建立决策树的过程。人工神经网络已经成为数据挖掘领域中普遍采用的一种方法，应用于预测、分类。本章介绍了神经网络基于神经元的基本结构，并重点介绍了反向传播模型的理论与算法，进而分析了神经网络的工作过程与学习方法。聚类分析是数据挖掘的一项重要功能，而聚类算法是数据挖掘研究领域中一个非常活跃的研究课题。本章介绍了聚类分析中的数据矩阵、相异度矩阵、二元变量、标称变量、序数型变量、混合变量等，主要的聚类算法大体上可以划分为以下几类：层次的方法、划分的方法、基于网格的方法、基于密度的聚类算法和基于模型的聚类算法。最后，介绍了 K_means 聚类分析的算法和聚类求解过程。

关键术语

Apriori 算法
决策树：Decision Tree
ID3 算法：Iterative Dichotomiser3
误差反向传播：Back Propagation
聚类：Clustering
人工神经网络：Artificial Neural Network

阅读材料

数据挖掘中常用聚类算法的比较分析

1. BIRCH 算法

BIRCH 算法即平衡迭代削减聚类法，其核心是用一个聚类特征三元组表示一个簇的有关信息，从而使簇点可用对应的聚类特征，而不必用具体的一组点来表示，它通过构造满足分支因子和簇直径限制的聚类特征树来求聚类。BIRCH 算法通过聚类特征可以方便地进行中心、半径、直径及类内、类间距离的运算。算法的聚类特征树是一个具有两个参数分支因子 B 和类直径 T 的高度平衡树。分支因子规定了树的每个结点子女的最多个数，而类直径体现了对一类点直径大小的限制，即这些点在多大范围内可以聚为一类，非叶子结点为它的子女的最大关键字，可以根据这些关键字进行插入索引，它总结了其子女的信息。

聚类特征树可以动态地构造，因此不要求所有的数据都读入内存，可以在外存上逐个读入。新的数据项总是插入到树中与该数据距离最近的叶子中。如果插入后使得该叶子的直径大于类直径 T，则把该叶子结点分裂。其他叶子结点也需要检查是否超过分支因子来判断其分裂与否，直至该数据插入叶子中，并且满足不超过类直径，而每个非叶子结点的子女个数不大于分支因子。算法还可以通过改变类直径来修改特征树的大小，控制其内存容量。

BIRCH 算法通过一次扫描就可以进行较好的聚类，由此可见，该算法适合于大数据量。对于给定的 M 兆内存空间，其空间复杂度为 $O(M)$，时间间复杂度为 $O(dNB\ln B(M/P))$。其中，d 为维数，N 为结点数，P 为内存页的大小，B 为由 P 决定的分支因子。I/O 消耗与数据量成线性关系。BIRCH 算法只适用于类的分布呈凸形及球形的情况，并且由于 BIRCH 算法需提供正确的聚类个数和簇直径限制，因此对不可视的高维数据不可行。

2. CURE 算法

CURE 算法即使用代表点的聚类方法。该算法先把每个数据点看成一类，然后合并距离最近的类直至类个数为所要求的个数为止。CURE 算法将传统对类的表示方法进行了改进，回避了用所有点或用中心和半径来表示一个类，它是从每一个类中抽取固定数量、分布较好的点作为描述此类的代表点，并将这些点乘以一个适当的收缩因子，使它们更靠近类的中心点。将一个类用代表点来表示，使得类的外延可以向非球形的形状扩展，从而可调整类的形状以表达那些非球形的类。另外，收缩因子的使用减小了噪声对聚类的影响。CURE 算法采用随机抽样与分割相结合的办法来提高算法的空间和时间效率，并且在算法中使用了堆和 K-d 树结构来提高算法的效率。

3. DBSCAN 算法

DBSCAN 算法即基于密度的聚类算法。该算法利用类的密度连通性可以快速发现任意形状的类。其基本思想是：对于一个类中的每个对象，在其给定半径的领域中包含的对象个数不能少于某一给定的最小数目。在 DBSCAN 算法中，发现一个类的过程是基于这样的事实：一个类能够被其中任意一个核心对象所确定。为了发现一个类，DBSCAN 先从对象集 D 中找到任意一个对象 P，并查找 D 中半于半径 eps 和最小对象数 minpts 的从 P 密度可达的所有对象。如果 P 是核心对象，即半径为 eps 的 P 的邻域中包含的对象不少于 minpts，则根据算法，可以找到一个关于参数 eps 和 minpts 的类。如果 P 是一个边界点，则半径为 eps 的 P 邻域包含的对象少于 minpts，P 被暂时标注为噪声点。然后，DBSCAN 处理 D 中的下一个对象。

密度可达对象的获取是通过不断地执行区域查询来实现的。一个区域查询返回指定区域中的所有对象。为了有效地执行区域查询，DBSCAN 算法使用了空间查询 R-树结构。在进行聚类前，必须建立针对所有数据的 R*-树。另外，DBSCAN 要求用户指定一个全局参数 eps(为了减少计算量，预先确定参数 minpts)。为了确定取值，DBSCAN 计算任意对象与它的第 k 个最临近的对象之间的距离。然后，根据求得的距离由小到大进行排序，并绘出排序后的图，称做 k-dist 图。k-dist 图中的横坐标表示数据对象与它的第 k 个最近的对象间的距离；纵坐标为对应于某一 k-dist 距离值的数据对象的个数。R*-树的建立和 k-dist 图的绘制非常消耗时间。此外，为了得到较好的聚类结果，用户必须根据 k-dist 图，通过试探，选定一个比较合适的 eps 值。DBSCAN 算法不进行任何的预处理而直接对整个数据集进行聚类操作，当数据量非常大时，就必须有大内存量的支持，I/O 消耗也非常大。其时间复杂度为 $O(n\log n)$(n 为数据量)，聚类过程的大部分时间用在区域查询操作上。DBSCAN 算法对参数 eps 及 minpts 非常敏感，且这两个参数很难确定。

4. K-pototypes 算法

K-pototypes 算法结合了 K_means 方法和根据 K_means 方法改进的能够处理符号属性的 K-modes 方法，同 K-means 方法相比，K-pototypes 算法能够处理符号属性。

5. CLARANS 算法

CLARANS 算法即随机搜索聚类算法，是一种分割聚类方法，它首先随机选择一个点作为当前点，然后随机检查它周围不超过参数 Maxneighbor 的一些邻接点，假如找到一个比它更好的邻接点，则把它移入该邻接点，否则把该点作为局部最小量。然后再随机选择一个点来寻找另一个局部最小量，直至所找到的局部最小量数目达到用户的要求为止。该算法要求聚类的对象必须都预先调入内存，并且需多次扫描数据集，这对大数据量而言，无论是时间复杂度还是空间复杂度都相当大。虽通过引入 R-树结构对其性能进行改善，使之能够处理基于磁盘的大型数据库，但 R*-树的构造和维护代价太大。该算法对脏数据和异常数据不敏感，但对数据输入顺序异常敏感，且只能处理凸形或球形边界聚类。

6. CLIQUE 算法

CLIQUE 算法即自动子空间聚类算法。该算法利用自顶向下的方法求出各个子空间的聚类单元。CLIQUE 算法主要用于找出在高维数据空间中存在的低维聚类。为了求出 d 维空间聚类，必须组合给出所有 d-1 维子空间的聚类，导致其算法的空间和时间效率都较低，而且要求用户输入两个参数：数据取值空间等间隔距离和密度阈值。这两个参数与样本数据紧密相关，用户一般难以确定。CLIQUE 算法对数据输入顺序不敏感。

思考与练习

1．简述 Apriori 算法的思想，并编写 Apriori 算法的程序。

2．简述决策树分类的步骤。

3．在决策树归纳中，剪枝有什么作用？有哪几种剪枝方法？

4．假设训练样本 S 的属性值为｛1，0，1｝，实际类别分别为 0，两层前馈神经网络 NT 如图 7.4 所示，NT 中每条有向加权边的权重、每个隐藏层与输出层单元的偏置见表 7-8，学习率为 0.7。写出输入 S 训练 NT 的过程。

5．数据挖掘对聚类的数据要求是什么？

6．简述如何计算由以下类型的变量描述的对象间的相异度。

(1) 二元变量。

(2) 标称变量。

(3) 比例标度型变量。

(4) 序数型变量。

7．给定两个对象，分别表示为(22,1,42,10)、(20,0,36,8)。

(1) 计算两个对象之间的欧几里德距离。

(2) 计算两个对象之间的曼哈坦距离。

(3) 计算两个对象之间的明考斯基距离，q=3。

8．什么是聚类？简述如下的聚类方法：划分方法、层次方法、基于密度的方法、基于网格的方法及基于模型的方法。

9．假设数据挖掘的任务是将如下的 8 个点(用(x，y)代表位置)聚类为 3 个类：A1(2,10)、A2(2,5)、A3(8,4)、B1(5,8)、B2(7,5)、B3(6,4)、C1(1,2)、C2(4,9)，距离选择明考斯基距离。假设初始选择 A1、B1 和 C1 为每个聚类的中心，用 K_means 算法来计算：(1) 在第一次循环执行后的 3 个聚类中心；(2) 最后的 3 个簇。

10．聚类被认为是一种重要的数据挖掘方法，有着广泛的应用。对如下的每种情况给出一个应用例子。

(1) 采用聚类作为主要的数据挖掘方法的应用。

(2) 采用聚类作为预处理工具，为其他数据挖掘任务做数据准备的应用。

案例研究

决策树技术的应用

1. 决策树算法在电信客户细分中的应用

在当前我国电信市场激烈的竞争环境中，客户成了全球电信企业争夺最激烈的资源。如何留住现有客户、获得新客户、提升客户的价值，成为各电信企业关注的焦点。各电信企业都在寻找一种能够预测客户未来行为的技术和方法，而客户细分是他们研究的重要部分。

电信客户细分是指将市场分为具有不同需求、特征或行为的不同购买者的过程。客户细分的过程分为客户描述和客户划分。客户描述是用若干属性(如性别、职业、平均消费额、年龄、收入、重复购买次数等)对客户进行描述，通过建立客户行为模式并对之进行参数评估来完成，其目的是预测客户的行为，为企业与客户之间的交流提供基础，使得企业可以为客户提供更好的服务，防止客户流失。客户划分是通过对收集到的客户信息进行分析来完成的，通过对客户进行合理的类别划分，并分析当前以及预期客户群的区段，来判断不同区段的突出特点，以准确认识客户的总体构成，使对客户的服务和营销更具针对性。对客户分群可以达到以下目标：了解客户的总体构成；了解流失客户的客户群体特征；了解各种客户价值的客户群体特征；了解各信用等级的客户群体特征。根据这些特征，将客户聚类或分类为高价值客户、一般价值客户、低价值客户等若干类别。在每一种类别中又可以按照不同的属性进一步划分。通过数据挖掘获得不同客户的消费爱好、习惯、倾向、需求和趋势等信息，进而在营销中提供有针对性的产品和服务，提供不同类别客户对企业和产品的满意度，以获取最大的利益。

下面用 ID3 方法对某电信公司 2005 年客户交费数据进行分析。假设 C_1 和 C_2 分别代表不拖欠话费客户和拖欠话费客户。表 7-18 是用户信息表，表 7-19 是用户费用情况表，表 7-20 是用户欠费表，表 7-21 是用户消费信息表。

表 7-18 用户信息表(数据经过处理)

手机号码	姓　名	性　别	身份证号码	开户时间
13591194208	张云	女	430105198002100534	2003-09-27
13117314656	李良	男	410926198307193227	2005-09-12
13873361094	郭伟	男	410926198010110533	2001-03-12
⋮	⋮	⋮	⋮	⋮

表 7-19 用户费用情况表

手机号码	月　份	应缴费用合计/元	优惠费用/元	月租费/元	新业务费/元	…
13591194208	200508	122.3	20.3	25	25	…
13117314656	200508	56.8	5.8	15	30	…
13873361094	200508	214.5	40.7	25	45	…
⋮	⋮	⋮	⋮	⋮	⋮	⋮

表 7-20　用户欠费表

手机号码	欠　费　月	应缴话费/元	已缴话费/元	欠费金额/元
13591194208	200508	122.3	30	92.3
13117314656	200508	56.8	60	0
13873361094	200508	214.5	220	0
⋮	⋮	⋮	⋮	⋮

表 7-21　用户消费信息表

序　　号	年　　龄	性　　别	应缴费用合计/元	新业务/元	是否欠费
1	(0,25)	女	(100,200)	(20,⋯)	T
2	(25,40)	男	(50,100)	0	F
3	(40,55)	男	(200,⋯)	(0,5)	F
4	(0,25)	男	(50,100)	(20,⋯)	T
5	(40,55)	女	(100,200)	(5,20)	F
6	(55,⋯)	男	(0,50)	0	F
7	(25,40)	女	(50,100)	(20,⋯)	F
8	(0,25)	女	(100,200)	0	T
9	(40,55)	男	(50,100)	0	F
10	(25,40)	男	(200,⋯)	(5,20)	T
11	(55,⋯)	女	(0,50)	0	F
12	(0,25)	男	(200,⋯)	(5,20)	T
13	(25,40)	男	(100,200)	(20,⋯)	T
14	(55,⋯)	男	(50,100)	(5,20)	F

表 7-21 为某电信企业中的数据经汇总得到的数据表(共 14 个样本)，它有 4 个属性：年龄、性别、应缴费用合计以及新业务，类别为是否欠费，分为 T 和 F 两类。数据汇总一方面是将数据进行概化集成，另一方面是将数据进行概化处理，即将低层次的原始数据替换为高层次的概念，以便于进行数据挖掘。例如，将具体的客户年龄概化为(0,25)、(25,40)、(40,55)、(55,⋯)4 个年龄段，同时也将新业务分为(0,5)、(5,20)、(20,⋯)，应缴费用合计分为(0,50)、(50,100)、(100,200)、(200,⋯)不同的区间段，最后将欠费信息转化成布尔型变量。因为初始时刻属于 T 和 F 的样本个数分别为 6 个和 8 个，所以信息熵值为

$$I(8,6)=-\frac{8}{14}\log_2\frac{8}{14}-\frac{6}{14}\log_2\frac{6}{14}=0.985\,228$$

如果选取客户年龄段属性作为测试属性，则为

当年龄= '(0,25)' 时，S_{11}=0，S_{21}=4 $I(S_{11},S_{21})$=0;

当年龄= '(25,40)' 时，S_{21}=2，S_{22}=2 $I(S_{11},S_{22})$=1;

当年龄= '(40,55)' 时，S_{13}=3，S_{23}=0 $I(S_{13},S_{23})$=0;

当年龄= '(55,⋯)' 时，S_{14}=3，S_{24}=0 $I(S_{14},S_{24})$=0;

由此可以得出“年龄”的熵值为

$$E(\text{年龄})=\frac{4}{14}I(S_{11},S_{21})+\frac{4}{14}I(S_{12},S_{22})+\frac{3}{14}I(S_{13},S_{23})+\frac{3}{14}I(S_{14},S_{24})=0.285\,714$$

因此属性“年龄”的信息增益为

Gain(年龄)=0.985 228−0.285 714=0.699 454

用同样的方法计算可得：Gain(性别)=0.001 338

Gain(应缴费用合计)=0.298 825

Gain(新业务)=0.209 889

由于属性“年龄”的信息增益最大，故选择该属性作为测试属性创建一个结点，并对每一个属性值引出一个分支，样本数据按此划分。由于“年龄”=“(40，55)”和“年龄”=“(55，…)”分支上都有同一类(不拖欠话费)，“年龄”=“(0，25)”属于另一类(拖欠话费)，因此在该分支的端点创建3个叶结点。另外一个分支上的样本则是重复上面的步骤继续建立结点并分支，最终生成叶结点，可以得到一棵完整的决策树，如图7.8所示。

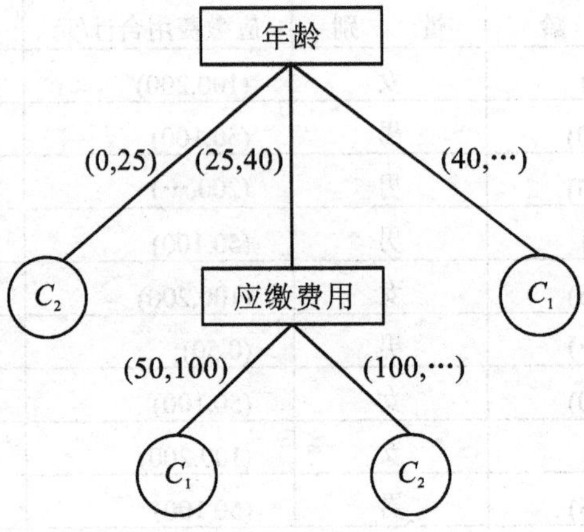

图7.8　决策树

在生成决策树后，下一步是剪枝。在决策树创建时，由于数据中的噪声和孤立点，许多分支反映的是训练数据中的异常，剪枝就是处理这种过分适应的数据问题。剪枝通常使用统计度量，剪掉最不可靠的分支，这将带来较快的分类并提高树的独立与测试数据正确分类的能力。此例训练数据集非常简单，所以不必剪枝，但实际中的大多数决策树应用都需要剪枝。

接下来将根据图7.8的决策树来生成分类规则，即从根结点到叶结点的每条路径均可以转换成一条形如“IF…THEN”的分类规则。生成的分类规则如下。

IF[年龄=(0，25)]，THEN(拖欠话费=是)；

IF[年龄=(40，…)]，THEN(拖欠话费=否)；

IF[年龄=(25，40)]& 应缴费用=(50，100)，THEN(拖欠话费=否)。

电信企业可以利用上述分类规则挖掘出一些对客户细分十分有用的信息。比如年龄超过40岁的客户一般不会拖欠话费，所以电信运营商可以考虑采取相应的营销措施把他们发展成重点客户。而年龄小于25岁的客户容易拖欠话费，电信运营商在对其进行服务时，就必须加强对他们的监督管理，防止欺诈行为发生。还有年龄在25～40岁，并且每个月话费不超过100元的客户，一般也不拖欠话费，电信运营商应该考虑如何采取措施争取扩大这部分客户的消费额并发展成为重要客户。对于有些潜在客户，可以做深入的分析，对其做出相应的营销方案。

资料来源：电脑知识与技术(学术交流)，2007.1。

2. 决策树在医药信息整合中的应用

在国外，决策树的应用领域较为广泛，其在商业、工业、农业、天文、医学、风险分析、社会科学和分类学等领域中的应用已经取得了很好的经济和社会效益。国内目前有关决策树的研究多是围绕算法的改进以及决策树在商业、工业等领域中的运用，在医学领域应用较少。现将决策树在国外医学中的应用情况集中概括为以下几个方面。

1) 疾病诊断治疗

临床医生为病人做出医疗诊断可以看做是一个分类的过程：医生根据他的知识和经验将病人分类到一个特定的疾病群中。决策树产生的结果简捷明了，易于理解，并能提取相应的诊断规则，其应用于疾病的分类诊断往往可以提高诊断的正确率，并为经验较少的临床医师提供帮助，因而得到了广泛的应用。Erna Kentala 等人曾从赫尔辛基大学附属医院的鼻神经专家系统数据库ONE中提取前庭区与晕头有关的6种发病人数较多的疾病资料，分别为6种疾病建立不同规模的决策树，并针对6棵树单独分析影响每一种疾病发生的重要因素，而且从决策树中提取诊断规则，从而将专家经验知识转化成了可供年轻医师随时参考的有价值的信息。决策树在临床医学中的应用范围较广，除了可以对疾病进行分类以外，还可以对疾病程度进行分级、筛选危险因素、决定开药处方大小以及选择治疗方法等。

2) 基因与高分子序列分析

随着人类基因组计划的进行，目前已获得数十亿的核苷酸和上百万的氨基酸数据，如何对基因进行功能分类已成为基因研究人员非常关心的问题。而关于高分子序列，大约有4 000种蛋白质已经被排序，但只有10%的蛋白质的三维结构被研究过。三维结构基本上决定蛋白质的功能，所以需要有一种可靠的方法从氨基酸序列中预测出它们的功能结构，数据挖掘中的决策树技术可以满足上述需求。有人利用决策树对已知功能分类的基因建立分类树，归纳出蕴含在数据中关于分类的信息并提炼成规则，从而实现对未知功能分类的基因进行分类预测。Dake Wang 等人则利用决策树对已知功能分类的蛋白质序列进行研究，建立了已知功能分类的蛋白质序列决策树模型，实现了模型对未知功能分类的蛋白质序列功能的预测。结果表明，决策树方法比传统方法有效。随着数据挖掘技术的广泛应用，以及决策树算法的不断改进与完善，决策树可实现软件的普及推广，决策树处理医学资料的功能日益强大，相信决策树方法在医学领域与管理决策中的应用范围将会越来越广泛，带来的经济和社会效益将会更多更可观，必将显示出重要的实用价值和广阔的发展前景。

3) 医院信息系统挖掘

医院信息系统(Hospital Information System，HIS)包括管理信息系统(Management Information System，MIS)和临床信息系统(Clinical Information System，CIS)两部分。目前的HIS可以高效地实现数据的录入、查询和统计功能，但在决策支持方面存在明显的不足，难以发挥其潜力。而将数据挖掘决策树技术运用到该系统之后，可以从中提取出大量隐含的、先前未知的、对决策有潜在价值的信息，为管理决策和临床决策提供支持。决策树在HIS中的主要用途可以表现为医疗需求预测、医疗市场分析、预测未来某段时间内常发生的疾病种类、未来某段时间内的药品使用频率、分析疾病之间的关系以及疾病的影响因素、总结各种治疗方案的治疗效果等。

4) 医疗政策分析

一个国家的国民健康保障在很大程度上依赖于其完备的医疗卫生政策，政策的制定离不开理论的分析与方法的探讨，离不开已积累的与人类健康状况相关的各种数据。从目前积累的各类型数据库来看，利用知识管理优化库信息并从中提取知识结构为政策分析提供依据，已经成为卫生管理人员和信息开发人员的共同任务。研究人员多次尝试将数据挖掘中的决策树技术在此进行应用。韩国的 Young Moon Chae 与 Seung Hee Ho 等人便利用以检测卫生状态和开发国民健康促进程序为特征的韩国医疗保险公司数据库，成功地将决策树应用于人类健康状态评估以及为高血压管理提供政策信息。

5) 医疗卫生保健

卫生保健是卫生领域中的一个重要内容，保健的需求与利用评价、不同保健方式的选择以及保健的经济和社会效益评价一直是卫生保健人员关心的问题。利用决策树方法可以解决诸如家庭护理保健的需求分析、儿童预防保健的干预、为不同的卫生保健群体提供实际可行的决策支持系统等一系列问题，为保健政策的制定与实施提供相应的基础。

6) 医疗资源利用评价

尽管当今社会医疗科技手段日新月异，医疗技术水平不断提高，但这并不代表医疗卫生资源的极大丰富。医疗资源的合理分配和恰当运用仍是医学研究中不可忽略的重要问题。把决策树技术引入对有潜在急症的病人是否进行预检查而导致医疗资源占用情况的不同比较，成功地显示出决策树在处理此类问题的重要意义。

随着数据挖掘技术的广泛应用和决策树算法的不断改进与完善，决策树可实现软件的普及推广。由于决策树处理医学资料的功能日益强大，相信决策树方法在医学领域与管理决策中的应用范围将会越来越广泛，带来的经济和社会效益将会更多更可观，必将显示出重要的实用价值和广阔的发展前景。

3. 用 Analysis Services 实现决策树分析

数据挖掘工具多种多样，SQL Server 中的数据挖掘工具使用简便、结果直观，这里通过一个例子，来介绍医院信息系统中疾病诊断信息的挖掘。本例使用决策树模型进行数据挖掘。决策树是一种基于条件和概率的决策方法。通过对“高血压数据库”数据进行分析发现，对于高血压病人来说，病人身体表面积(高大/肥胖)的大小可能是发病的一个潜在的因素。特别是男性病人，其身体表面积与患高血压病有着较密切的关系，体形较小的病人则男女性别差异不明显，如图 7.9 所示。在决策树中，每一个结点都是一种状况。

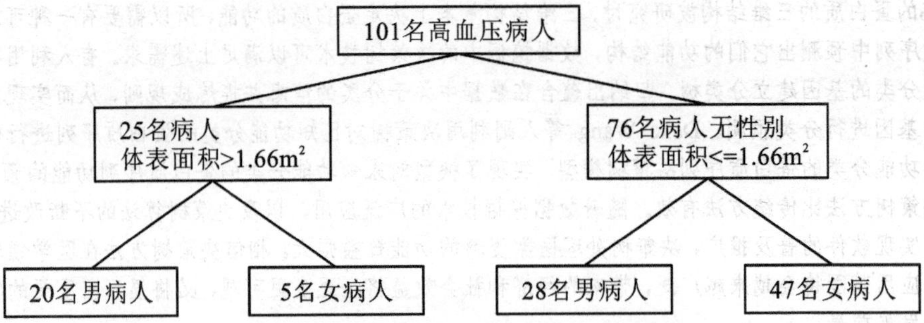

图 7.9　使用决策树分析高血压病人情况

用 SQL Server 2000 实现以上决策树分析的步骤如下。

(1) 在桌面上选择“开始”→“程序”→Microsoft SQL Server→Analysis Services→Analysis Manager 命令，启动 SQL Server 的数据分析器，如图 7.10 所示。

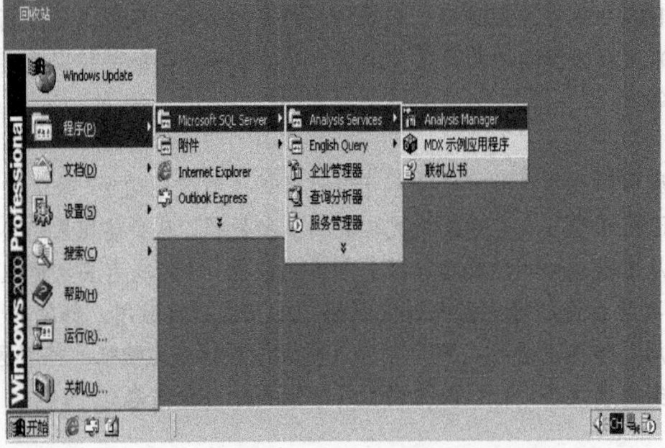

图 7.10　启动 SQL Server 的数据分析器

(2) 在 Analysis Manager 窗口的控制台中选中指定的服务器结点，本例中用的是 zyserver，如图 7.11 所示。右击 zyserver 服务器结点，选择“新建数据库”命令，建立一个新的数据库结点，在随后出现的对话框中输入数据库结点的名称 clinicware，单击“确定”按钮，新的数据库结点 clinicware 就建立好了。

(3) 展开 clinicware 数据库结点，右击“数据源”结点，在出现的快捷菜单中选择“新数据源”命令，按照“数据链接属性”对话框的提示，逐一填写各选项卡中要求的信息，目的是要把“高血压数据库”链接为数据源，当测试连接成功之后，可以看到“数据源”结点中增加了“zyserver-高血压数据库”结点。

(4) 建立数据挖掘模型。在图 7.12 所示的窗口中选择“新建挖掘模型”命令，即可进入“挖掘模型向导”对话框，用户在一般情况下，按照向导的提示逐步进行人机对话，不断地单击“下一步”按钮，就可以完成数据挖掘的过程，如果结果不满意，可以单击“上一步”按钮，向前退回重新再来。

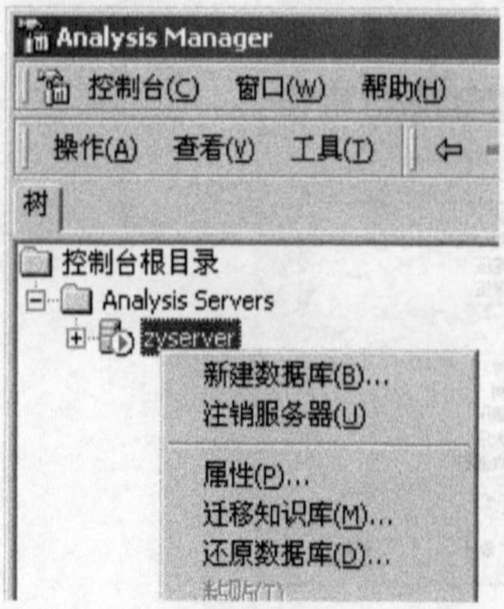

图 7.11　建立数据库结点和数据

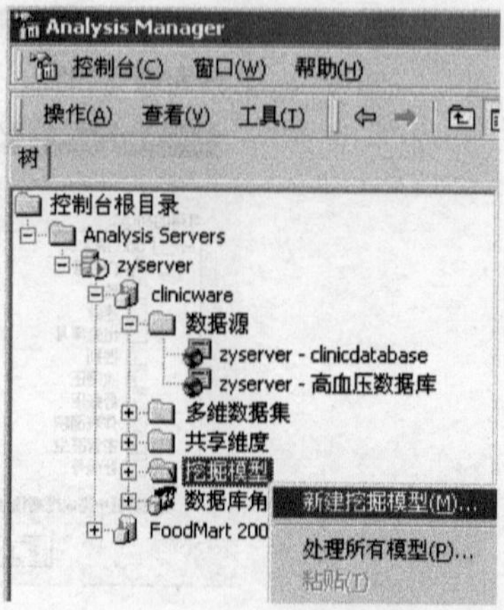

图 7.12　建立数据挖掘模型

这里针对使用决策树分析高血压病人的情况做一些说明。

(1) 选择数据源类型：在进行数据挖掘时，系统提供两种数据源类型供用户选择，一种是来自关系型数据库中的数据，另一种是来自多维结构的数据。本例选择了前者，表示要创建一个基于关系型数据源的挖掘模型。

(2) 选择单表和多表：数据挖掘所针对的数据项(字段)可以来自不同数据库中的不同表。本例选择了“单个表包含数据”单选按钮，如图 7.13 所示，则只能在选中的表的所有列中选择字段。如果选择了“多个表包含数据”单选按钮，则可选择多个表，并联合选用多个表中的字段进行数据挖掘。

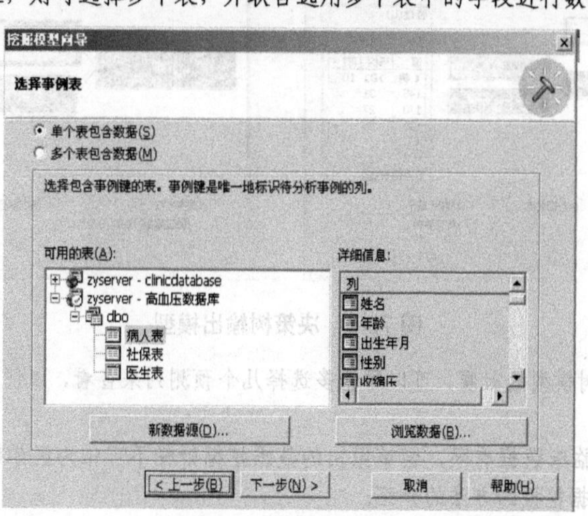

图 7.13　选择事例表

(3) 选择数据挖掘技术：本例中选择“Microsoft 决策树”。

(4) 选择关键列：选择关键列的目的是要确定唯一标识记录的字段，本例中选择“门诊号”字段。

(5) 选择输入列和可预测列：至少要在“可用的列”列表中选择一个输入列和一个可预测列。输入列是指选择那些在进行数据挖掘时要依据的信息，可预测列是模型输出时要给出预测值的列。在一般情况下，这两种列可以选择相同的字段。

本例中，在“病人表”里选择了“年龄”、“性别”、“体表面积”、“收缩压”和“舒张压”这 5 个字段，并将这 5 个字段同时选进输入列和可预测列，如图 7.14 所示。

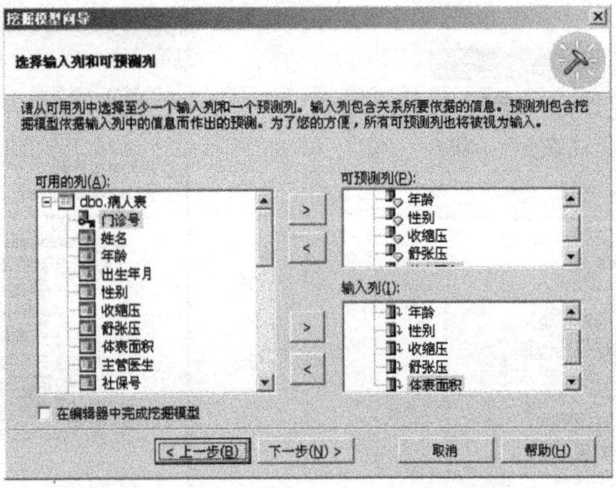

图 7.14　选择输入列和可预测列字段

在完成了以上的选择之后，给新建的挖掘模型取一个名字，单击“完成”按钮，就可以让模型进行数据处理了。下面给出本例中两张选择不同预测列的决策树图形。

对于生成的数据挖掘模型，可以在模型浏览器中查看，如图 7.15 所示。

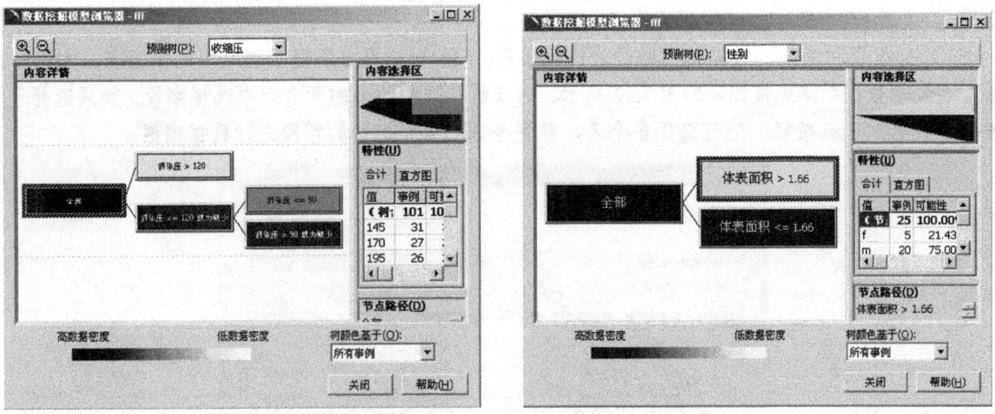

图 7.15　决策树输出模型

提示：在观察决策树模型的时候，可以尽量多选择几个预测列来查看，以便从中发现感兴趣的隐藏的规律性信息。

说明：本例中由于临床数据有限，尝试做出的数据挖掘解释不可作为医学研究结论。本书仅作为用 SQL Server 2000 进行数据挖掘的方法的介绍。

资料来源：周怡. 药物信息应用. 北京：人民卫生出版社，2006.

第 8 章 SQL Server 数据仓库与数据挖掘工具及其应用

教学目标

通过本章的学习，应主要了解 SQL Server 商业智能开发工具的特点，掌握运用 SQL Server 创建数据仓库的基本方法，了解数据仓库访问与操纵技巧以及数据挖掘的方法与步骤。

教学要求

知识要点	能力要求	相关知识点
数据仓库设计	(1) 理解为什么要创建数据仓库 (2) 理解 SSIS、SSAS、SSRS 的作用 (3) 掌握运用 SQL Server 进行数据仓库设计的方法	(1) 数据仓库 (2) SQL Server 三大服务 (3) 数据仓库设计方法
数据挖掘	(1) 了解 SQL Server 中提供的数据挖掘模型 (2) 理解数据挖掘的基本步骤 (3) 了解数据挖掘的应用状况	(1) 挖掘模型的种类 (2) 数据挖掘的步骤 (3) 数据挖掘的意义

引例

股权分置改革对上市公司经营绩效的影响

上市公司经营绩效所反映的问题以及影响绩效的潜在因素已成为学术界近些年来关注的热点问题。股权分置改革作为我国资本市场的一项重大的基础性制度变革，从根本上改变了我国上市公司股权的流通状况，推动了资本市场运行机制的转换，进而对企业强化内部管理和提高经营绩效产生了一定的影响。

通过股权分置改革释放出的国家股和法人股的股权，经过几年的流通运作，对公司绩效产生怎样的影响，可否以增进股权流通性的方式促进公司绩效提高？

随着我国经济的持续快速发展，上市公司的经营绩效成为人们关注的焦点。证券交易所披露的大量体现上市公司运营状况的相关信息为监管部门提供了监管依据。本章选取2000—2006年上市公司的相关数据，阐述如何运用SQL Server设计关于上市公司相关信息的数据仓库，进而探讨关于股权结构与公司绩效之间关系的数据挖掘方法。

8.1 SQL Server 2005的功能构架

SQL Server 2005的数据资源管理包括两大功能体系，一是关于数据库的管理，二是关于数据仓库的管理。不同的服务各司其职，共同完成数据管理和应用的功能。把这些服务和应用的程序分配到这两大功能体系就是如图8.1所示的结构示意图。

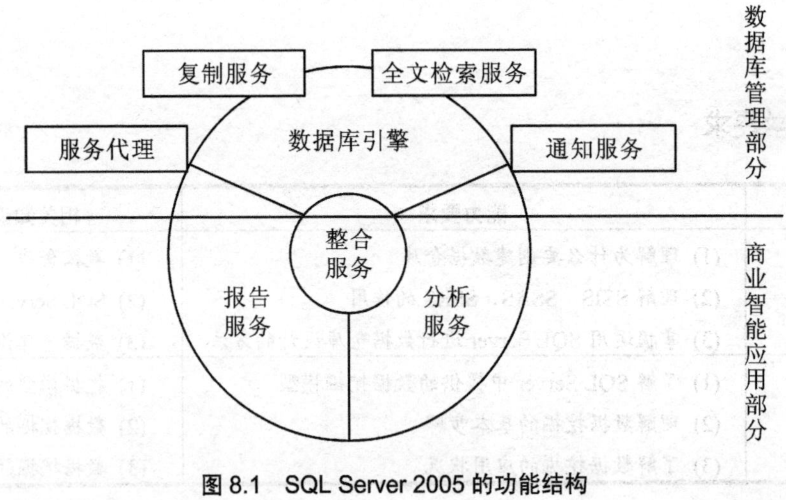

图8.1 SQL Server 2005的功能结构

SQL Server 2005在数据仓库方面提供了三大服务和一个工具来实现系统的整合。三大服务是SQL Server 2005 Analysis Services(SSAS)、SQL Server 2005 Integration Services(SSIS)和SQL Server 2005 Reporting Services (SSRS)，一个工具是Business Intelligence Development Studio，它们的关系如图8.2所示。

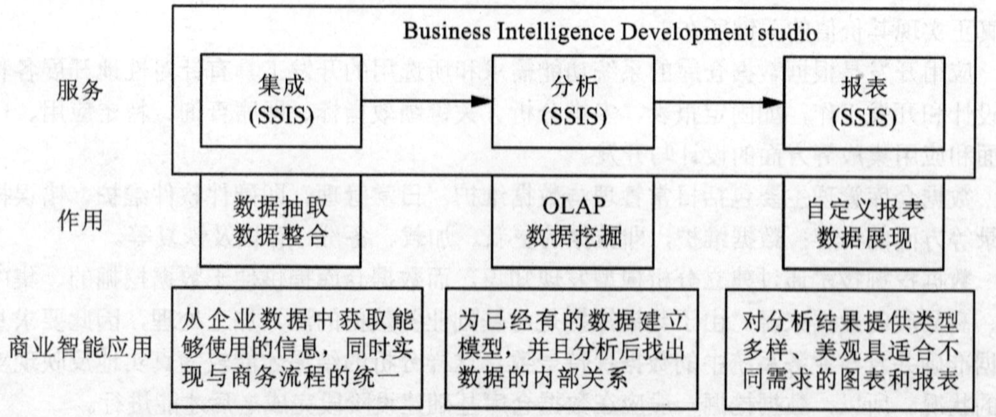

图 8.2　SQL Server 2005 数据仓库管理的三大服务和一个工具的关系

SQL Server 2005 的数据仓库管理的三大服务都整合在 BI Studio 中，其中，SSIS 能从各种异构数据源中整合数据到数据仓库中，这项功能在以前是通过 DTS 来实现的。

SSAS 是从数据中产生知识的关键，通过这种服务可以构建数据立方体，也就是多维数据集，然后进行 OLAP 分析。SSAS 也提供数据挖掘的功能。

一个数据仓库与数据挖掘项目一般要为不同的人提供不同特点的报表，如总经理和部门经理对报表的内容要求是完全不一样的。SSRS 服务为满足这一要求提供了相应的工具，通过它可以对分析结果提供类型多样、美观且适合不同需求的图表和报表。

通过以上体系结构的设计，SQL Server 2005 可以实现建模、ETL、建立查询分析或图表、定制 KPI、建立报表和构造数据挖掘应用及发布等功能。

8.2　SQL Server 数据仓库设计与数据挖掘准备

8.2.1　SQL Server 数据仓库创建思路

数据仓库是以支持决策为目的来设计的，不同于普通的数据库设计。数据仓库设计常用到的模型是维度模型。维度模型的作用是将决策者所要分析的信息分为多个维度，然后创建一个多维数据集。在创建数据仓库之初，主要考虑是否应该创建数据仓库、创建什么样的数据仓库。数据仓库的主要作用是方便决策者得到决策分析所需要的数据，如果决策者需要的数据并不多，获取也不太麻烦的话，就没有必要创建数据仓库了。确定有必要创建数据仓库后，就要分析创建什么样的数据仓库，在数据仓库里放些什么内容，也就是分析事实表和维度表的结构。明确了数据仓库的逻辑结构之后，还要理顺数据仓库中事实表和维度表中数据与数据源之间的关系。数据库中的数据及其数据类型与数据仓库中所要用到的可能不一致，需用进行处理，即将外部数据按照一定的原则和规范进行抽取、传输、转换并加载到数据仓库中，在此过程中还要对数据进行清理、分类、提取等操作，并保证数据的一致性和有效性。接下来的任务是定义数据源、定义数据源视图、创建维与多维数据集。

完成了以上的工作后，数据仓库也就初步建成。然而，数据仓库的建设工作不能就此止步，后期的应用开发与数据仓库管理以及数据挖掘工作是数据仓库能否为用户服务，能否真正实现其价值的关键所在。

应用开发是根据数据仓库的系统功能需求和所选用的开发工具有针对性地开展各种应用设计和开发工作，如固定报表、多维分析、关键绩效指标、即席查询、特定应用、门户界面和应用集成等方面的设计与开发。

数据仓库管理主要包括日常管理与数据维护。日常管理，即硬件软件维护、错误报告记录等方面的内容；数据维护，即数据的更新、加载、备份、存档及恢复等。

数据挖掘技术通过建立分析模型发现知识，而数据仓库提供便于数据挖掘的、集中化的、高品质的数据来源。由于数据挖掘是对基础业务数据的深入加工处理，因此要求基础数据准确并且与业务系统中的数据保持一致，这样分析的结果才能较为真实地反映现实业务的状况。所以，数据挖掘一般应在数据仓库基础建设阶段完成之后才能进行。

数据仓库应用于诸多行业，其中在证券业这一数据密集型行业中的应用尤其广泛，其数据一般包括上市公司的基础数据、股票行情数据和客户交易数据。上市公司的基础数据反映了上市公司的基本情况、财务信息、股权结构等，是证监会等监管部门关注的核心数据，对于数据仓库和数据挖掘具有较高的分析价值；股票行情数据由交易所产生，分布广泛，信息实时共享，对现有的实时行情接收系统可以进行分析和处理；客户交易数据反映了客户的资金情况、交易状况和持仓状况等，数据仓库建设和数据挖掘工作的开展可以提高咨询服务和附加服务的质量，并获取有价值的客户群。以下将结合我国证券交易所披露的上市公司财务数据报告，以 SQL Server 为开发平台，对数据仓库的应用进行介绍。

8.2.2 SQL Server 数据挖掘过程

数据挖掘是数据仓库的一种高级应用形式，数据仓库是用来存储大量历史数据的，数据挖掘是从海量数据中提取有效的、可信的和可行的信息的过程。换言之，数据挖掘派生数据中存在的模式和趋势。这些模式和趋势可以被收集在一起并定义为挖掘模型。挖掘模型可以应用于特定的业务解决方案，如预测销售额、确定产品库存量、分析潜在客户并向其发送邮件等。要想得到有效的挖掘模型，需要经历一个过程，此过程包括从定义模型要解决的基本问题到将模型部署到工作环境的所有事情。具体而言，包括以下步骤。

(1) 定义业务问题。
(2) 准备数据。
(3) 数据探索和分析。
(4) 生成模型。
(5) 浏览和验证模型。
(6) 部署和更新模型。

值得注意的是，以上每个步骤并非必须直接执行到下一个步骤。创建数据挖掘模型是一个动态、交互的过程。在数据探索和分析之后，可能会发现数据不足，无法创建适当的挖掘模型，因此必须查找更多的数据；生成数个模型之后，可能会发现这些模型无法回答定义问题时所设定的问题，因此必须重新定义问题；可能必须在部署模型之后对其进行更新，因为又出现了更多的可用数据。总之，创建数据挖掘模型是一个过程，并且为了创建一个有效的模型，此过程中的每个步骤可能需要重复很多次。

8.2.3 案例数据准备

下面以引例中的问题为研究对象，选取 2000—2006 年上市公司的相关数据，通过实际分析，探寻股权结构与公司绩效的关系，从一个侧面阐述股权分置改革对上市公司经营绩效的影响，进而说明股权分置改革的现实效果。本案例主要针对上市公司的绩效进行分析，同时还涉及公司的主营业务所属行业、所在地区和股权结构等相关信息。

1. 数据准备

建立数据仓库最重要的是能正确地理解数据和相关业务问题，数据准备工作颇费时间和精力。首先，应该把要处理的数据都收集到一起，这并不是说一定要使用一个数据库管理系统。根据数据量的大小、复杂程度、使用方式的不同，有时一个简单的文档或电子表格就足够了，而有时则需要涉及若干异质数据来源。

数据挖掘系统可以作为一个独立的系统存在。对于一个大型的企业来说，将数据挖掘系统建立在数据仓库的基础上是非常合理的想法，因为数据仓库已经为数据挖掘积累了大量的历史数据，要充分发挥这些数据的作用，就需要一个良好的数据挖掘系统。但是，一般并不直接在公司的数据仓库上进行数据挖掘，主要有以下原因。

(1) 数据仓库中的数据量级很大，许多数据并不是数据挖掘问题所关心的。

(2) 数据挖掘需要的信息涉及的面很广，这些信息可能存放在数据仓库的许多表中，如果直接在数据仓库中进行挖掘，将使数据的访问性能受到影响。并且，数据仓库系统还有其他工作，如定期的数据刷新等。

(3) 数据挖掘需要反复进行，不断地对模型进行优化。

(4) 在数据挖掘过程中需要对变量进行转化，而数据仓库不支持更新操作。

(5) 多个数据挖掘的主题可能同步进行，如果直接在数据仓库中进行，则数据仓库需要增加相应的控制机制。

正因为如此，作者对上市公司相关信息数据仓库基本框架进行了深入调研，并从中抽取出需要的数据，单独存放在数据挖掘库中。根据本案例的情况，选取了某上市公司各年度股份构成及公司绩效情况数据(见表 8-1)和该公司基本情况数据(见表 8-2)用于数据挖掘。同时，要声明的是，这里介绍的表结构是财务报告简化之后的结构，已经省略了在目前的分析中没有用到的字段，但是这些字段只是在目前的需求中没有用到，并不能确定它们不会在将来的需求中用到。

表 8-1　某上市公司各年度股份构成及公司绩效情况

编　号	统 计 项	备　注
1	上市公司代码	
2	报告年度	2000—2006 年的年报，仅统计年度报告，不考虑中报和季报
3	上市公司总股本数	
4	其中：流通股数量	
5	国家股数量	
6	法人股数量	

续表

编　号	统 计 项	备　注
7	流通股中机构持股数量	
8	流通股中个人持股数量	
9	每股收益	(税后利润-优先股股利)/总股本数
10	每股经营活动现金流量	经营活动产生的现金流量/总股本数
11	每股净资产	净资产值/总股本数
12	市盈率	普通股每股市价/每股收益 在数据库中标明该指标中股价的计算方法，如每年最后 20 天平均股价，即 12 月 12 日～12 月 31 日每日收盘价的平均值
13	净资产收益率	净利润/股东权益合计
14	总资产收益率	净利润/资产总额
15	流动比率	流动资产/流动负债
16	速动比率	(流动资产-存货-预付费用-待摊费用)/流动负债
17	现金比率	货币资金/流动负责
18	资产负债率	负债总额/资产总额
19	股东权益比率	股东权益总额/资产总额
20	营业收入现金保障倍数	销售商品、提供劳务收到的现金/主营业务收入净额
21	利润现金保障倍数	经营活动产生的现金流量净额/净利润
22	调整后净利润现金直接保障倍数	(营业活动产生的现金流量净额-其他与经营活动有关的现金流入+其他与经营活动有关的现金流出)/净利润

表 8-2　上市公司基本情况

编　号	统 计 项	备　注
1	上市公司代码	
2	上市公司名称	
3	所属行业一级	证监会一级行业分类
4	所属行业二级	证监会二级行业分类
5	所在地区一级	一级地区，如华东、华北等
6	所在地区二级	省市，如山东省、上海市等
7	公司上市时间	
8	股改完成时间	

为了便于说明，接下来需要以 SQL Server 2005 为平台，建立一个名为 stockDB 的示例数据库(基础数据由一个 Access 数据源导入)，在此基础上建立数据源，进行数据挖掘工作。示例数据库 stockDB 中描述了上市公司的基本情况以及年度报告等内容，主要包括表 8-1 和表 8-2 中涉及的字段。需要注意的是，数据类型的设计要适合于统计分析，数据约束要与表中数据的现实意义相统一。当然，也可以用其他数据库管理系统或者电子表格建立数

据源，进而开展数据挖掘工作。由于上市公司的信息是公开的，读者可以通过网络获得相关的数据。

8.3 SQL Server 集成服务

8.3.1 SQL Server 集成服务的作用

在 SQL Server 2005 Integration Services 中可以方便地创建解决方案，来执行提取、转换和加载数据 (ETL) 的处理。SSIS 提供了设计、创建、部署和管理包的功能，用于处理日常的业务需求。SSIS 的主要任务见表 8-3。通过流程管理与数据转换两大引擎，用户可以了解流程管理与数据处理的细节。

表 8-3　SSIS 的主要任务

任　务	描　述
大容量插入任务	将来自文本文件的大量数据加载到 SQL Server 表中
数据流任务	支持在不同类型的数据源之间进行数据的复制和转换。一个数据流任务包含一条数据流流水线
执行包任务	运行子包
执行进程任务	将程序或者批处理文件作为包的一部分来运行
执行 SQL 任务	在包的执行期间运行 SQL 语句，然后有选择地保存 SQL 操作的结果
文件系统任务	执行文件系统操作
FTP 任务	从远程服务器或者 Internet 的某个位置下载数据文件，并且将这些数据文件作为包的工作流的一部分
消息队列任务	在 SSIS 包之间使用消息队列来发送和接收消息
脚本任务	使用脚本来执行在预构建的 SSIS 任务中不可用的函数。通过使用 Script 任务，可以在 Microsoft Visual Studio for Applications(VSA)环境中使用 Visual Basic.NET 来编写脚本
发送邮件任务	发送电子邮件消息
XML 任务	合并、过滤和转换 XML 文档中的数据

资料来源：ZhaoHui Tang，Jamie Maclennan. 数据挖掘原理与应用——SQL Server 2005 数据库. 北京：清华大学出版社，2007。

建立 SSIS 解决方案时，创建新的项目，该项目可以放在一般的方案管理之下，但它只是逻辑管理单位，SSIS 设计、新建、访问和执行的单位依然是包，包可以理解为 SSIS 项目中基本的部署和执行单元。SSIS 项目可以包含多个包，包只包含一个控制流，控制流可以包含一个或者多个数据流。除了控制流和数据流外，包还包含 SSIS 连接和包的变量，连接可以连向关系数据库，也可以连向 Analysis Services 数据库；包可以有不同作用域的变量，例如，作用域为整个包的全局变量或者作用域为任务序列的局部变量。

8.3.2 控制流

SSIS 包中的控制流由一组任务组成。这些任务定义了包的工作，如加载数据、执行 SQL 语句、处理脚本或者调用其他过程。控制流中的多个任务是按优先权约束的顺序来进行组织的，即第一个任务的执行结果决定是否执行第二个任务。可以在工作流中使用优先权约束来创建条件分支，也可以将多个优先权约束进行组合，然后将其作为一个约束来求值。接下来研究一个控制流示例。

图 8.3 显示了一个简单的控制流示例，它从 FTP 任务开始，该 FTP 任务用于下载已压缩的数据文件。一旦下载完这些文件，当运行时就会到达 Foreach 循环容器，在该容器内部有 3 个任务：执行进程任务(该任务调用 unzip 应用程序来解压缩数据文件)、大容量插入任务和检查数据库完整性任务。当解压缩完数据文件后，数据文件中的数据被加载到 SQL Server 中并检查完数据库的完整性时，循环就会停止。如果在循环期间发生了错误，则该控制流将执行发送邮件任务：向数据库管理者发送电子邮件。如果正确地执行了每个任务，则该控制流将执行 SQL 任务，然后更新统计信息。

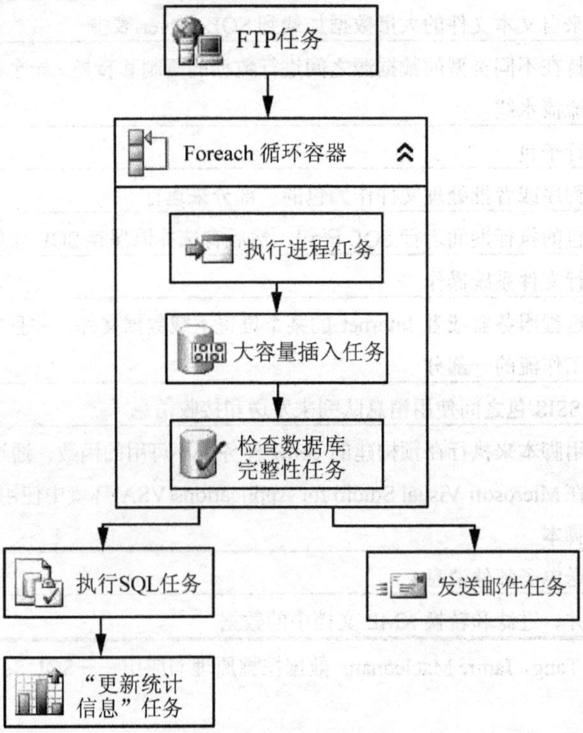

图 8.3 控制流示例

8.3.3 数据流

数据流是专门处理数据操作的工作流，也称为流水线。可以将数据流认为是装配线，该装配线包含了顺序执行的多个操作。在数据流中的每个结点都称为转换。数据流通常以源转换开始，以目标转换结束。在这两个转换之间，预定义的数据流转换被依次应用到数据上。一些转换是同步的，如查找、条件性拆分和数据转换。这些同步的转换可以并行执行。一旦已经将转换应用到数据行上，则下一个转换可以开始处理该数据行，而无需等到上一级转换处理完整个数据集。一些转换是异步的，如聚合和排序。这些转换必须从前面的输出中获得所有的行，才可以进行处理和产生输出，用于后续转换。

数据流总是包含于任务流中的。有一个特殊的任务，其名称为数据流任务，该任务是用于容纳数据流的容器。在构建数据流之前，必须将数据流任务加入到设计器中。任务是任务流的基本组件，而转换是数据流的基本组件。查看器则是为了调试数据流而设计的，可以在执行期间使用查看器来查看流水线中的流。

图 8.4 显示了一个数据流示例。该数据流从 OLE DB 源转换开始，该转换加载包含上市公司基本情况的事实表。第二个转换是“查找”，该转换从上市公司基本情况表中查找上市公司的简称，这列数据被加入到流水线的数据中。下一个转换是“条件性拆分”，该转换将“ST 公司”与“正常公司”分开。由于在分析中，ST 公司与正常公司的可比性不强，属于异常值，需要剔出。因此，“ST 公司”转换为 Excel 目标表保存即可，“正常公司”的相关数据则到达“派生列”转换。该转换根据流通 A 股中个人持股数量和总股本数计算“个人持股比例”，再经过“聚合”转换，按行业求“平均个人持股比例”，最后转换为“SQL Server 目标”，为后期的数据挖掘做准备。值得注意的是，在创建包以及数据流之前，需要充分了解在源数据和目标数据中使用的格式。了解了这两种数据格式后，才能确定将源数据映射到目标数据时所需的转换。

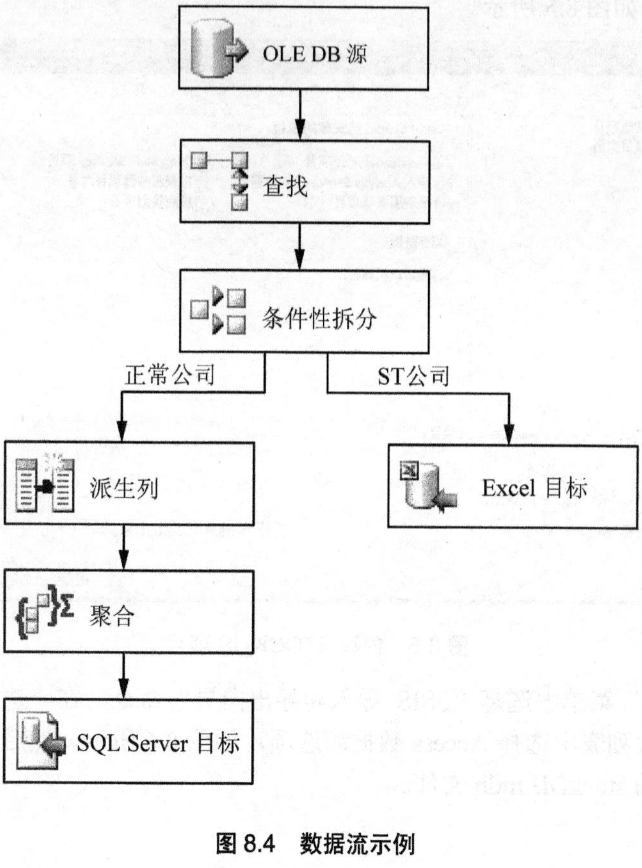

图 8.4　数据流示例

8.3.4 设计和使用 ETL

数据仓库的设计是数据分析和数据挖掘的基础工作，良好的数据仓库结构设计是以后工作能顺利进行的保证。数据仓库中的数据一般要从原始业务数据中获取，经过“提取→转换→加载”即 ETL 过程，将对分析有帮助的数据保存于数据仓库中。在 SSIS 环境中也可以进行数据挖掘，但大多数情况的数据挖掘工作是在 SSAS 环境中展开的，SSIS 环境更适合于数据的集成与转换。

首先，创建一个 Integration Services 项目。此项目包含在数据转换解决方案中使用的数据源、数据源视图和包等对象的模板。其次，选择数据源并设计数据源视图。再次，根据需要创建一个包，并在包中创建控制流和数据流以及事件处理程序。如果数据处理并不复杂，则可以在 SSAS 环境中选择数据源并设计数据源视图，然后进行数据挖掘。为了演示 ETL 过程，接下来将针对案例问题，运用 SQL Server 集成服务，将数据库 stockDB.mdb 装载到 SQL Server 数据库中，具体操作步骤如下。

(1) 单击“开始”菜单，选择“所有程序”→Microsoft SQL Server 2005→SQL Server Business Intelligence Development Studio 命令。在“文件”菜单中选择“新建”→“项目”命令。

(2) 在“新建项目”对话框中，从“项目类型”窗格中选择“商业智能项目”选项，再在“模板”窗格中选择“Integration Services 项目”选项，在“名称”文本框中输入项目名称 STOCK_IS，如图 8.5 所示。

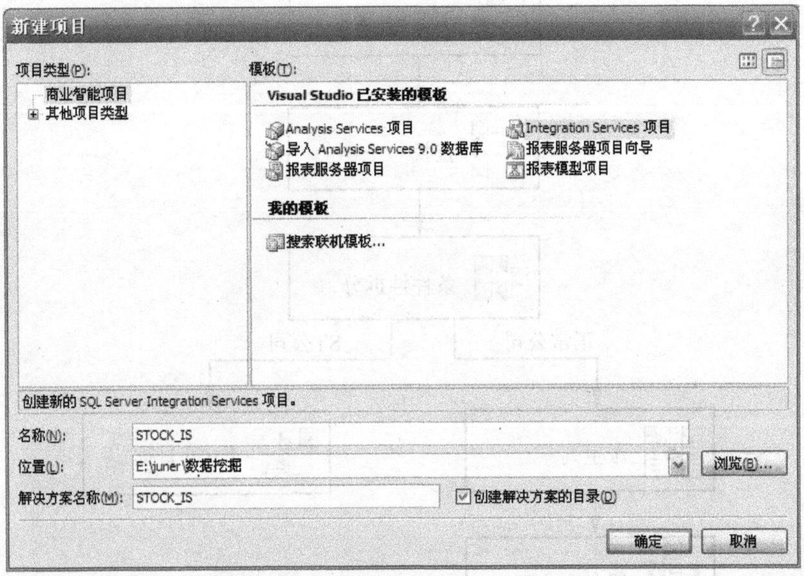

图 8.5　创建 STOCK_IS 项目

(3) 在“项目”菜单中选择“SSIS 导入和导出向导”命令，在“选择数据源”窗口中的“数据源”下拉列表中选择 Access 数据源选项，如图 8.6 所示。然后在路径选择中选择此项目文件夹中的 stockDB.mdb 文件。

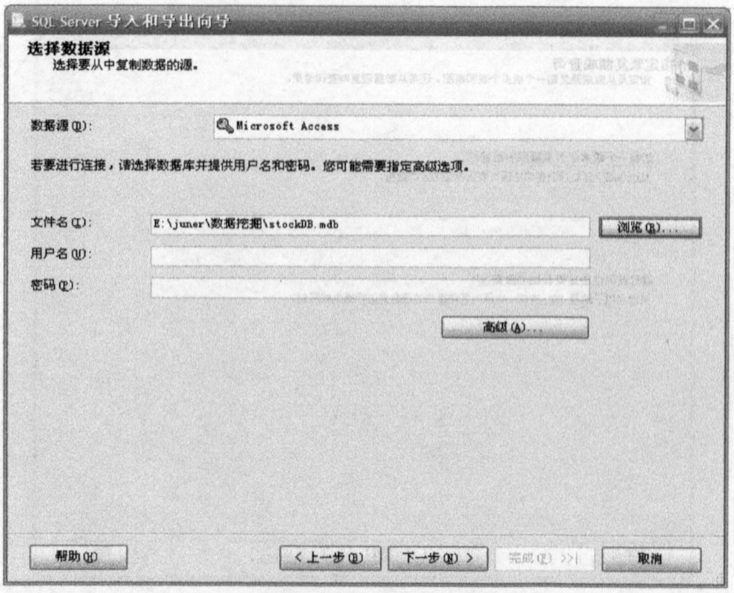

图 8.6　选择数据源

(4) 在“选择目标”窗口的“目标”下拉列表中选择 SQL Native Client 选项，如图 8.7 所示。设置好服务器及其登录信息后，输入目标数据库名，也可以用系统默认的数据库名。

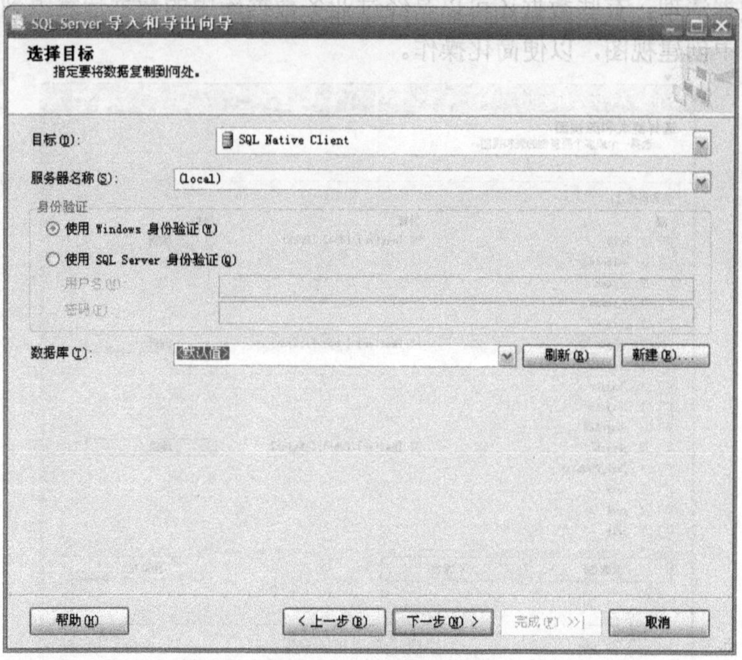

图 8.7　选择目标

(5) 在“指定表复制或查询”窗口中，选择需要复制的数据源中的表和视图或自定义的查询，这里选择“复制一个或多个表或视图的数据”单选按钮，如图 8.8 所示。

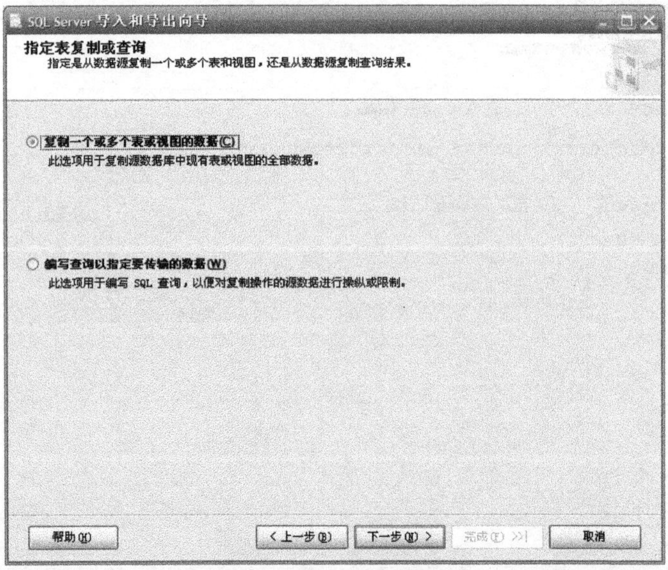

图 8.8　指定复制类型

这时可以选择源表和源视图，如图 8.9 所示。按照先前对数据仓库的设计，选择需要输入的表。对这些已经选择的表中的字段还可以进行筛选和改变，对不需要的字段进行去除操作，即数据清理。有些数据还可以是经过业务数据库中的数据运算得到的，当然也可以在源数据库中创建视图，以便简化操作。

图 8.9　选择源表和源视图

(6) 在完成数据导入操作之前，系统将要求用户确认操作列表，并提示将会把包以“Package1.dtsx”作为文件名保存在项目文件夹下面，而且不会立即执行，确认无误后单击“完成”按钮。

在“解决方案资源管理器”窗格中展开“SSIS 包”文件夹，在 Package1.dtsx 上右击，在弹出的快捷菜单中选择“设为启动对象”命令，单击工具条上的“启动调试”按钮或选择“调试”菜单中的“启动调试”命令，运行这个工程，可以发现在 SSIS 设计界面的“控制流”和“数据流”等选项卡内有对象在活动。内容比较简单，就是显示数据导入任务的执行情况，包执行完毕之后，可以对“控制流”和“数据流”进行进一步的设计。数据装载过程完成后，可以查看导入的数据，然后进行更深入的分析处理。

8.4 SQL Server 分析服务

8.4.1 创建 Analysis Services 项目

规划好数据仓库的逻辑结构，并且将需要分析的业务数据装载到数据仓库之后，就可以进一步开发数据挖掘解决方案。解决方案包括一个或多个项目，项目是相关对象的集合。SSAS 环境更适合将数据仓库中的数据进行细分，进而建立多维数据集，使数据挖掘更有针对性，因此需要创建一个新的 Analysis Services 项目。在此，基于 Analysis Services 项目模板创建名为 STOCK_AS 的项目。具体步骤如下。

(1) 单击“开始”菜单，选择“所有程序”→Microsoft SQL Server 2005→SQL Server Business Intelligence Development Studio 命令。

(2) 在 Visual Studio 的“文件”菜单中选择“新建”→“项目”命令。

(3) 在“新建项目”对话框中，从“项目类型”窗格中选择“商业智能项目”选项，再在“模板”窗格中选择“Analysis Services 项目”选项。

(4) 将项目名称命名为 STOCK_AS，这也将更改解决方案的名称，然后单击“确定”按钮。

图 8.10 显示了在 Visual Studio 开发环境中创建 STOCK_AS 项目的关键环节。创建完 Microsoft SQL Server 2005 Analysis Services 项目之后，在“解决方案资源管理器”窗格中可以看到新建的项目。

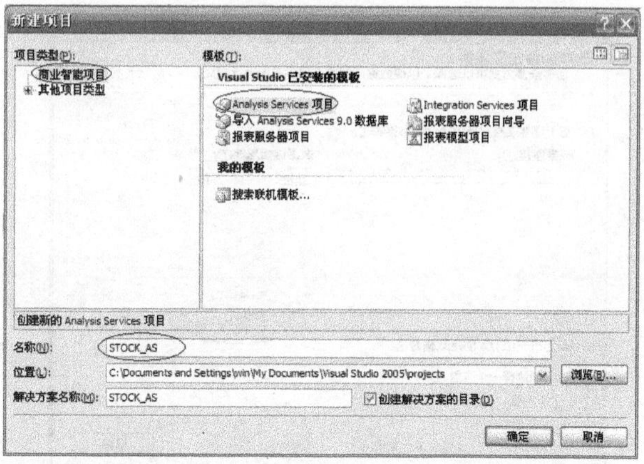

图 8.10 创建 Analysis Services 项目

8.4.2 定义数据源

在创建完 SSAS 项目后，通常通过定义项目将要使用的一个或多个数据源来开始使用此项目。本例中将把创建好的数据库 stockDB 定义为 STOCK_AS 项目的数据源。具体步骤如下。

(1) 在“解决方案资源管理器”窗格中，右击“数据源”选项，然后选择“新建数据源”命令，将打开“数据源向导”窗口，如图 8.11 所示。在“欢迎使用数据源向导”窗口中，单击“下一步”按钮。

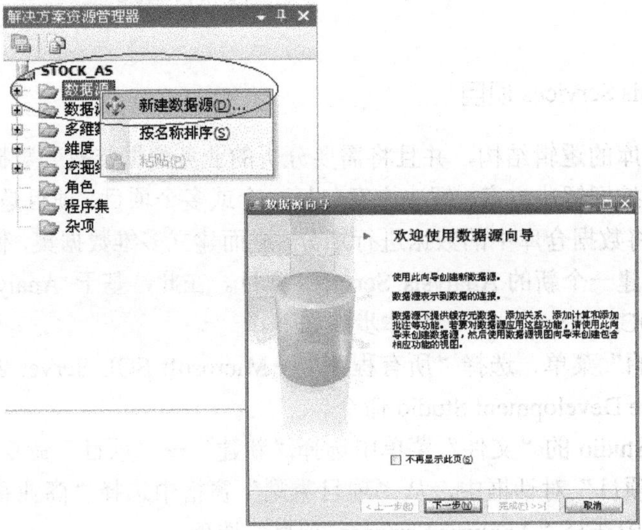

图 8.11 新建数据源

(2) 在“选择如何定义连接”窗口中，可以基于新连接、现有连接或以前定义的数据源对象来定义数据源。以前定义的数据源对象是当前项目中或当前解决方案的其他项目中的现有数据源定义。在本例中单击“新建”按钮，如图 8.12 所示，也就是基于新连接来定义新数据源。

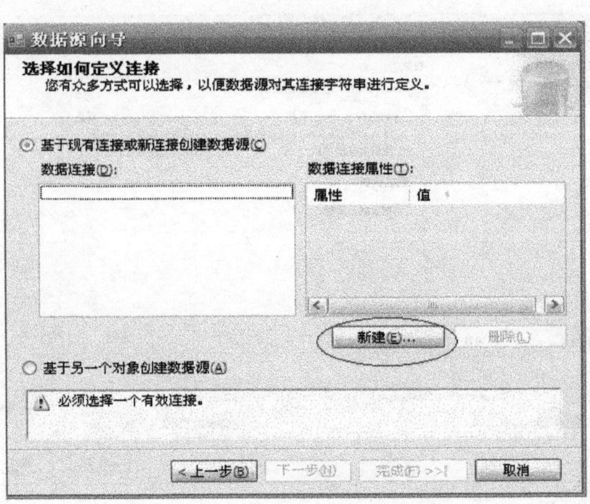

图 8.12 选择定义连接的方式

(3) 在“连接管理器”对话框中，可以定义数据源的连接属性。首先，在“提供程序”下拉列表中，选择“本机 OLE DB\ SQL Native Client”选项，即可连接本机的 SQL Server 数据源。

提示： Analysis Services 还支持在“提供程序”下拉列表中显示其他的访问接口。如选择 Microsoft Jet 4.0 OLE DB Provider 选项，可连接本机的 Access 数据源，而且一般来说，OLE DB Provider 来说在效率上对 ODBC 是比较好的选择。

其次，在“服务器名”文本框中输入服务器及实例的名称。在本例中，stockDB 数据库位于本地 SQL Server 服务器的默认实例中。输入 local，也可以连接到本地 SQL Server 服务器的默认实例。

提示： 要连接到本地计算机上的命名实例，则输入 localhost\<实例名>。如果在定义数据源时指定特定的计算机名或 IP 地址，则项目或部署的应用程序将与指定计算机而不是本地计算机建立连接。通过 Analysis Services 部署向导，可以在部署时指定数据源的实际服务器名。

最后，选择“使用 Windows 身份验证”单选按钮并在“选择或输入一个数据库名”单选按钮下面的下拉列表中，选择 stockDB 选项，测试连接成功之后，就可以单击“确定”按钮了。图 8.13 显示了包含到目前为止已定义设置的“连接管理器”对话框以及确定后的“数据源向导”窗口，单击“下一步”按钮，将显示数据源向导的“模拟信息”窗口。

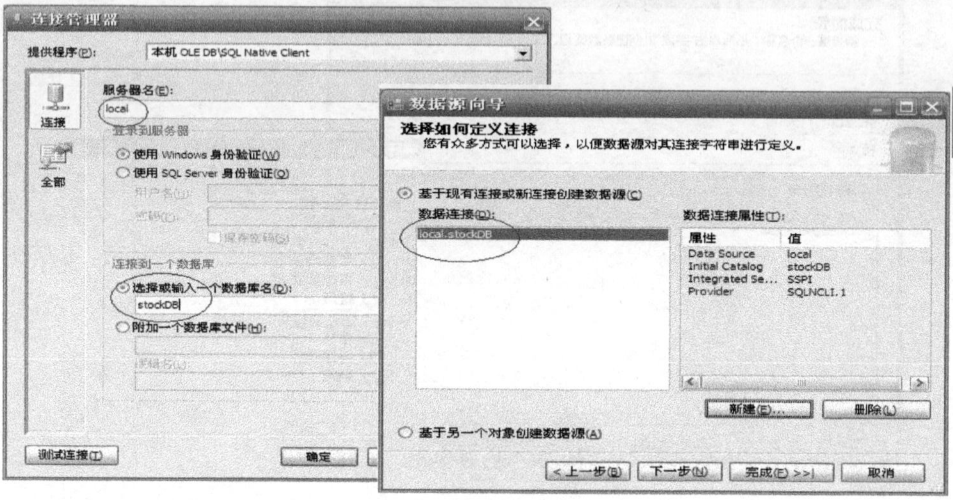

图 8.13 定义数据连接

(4) 在“模拟信息”窗口中，可以定义 Analysis Services 用于连接数据源的安全凭据。在本例中，选择 Analysis Services 服务账户，因为该账户具有访问 stockDB 数据库所需的权限。选择“使用服务账户”单选按钮，如图 8.14 所示，然后单击“下一步”按钮，即显示“完成向导”窗口。

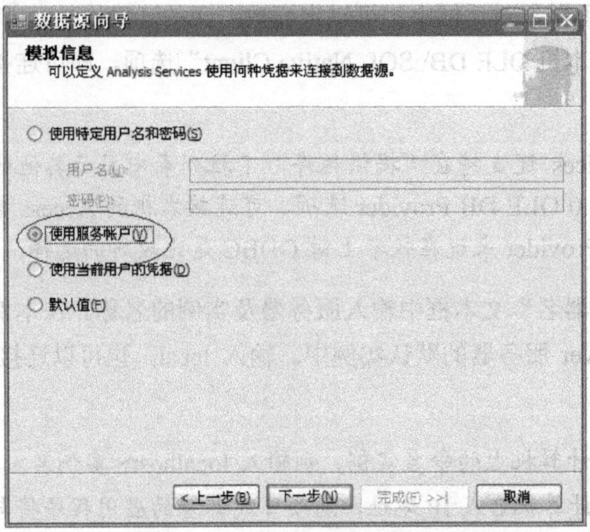

图 8.14　连接数据源的安全凭据设置

(5) 在“完成向导”窗口中，输入数据源的名称。本例中将数据源命名为 Stock DW，单击“完成”按钮，以创建名为 Stock DW 的新数据源。如图 8.15 所示，在“解决方案资源管理器”窗格的“数据源”文件夹中可以看到新的数据源。若要修改现有数据源的属性，可以在“数据源”文件夹中双击该数据源，并在“数据源设计器”对话框中进行修改。

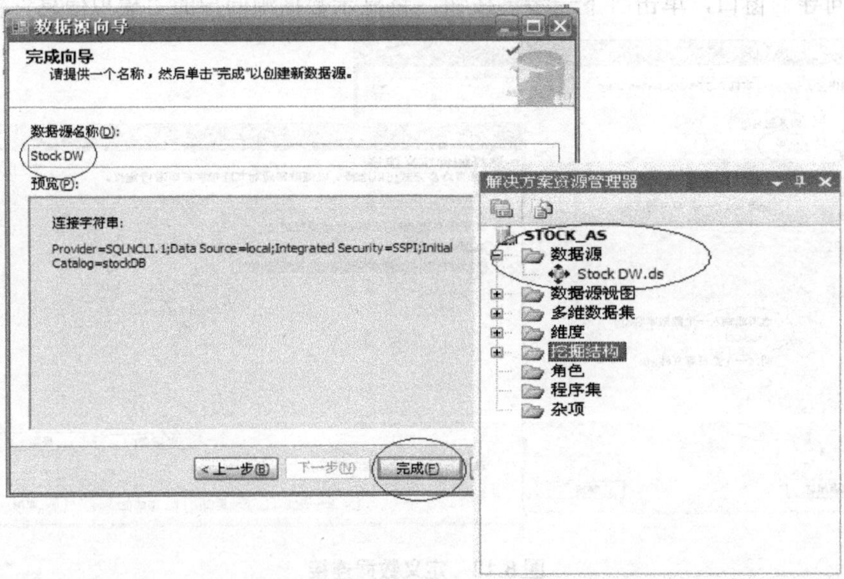

图 8.15　“解决方案资源管理器”窗格中建成的数据源

8.4.3　定义数据源视图

定义了将在 SSAS 项目中使用的数据源后，下一步通常是定义项目的数据源视图。数据源视图是一个元数据的统一视图，该元数据来自指定的表以及数据源在项目中定义的视图。通过在数据源视图中存储元数据，可以在开发过程中直接使用，而无需打开与任何基础数据源的连接。接下来将定义数据源视图 StockVIEW，其涉及来自数据源 Stock DW 中的若干个基本表。

(1) 在“解决方案资源管理器”窗格中，右击“数据源视图”选项，再选择“新建数据源视图”命令，如图 8.16 所示。此时将打开“数据源视图向导”窗口。

(2) 在“数据源视图向导”窗口的“选择数据源”窗口中，选择 Stock DW 数据源，如图 8.17 所示。单击“下一步”按钮，将显示“选择表和视图”窗口。

提示： 若要创建一个基于多数据源的数据源视图，必须先定义一个基于单一数据源的数据源视图。此数据源将被称为主数据源。随后，可以添加来自辅助数据源的表和视图。异类查询要求至少有一个数据源是 Microsoft SQL Server 数据源。

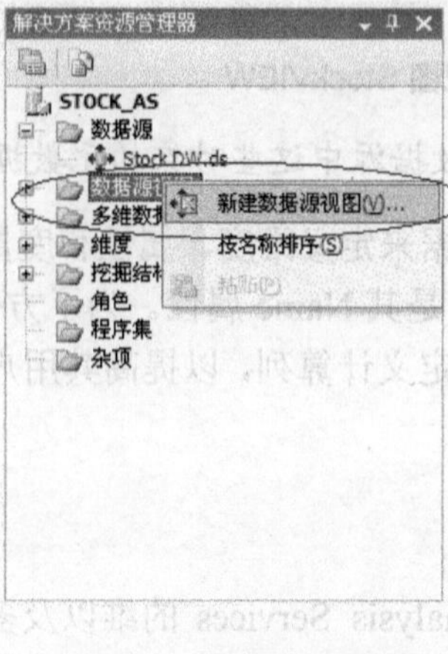

图 8.16　新建数据源视图

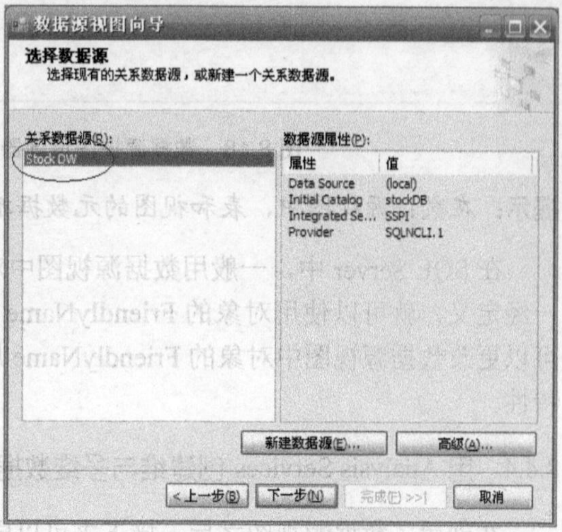

图 8.17　选择数据源

(3) 在“选择表和视图”窗口中，可以从选定的数据源提供的对象列表中选择表和视图。在“可用对象”列表中，选择需要的表，并将选中的表添加到“包含的对象”列表中。然后，输入数据源视图的名称 StockVIEW，单击“完成”按钮，就可以完成数据源视图的定义。

(4) 数据源视图 StockVIEW 将在“解决方案资源管理器”窗格的“数据源视图”文件夹中显示。数据源视图的内容也可以在数据源视图设计器中进行修改。图 8.18 显示了数据源视图设计器中的数据源视图 StockVIEW。

数据源视图 StockVIEW 的创建工作基本完成了，该视图包括来自数据源 Stock DW 中基本表的元数据。一般只需将在项目中使用的表和视图添加到数据源视图中即可，若要向现有数据源视图添加表，则右击“关系图”窗格或“表”窗格，再选择“添加/删除表”命令。若要修改表中字段的 FriendlyName 属性及表之间的关系，可以在数据源视图设计器中直接进行修改。

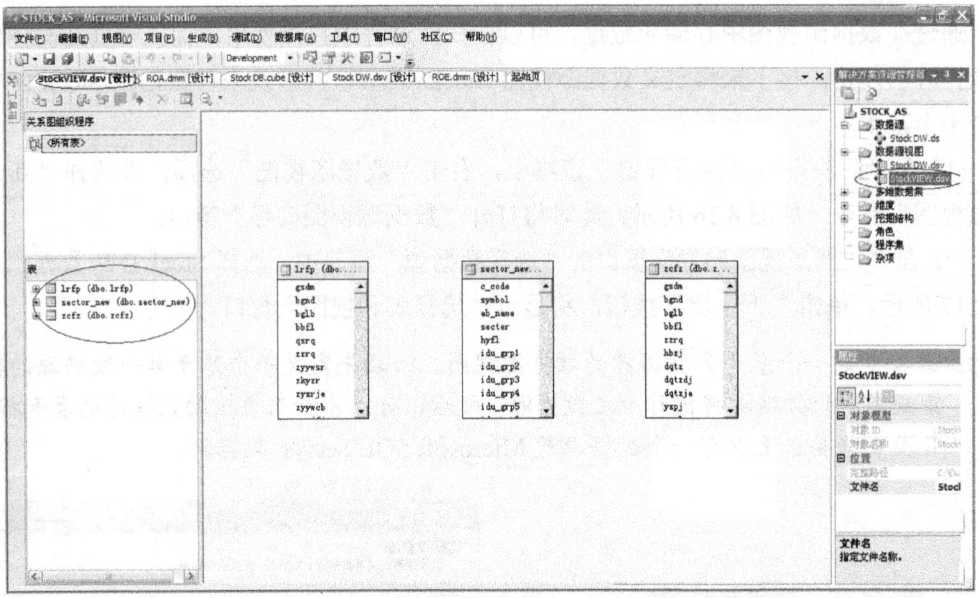

图 8.18　数据源视图设计器中的数据源视图 StockVIEW

提示：在数据源视图中，表和视图的元数据派生于基础数据源中这些对象的元数据。

在 SQL Server 中，一般用数据源视图中对象的元数据来定义维度、属性和度量值组，一经定义，就可以使用对象的 FriendlyName 属性，而不是其 Name 属性。为了方便起见，可以更改数据源视图中对象的 FriendlyName 属性的值或定义计算列，以提高其用户友好的特性。

8.4.4　用 Analysis Services 创建维与多维数据集

在创建了数据源视图之后，接下来可以定义一个 Analysis Services 的维以及多维数据集。主要方法有两种：第一种，先定义与任何数据集都无关的维度，然后再定义使用这些维度的一个或多个数据集；第二种，用多维数据集向导，同时定义一个多维数据集及其维度。如果是创建一个简单的多维数据集，可以使用多维数据集向导，这是最方便快捷的方法。如果要创建的多维数据集比较复杂，则可以使用第一种方法。

维度通常包含数名用户作为分析基础的特定主题(例如，时间、行业等)的相关属性，独立于多维数据集存在的维度称为数据库维度，它既可以在多个多维数据集中使用，也可以在一个多维数据集中多次使用。维度可以存在于多个多维数据集数据导航路径的层次结构中，维度的结构主要由一个或多个基础维度表的结构决定。在 SQL Server 中，维度表具有下列关系类型。

1. 常规维度关系

当维度的键列与事实数据表直接连接时，多维数据集维度与度量值组之间便会存在常规维度关系。这种直接关系基于基础关系数据库中的主键-外键关系，但是也可以基于数据源视图中定义的逻辑关系。常规维度关系表示传统星型架构设计中维度表与事实数据表之间的关系。

2. 引用维度关系

当多维数据集维度的键列通过其他维度表中的键与事实数据表间接连接时，该维度与度量值组之间便会存在引用维度关系。引用维度关系表示雪花型架构设计中的维度表与事实数据表之间的关系。当雪花型架构中的各维度表进行连接时，可以使用多个表中的列定义一个维度，也可以根据单独的维度表定义单独的维度，然后使用引用维度关系设置定义这些维度之间的连接。

3. 事实维度关系

事实维度通常称为退化维度，是通过事实数据表而非维度表中的列构造的标准维度。有用的维度数据有时存储在事实数据表中，这样可以减少重复。

4. 多对多维度关系

多对多维度可将维度模型扩展传统的星型架构范围，并在维度不直接与事实数据表相关联的情况下支持复杂分析。

接下来将使用多维数据集向导创建本案例的多维数据集 Stock DIMS。使用向导创建多维数据集，可以基于数据源定义多维数据集，也可以在不使用现有数据源的情况下定义多维数据集。如果在不使用现有数据源的情况下定义多维数据集，则使用该向导将生成基础数据源架构。在本例中，采用基于现有数据源 Stock DW 定义多维数据集的方法，多维数据集向导可以连接到在数据源对象中定义的数据库 stockDB，并读取指定表中的数据，以定义度量值和维度。所定义的这些度量值和维度基于标识为事实数据表、维度表或这两者的表。具体步骤如下。

(1) 在“解决方案资源管理器”窗格中，右击“多维数据集”选项，然后选择“新建多维数据集”命令。

(2) 在“欢迎使用多维数据集向导”窗口中，单击“下一步”按钮，并在“选择生成方法”窗口中，确认已选择“使用数据源生成多维数据集”单选按钮，此时，可以启用“自动生成”复选框，如图 8.19 所示。这样，多维数据集向导将自动定义维度表中各列的属性，并自动生成多级层次结构。当然，也可以手动创建属性，然后生成层次结构。

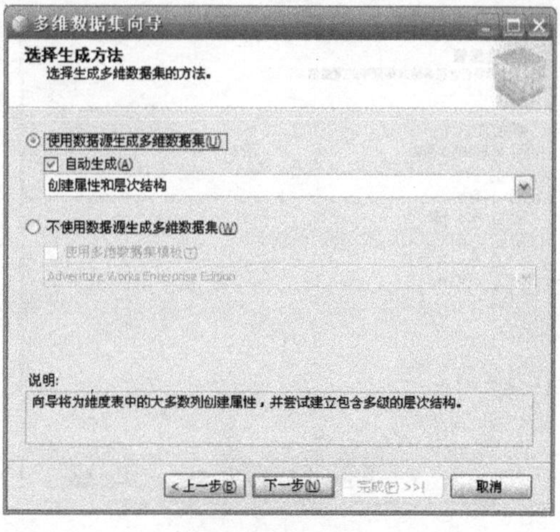

图 8.19　选择多维数据集的生成方法

(3) 在“选择数据源视图”窗口中，确认已选中 StockVIEW 数据源视图。在使用多维数据集向导生成多维数据集时，可以在“选择数据源视图”窗口上单击“完成”按钮，以让该向导定义多维数据集的其余属性；也可以根据需要自己定义多维数据集的其余属性。若直接进入“完成向导”窗口，可以在该窗口中为多维数据集指定名称并可以查看其结构。本例中单击“下一步”按钮，以查看并进一步定义多维数据集的属性。

(4) 向导扫描在数据源对象中定义的数据库中的表，以标识事实数据表和维度表以及与事实数据表相关的度量值，在“检测事实数据表和维度表”窗口中单击“下一步”按钮，将显示该向导所标识的事实数据表和维度表。图 8.20 显示了该向导的“标识事实数据表和维度表”窗口，其中为 STOCK_AS 项目选择了事实数据表和维度表。

提示：有些表既可以用做事实数据表，又可以用做维度表。

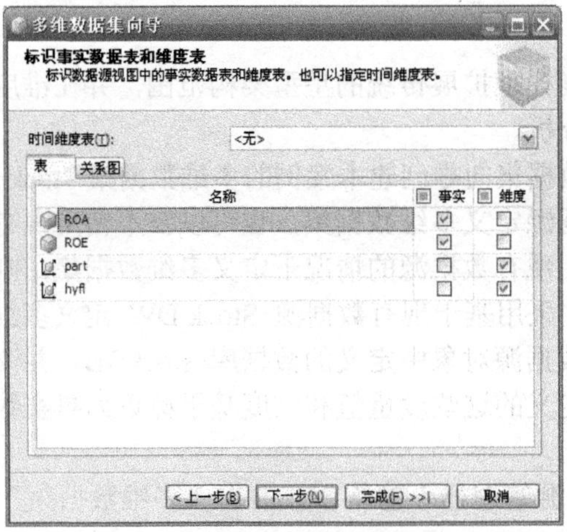

图 8.20　标识事实数据表和维度表

(5) 单击“下一步”按钮，在随即出现的“选择度量值”窗口中，显示了向导所选择的度量值，在此，也可以进行修改。一般选择事实数据表中的各数值数据类型列作为度量值，如图 8.21 所示。

图 8.21　选择度量值

由于前面已在该向导中启用了“自动生成”复选框，因此该向导将扫描层次结构，然后对定义为维度表的表中的各列记录进行采样，以确定列之间是否存在层次结构关系，如图 8.22 所示。在该向导完成对维度的扫描和对层次结构的检测后，在“检测层次结构”窗口中单击“下一步”按钮。

图 8.22　检测层次结构

(6) 在“完成向导”窗口中，将多维数据集的名称改为 Stock DIMS。在该窗口中，也可以查看多维数据集的度量值组、度量值、维度、层次结构和属性，如图 8.23 所示，单击“完成”按钮以完成向导。

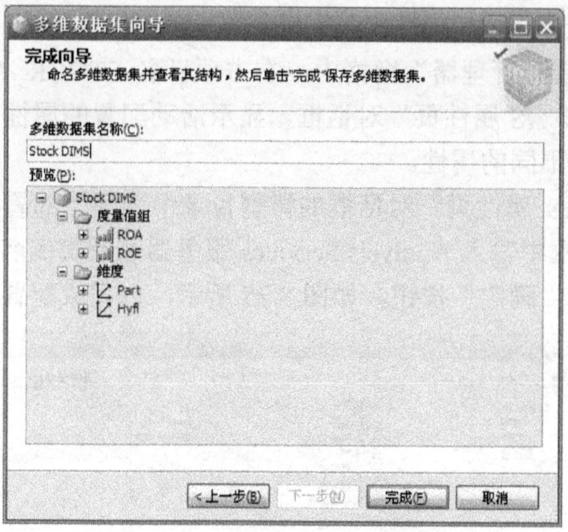

图 8.23　命名多维数据集并查看其结构

在“解决方案资源管理器”窗格的 STOCK_AS 项目中，Stock DIMS 多维数据集将显示在“多维数据集”文件夹中，而数据库维度则显示在“维度”文件夹中。此外，多维数据集设计器在开发环境的中央显示 Stock DIMS 多维数据集，可以查看并修改多维数据集中的维度表和事实数据表，如图 8.24 所示。此时，最好及时保存到目前为止对 STOCK_AS 项目所做的更改。

提示：事实数据表是黄色的，维度表是蓝色的。

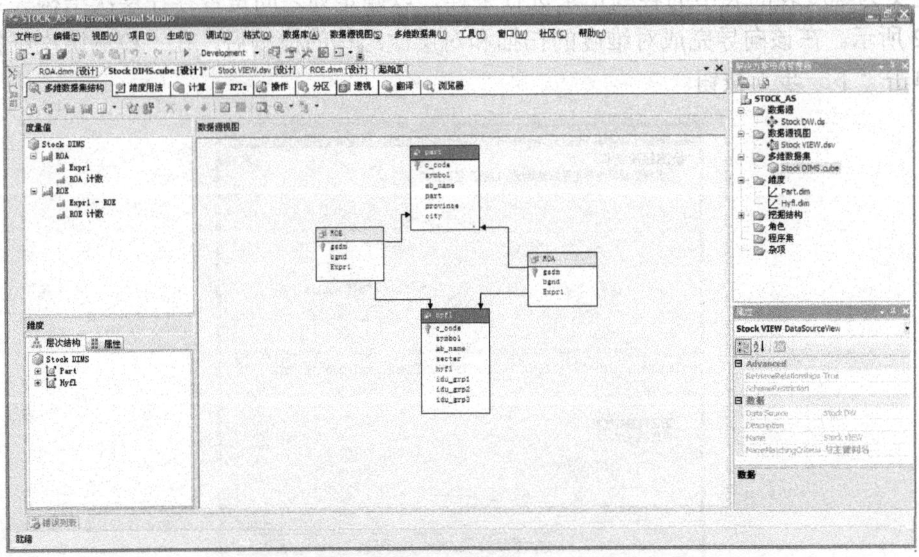

图 8.24 多维数据集设计器中显示的 Stock DIMS 多维数据集

8.4.5 部署 Analysis Services 项目

定义了多维数据集和维度之后，必须要将项目部署到 Analysis Services 实例上，才能处理这些多维数据集和维度。接下来将查看项目的部署属性，然后将该项目部署到本地 Analysis Services 实例上。具体步骤如下。

(1) 在“解决方案资源管理器”窗格中，右击项目名 STOCK_AS，然后选择“属性”命令，将弹出“STOCK_AS 属性页”对话框，显示活动配置的属性。在此可以定义多个配置，每个配置可以具有不同的属性。

(2) 在“STOCK_AS 属性页”对话框的树型目录中选择“部署”选项，并在“目标”区域的“服务器”文本框中输入 Analysis Services 服务器名及实例名，若省略实例名则部署到默认实例，然后单击“确定”按钮，如图 8.25 所示，以完成配置属性的设置。

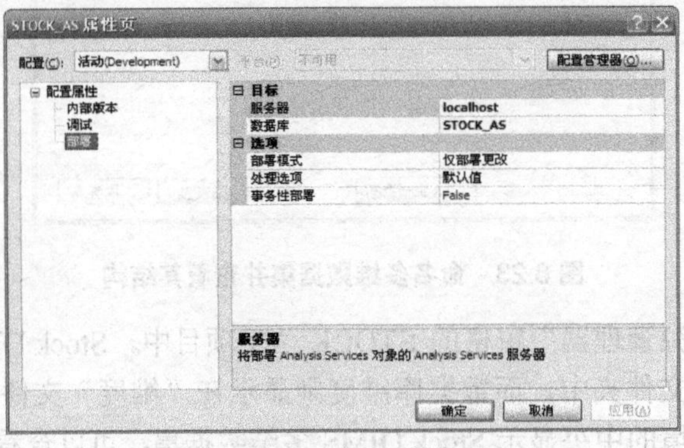

图 8.25 部署 STOCK_AS 项目

(3) 再次右击项目名STOCK_AS，选择“部署”命令，或者在“生成”菜单中选择“部署STOCK_AS”命令，就可以在“部署进度”对话框中看到部署的情况。

(4) 选择“视图”菜单栏中的“输出”命令，可以查看部署是否成功。

部署完STOCK_AS项目之后，启动SQL Server Management Studio，在“连接到服务器”对话框的“服务器类型”下拉列表里选择Analysis Services选项，并输入部署的服务器名和实例名。连接后，在SQL Server Management Studio的“对象资源管理器”窗格中，就可以看到部署的项目。

在部署完 STOCK_AS 项目之后，一般还要查看前面所定义的多维数据集中的实际数据。浏览已部署的多维数据集有助于了解其维度属性、度量值属性及用户层次结构等情况，对设计欠妥之处可以回到多维数据集设计器中进行修改，以改善多维数据集中维度的功能和用户友好性。当然，更改属性和层次结构之后，必须部署更改并重新处理相关的对象，然后才能查看修改后的效果。

8.5 SQL Server中的数据挖掘工具与应用

人们通常把数据挖掘工具看得过于神秘，认为只要有了一个数据挖掘工具，就能自动挖掘出所需要的信息。然而，要想真正做好数据挖掘，工具只是其中的一个方面，同时还需要具体业务的深入了解以及目的明确的数据分析。如果组织、修改、选择和理解了将要分析的数据，就可以开始创建数据挖掘对象了。

SQL Server Analysis Services有两个主要的数据挖掘对象：挖掘结构和挖掘模型。挖掘结构用来定义挖掘问题的域，而挖掘模型是挖掘算法对挖掘结构的具体应用。挖掘结构是从现有数据源视图或多维数据集派生的。绑定了数据源的挖掘结构包括一组属性(列)，还包括一些可选的标志，这些标志用来控制如何对这些数据进行建模。挖掘模型的定义包括挖掘算法及其相关的参数，还包括来自挖掘结构的列。挖掘结构中的每一个挖掘模型都可以使用不同的算法，或者使用相同的算法但使用不同的参数，或者包含挖掘结构中列的不同子集。对挖掘模型中的每一列，可以指定它在模型中的用法以及特定于算法的建模标志。简单地说，就是在SSAS中，挖掘结构描述的是用于挖掘的列和训练数据，挖掘模型是从挖掘结构中选择一些列，然后使用某一个算法，并且为该算法定义每一列的用法。

在SSAS中，很容易对同一数据集测试不同的假定。利用数据挖掘向导可以创建挖掘结构和挖掘模型，使用该向导可以定义结构并制定创建基于该结构的初始模型时使用的算法和定型数据。具体过程包括：选择数据源类型，选择算法，选择数据源并且指定数据源表的用法，选择表中的列并且指定这些列的用法，对挖掘模型命名。接下来，可以对模型进行处理和分析，还可以生成数据挖掘报表。具体步骤如下。

(1) 在“解决方案资源管理器”窗格中，右击“挖掘结构”选项，在弹出的快捷菜单中选择“新建挖掘结构”命令，弹出“数据挖掘向导”对话框，单击“下一步”按钮。

(2) 在“选择定义方法”对话框中，需要开发人员选择创建模型的源是来自一个关系源还是来自多维源，虽然最后创建的结果相同，但是创建的过程不同，所以对于不同的选项有不同的向导过程。在本例中，选择“从现有关系数据库或数据仓库”单选按钮。

(3) 在弹出的“选择数据挖掘技术”对话框中，选择将要使用的数据挖掘技术。算法的列表是由目标服务器的功能决定的，要选择什么算法主要取决于具体的挖掘主题。数据挖掘模型还可以用数据挖掘扩展(DMX)语言进行创建和处理。本例中选择了聚类分析和神经网络算法。

(4) 确定将要进行挖掘的数据，即选择数据源。本例中选择了前面已经创建好的数据源 Stock DW。

(5) 指定表类型，确定表中各列的用法。

当选择表时，必须指定每一个表是事例表还是嵌套表。事例表包含想要分析的实体的事例，嵌套表包含每一事例附加的信息(通常是事务信息)。

提示：当只有一个事务表时，这个表既可以作为事例表也可以作为嵌套表，这可以通过指定事务 ID 作为事例键，其他列作为普通的列来实现。

数据挖掘中用到的列可以分为可预测列、输入列和键列 3 种类型。指定列为何种类型，取决于具体的挖掘主题，也依赖于所选择的算法。如果指定某列为输入列，则表明数据挖掘算法将会用它来预测被标记为可预测的列。如果需要为选定的可预测内容提供输入建议，单击“建议”按钮，在“提供相关列建议”对话框中，输入与可预测列关系密切的列的建议。

在向导中将会列出已经选择的列和这些列的数据类型及内容类型。指定合适的内容类型对模型的性能和精确度是至关重要的。数据挖掘向导有能力自动检测出一个数值列是分类类型的列，还是连续类型的列。单击“检测”按钮，该向导就会采样和分析源数据，并且选择一种合适的内容类型。如果选择了连续的内容类型，但是所选择的算法不支持连续的列，则内容类型将会被指定为 DISCRETIZED。在设计器中，可以设置离散化参数，在进入向导的下一步之前，应该确保为每一列都指定了正确的内容类型，如果还没有正确指定，则应予以修改。

(6) 为挖掘结构和挖掘模型命名，如果所选择的算法支持，还可以启用钻取功能，完成向导。使用该向导创建了数据挖掘对象之后，就可以在数据挖掘设计器中浏览并细化数据挖掘向导创建的结果。

为了使 Analysis Services 将相应数据传递给算法来填充模型，必须对它们进行处理。挖掘模型的结构和参数都已完成设置，接下来按 F5 键部署项目，然后处理挖掘模型。Analysis Services 将为每个算法提供单独的查看器，通过挖掘模型查看器来查看刚刚处理的模型结构。

另外一个访问数据挖掘查询结果和发布这些查询结果的方法是使用 SQL Server Reporting Services。Reporting Services 提供了一个创建定制报表的机制，这个报表通常包含文本和图形，可以通过 HTML、E-mail、打印形式和 Microsoft Office 文档发布。基于 Web 的报表可以是交互式的，通过增加报表参数实现交互式的目的。Reporting Services 包含了一些选项，可以通过这些选项来设置定期运行报表。为了将 Reporting Services 用于数据挖掘，只要利用 BI Dev Studio 创建一个报表服务项目，并指定一个 Analysis Services 数据库作为数据源即可。

针对案例问题中的总资产收益率，按照一级行业类别和主营业务所在地区进行聚类分析，结果如图 8.26 所示。由分析结果可以了解上市公司的绩效在行业和区域方面的分布情况。

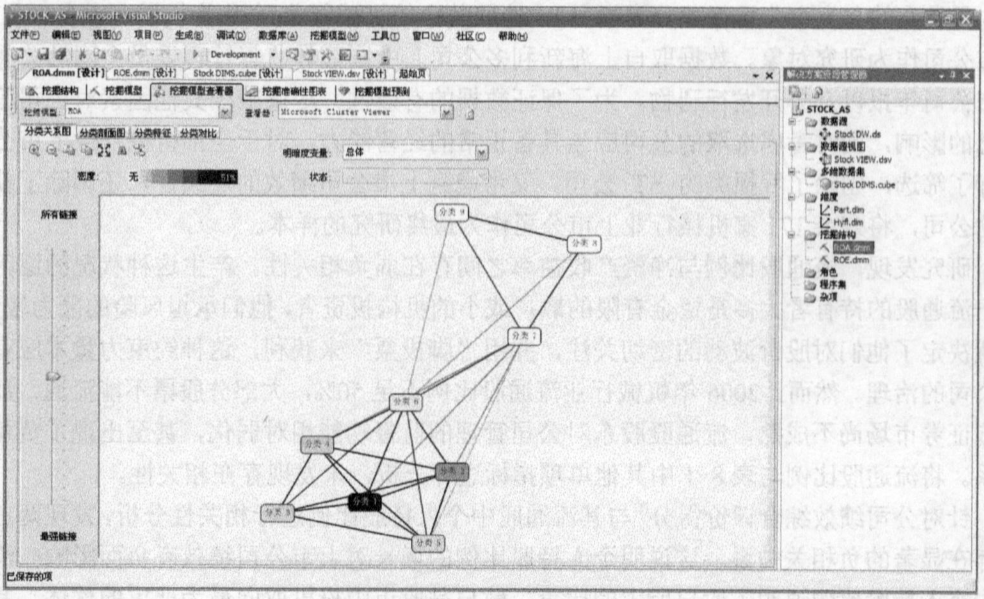

图 8.26　聚类分析结果

针对案例问题中的净资产收益率进行神经网络分析，结果如图 8.27 所示。由分析结果可知，不同的报告年度，净资产收益率倾向不同，其中 2002 年净资产收益率倾向于 0.95～4.637，这与实际情况基本吻合。

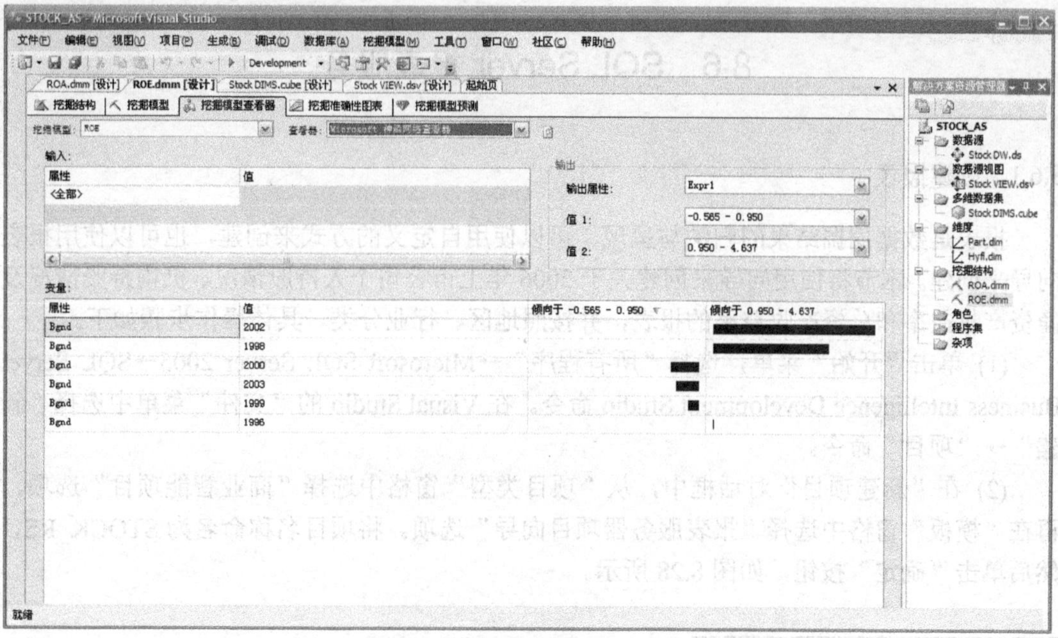

图 8.27　神经网络分析结果

进一步研究可以采用关联分析，对股权结构中的指标与公司绩效指标进行分析。在此，以我国沪市与深市证券交易所内A股上市公司2006年的数据为基础，按照中国证监会2001年4月发布的《上市公司行业分类指引》，选取其中的机械行业(全称为机械、设备、仪表)上市公司作为研究对象。数据取自上海新利多公司、中国证券监督管理委员会网站公布的上市公司年报以及公开发行刊物。为了保证数据的有效性，尽量减少其他因素对公司股价信息的影响，同时考虑选取的公司应当具备正常的经营能力，对于全部机械行业上市公司进行了筛选，剔除了亏损类的 ST 公司，又考虑到上市公司绩效的连续性，还剔除了新上市的公司，将剩余171家机械行业上市公司作为最终研究的样本。

研究发现，流通股比例与净资产收益率之间存在弱负相关性。产生这种状况的原因是由于流通股的持有者大多是资金有限的散户或小的机构投资者，他们承担风险的能力较差，这就决定了他们对股价波动的密切关注，并用“脚投票”来获利，这种约束力量本应有利于公司的治理。然而，2006年机械行业流通股比例不足50%，大部分股票不能流通，加之我国证券市场尚不成熟，流通股股东对公司管理的监督功能相对弱化，甚至出现了负相关关系。将流通股比例与表8-1中其他单项指标进行分析，未发现存在相关性。

针对公司绩效综合评价得分①与其流通股中个人持股比例进行相关性分析，发现两者之间存在显著的负相关关系。这说明个人持股比例的增长对上市公司绩效有负面影响。流通股中个人持股比例说明了散户所占的比重，散户是股市中投机取向最为严重的群体，其对于外部监控功能的贡献非常少。在我国上市公司中的流通股，特别是个人持股者的利益往往得不到保护。另外，我国机械行业流通股中个人所持股份只占总股本的2%左右，因此，其对公司绩效产生的积极作用严重被限制了，甚至朝相反的方向发展，与成熟的证券市场中流通股与公司绩效所应具有的关系背道而驰。

8.6 SQL Server 报表服务

8.6.1 创建报表

报表是数据挖掘结果的归纳与呈现，可以使用自定义的方式来创建，也可以使用报表向导来创建。本节将使用向导来创建关于2006年上市公司个人持股情况、机构持股情况及净资产收益率和总资产收益率的报表，并按照地区、行业分类。具体操作步骤如下。

(1) 单击“开始”菜单，选择“所有程序”→Microsoft SQL Server 2005→SQL Server Business Intelligence Development Studio 命令。在 Visual Studio 的“文件”菜单中选择“新建”→“项目”命令。

(2) 在“新建项目”对话框中，从“项目类型”窗格中选择“商业智能项目”选项，再在“模板”窗格中选择“报表服务器项目向导”选项。将项目名称命名为 STOCK_RS，然后单击“确定”按钮，如图 8.28 所示。

① “综合评价方法与得分”可以参考王子林等编著的中国上市公司业绩评价报告(2007)[R]. 北京：中国经济出版社，2007. 58～70。

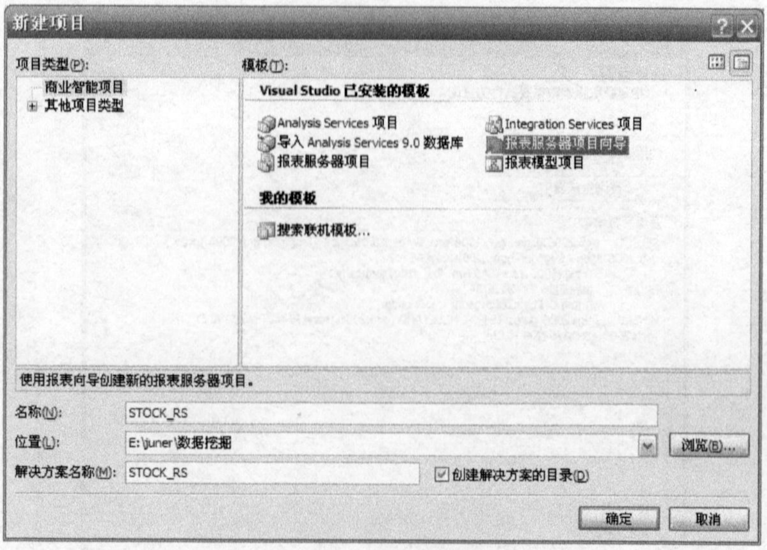

图 8.28　新建报表并命名

(3) 在“选择数据源”窗口中，为报表选择或创建所需数据的来源，输入数据源名称 STOCKDW，选择 Analysis Services 作为数据连接的类型，再单击“编辑”按钮，设置此数据源的连接属性，可以通过单击“测试连接”按钮确认此连接的正确性，然后单击“确定”按钮，如图 8.29 所示。

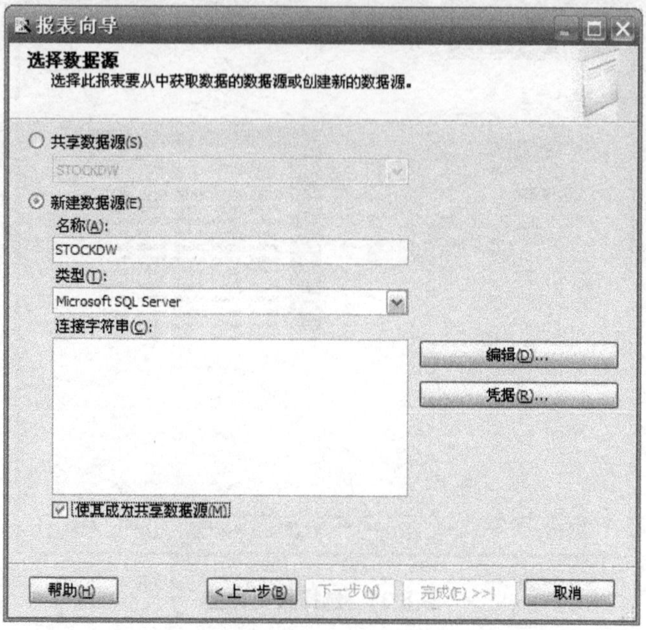

图 8.29　选择数据源

(4) 在“设计查询”窗口中单击“查询生成器”按钮，在“查询生成器”对话框中设计希望显示在报表中的数据内容，如图 8.30 所示。

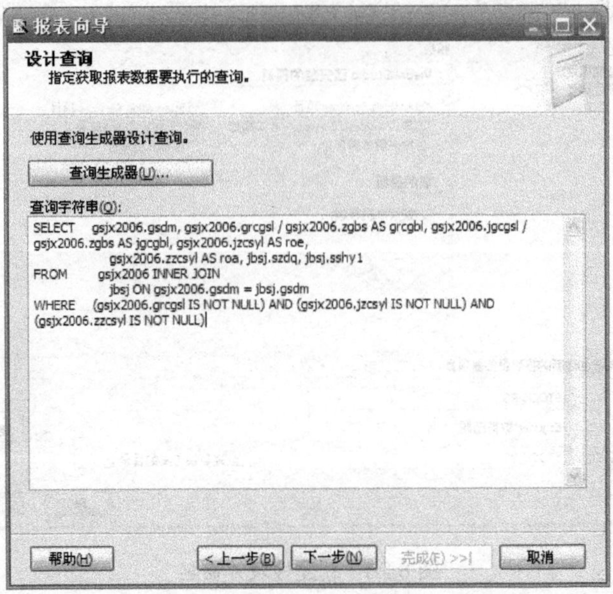

图 8.30　设计查询

(5) 设计好报表要显示的内容之后，选择报表类型，在此选择“表格格式”单选按钮作为报表类型，如图 8.31 所示。

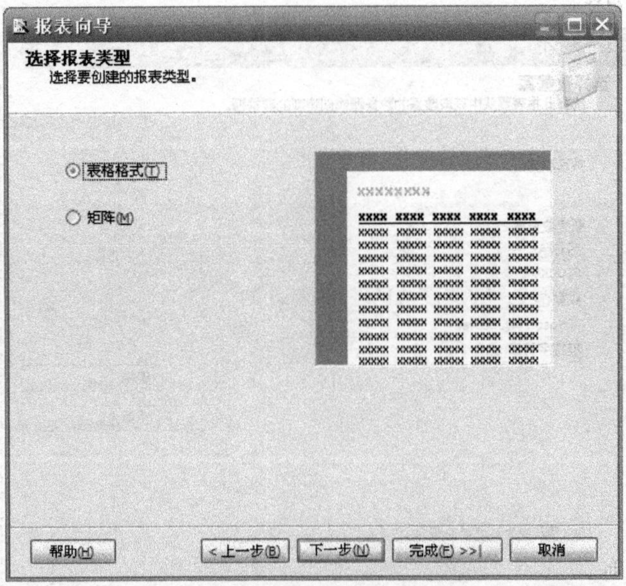

图 8.31　选择报表类型

(6) 设计表中数据的分组方式。针对本例，分组方式设计为先按照所在地区分页面，然后按照所属一级行业分组，每组中显示详细信息，如图 8.32 所示。

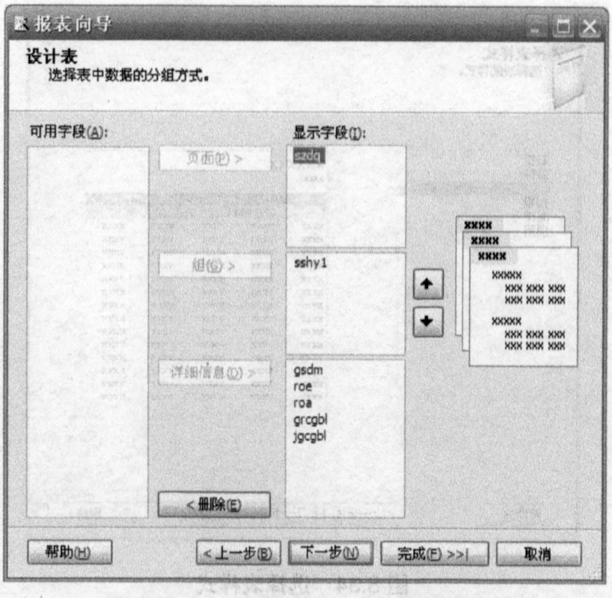

图 8.32　设计表中数据的分组方式

(7) 选择表的布局。在本例中选择了递阶型布局，如图 8.33 所示。如果希望报表列出分组小计以及明细信息，可以启用“包括小计”和“启用明细”复选框。

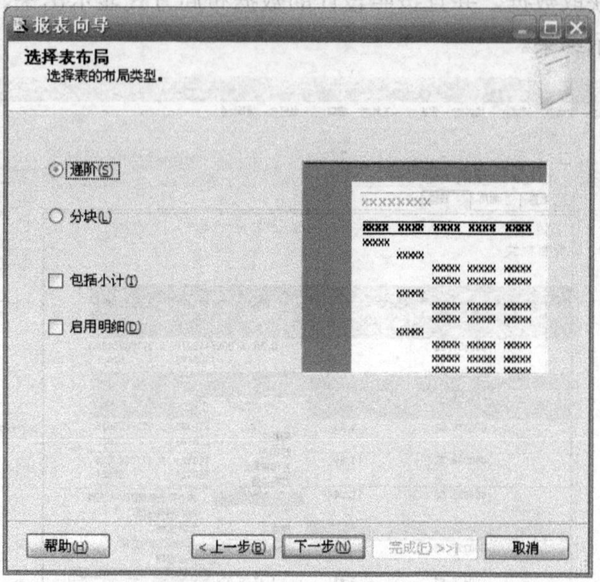

图 8.33　选择表布局

(8) 选择表的样式，可以根据列表框中显示的效果选择合适的样式。在本例中选择了“正式”选项，如图 8.34 所示，然后单击“完成”按钮，完成报表的创建。

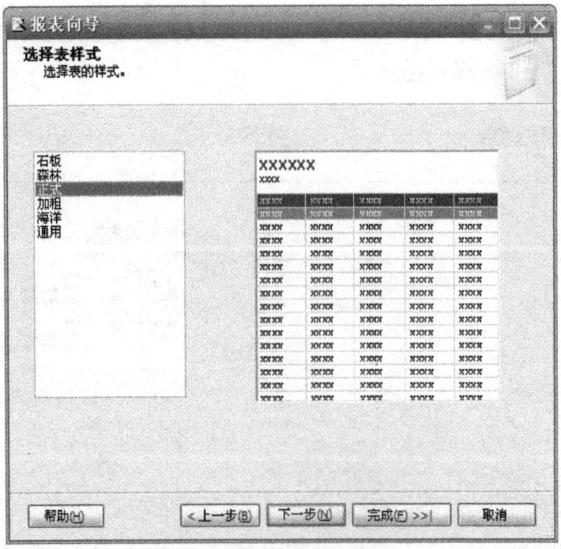

图 8.34 选择表样式

8.6.2 使用报表

报表创建好后，就可以打开报表。选择报表设计器上的“预览”选项卡，系统将从指定的报表数据源中获取数据，并且按照设计的数据布局方式显示出来，图 8.35 所示即为以上设计的报表的显示结果。

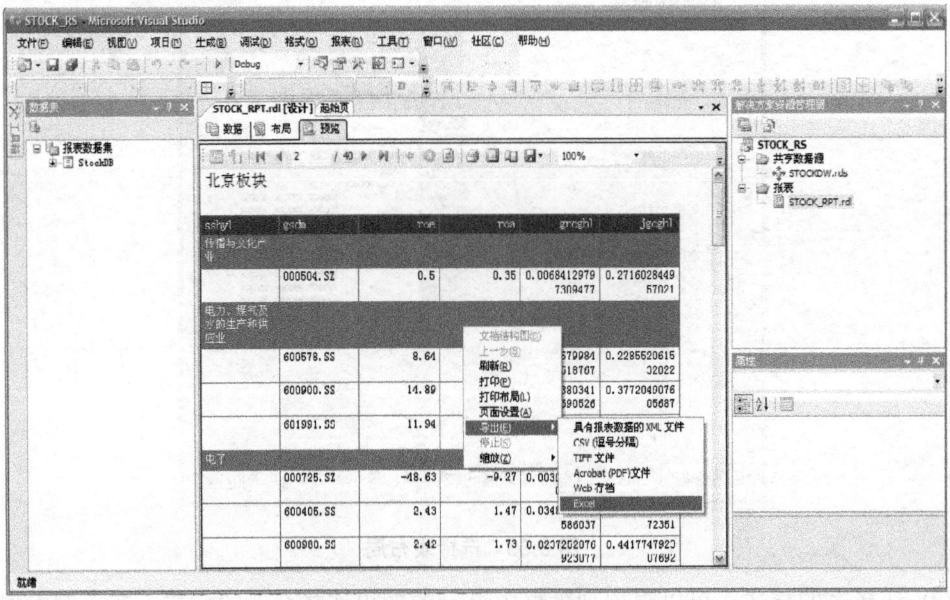

图 8.35 预览报表效果

此报表还可以导出为其他格式文件，以方便使用。单击“预览”选项卡下工具条上的“保存”按钮或在预览的内容中右击，系统允许将报表保存为 6 种格式的文件，这里选择

Excel 文件，在保存对话框中输入文件名和保存的位置，然后单击“确定”按钮即可。用 Excel 2003 打开保存的文件，可以看到如图 8.36 所示的报表效果。

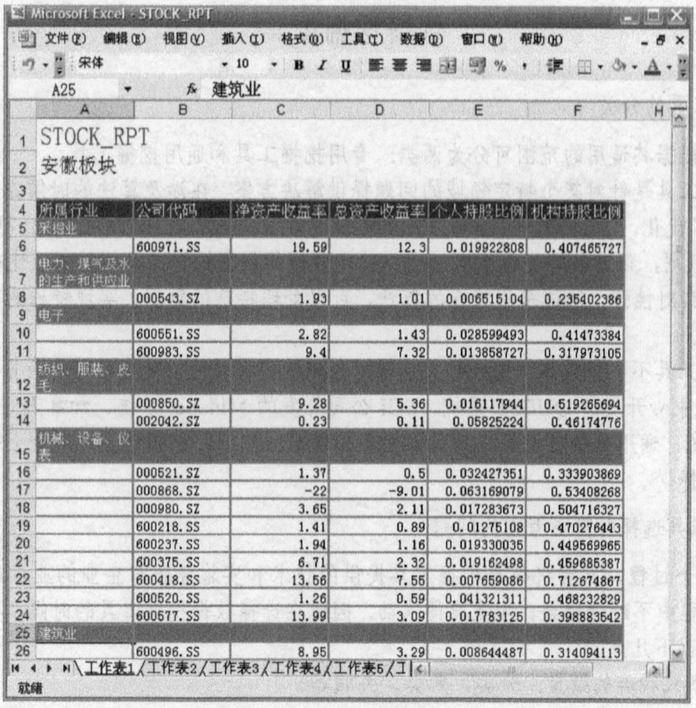

STOCK_RPT

安徽板块

所属行业	公司代码	净资产收益率	总资产收益率	个人持股比例	机构持股比例
采掘业					
	600971.SS	19.59	12.3	0.019922808	0.407465727
电力、煤气及水的生产和供应业					
	000543.SZ	1.93	1.01	0.006515104	0.235402386
电子					
	600551.SS	2.82	1.43	0.028599493	0.41473384
	600983.SS	9.4	7.32	0.013858727	0.317973105
纺织、服装、皮毛					
	000850.SZ	9.28	5.36	0.016117944	0.519265694
	002042.SZ	0.23	0.11	0.05825224	0.46174776
机械、设备、仪表					
	000521.SZ	1.37	0.5	0.032427351	0.333903869
	000868.SZ	-22	-9.01	0.063169079	0.53408268
	000980.SZ	3.65	2.11	0.017283673	0.504716327
	600218.SS	1.41	0.89	0.01275108	0.470276443
	600237.SS	1.94	1.16	0.019330035	0.449569965
	600375.SS	6.71	2.32	0.019162498	0.459685387
	600418.SS	13.56	7.55	0.007659086	0.712674867
	600520.SS	1.26	0.59	0.041321311	0.468232829
	600577.SS	13.99	3.09	0.017783125	0.398883542
建筑业					
	600496.SS	8.95	3.29	0.008644487	0.314094113

图 8.36　Excel 报表效果

本 章 小 结

在本章中，介绍了创建数据仓库和进行数据挖掘的工具 Microsoft SQL Server 2005，通过 SSIS 能从各种异构数据源中整合 BI 需要的业务数据；通过 SSAS 可以构建多维数据集，然后进行 OLAP 以及数据挖掘；通过 SSRS 可以对分析结果提供类型多样、美观且适合不同需求的图表和报表。本章的重点是阐述 SQL Server 数据仓库设计思路和方法，数据挖掘模型的选取策略是本章的难点所在。

关键术语

分析服务：SQL Server 2005 Analysis Services(SSAS)

集成服务：SQL Server 2005 Integration Services(SSIS)

报表服务：SQL Server 2005 Reporting Services (SSRS)

商业智能：Business Intelligence(BI)

包：Package

数据挖掘扩展：Data Mining eXtensions(DMX)

阅读材料

数据挖掘工具

1. 数据挖掘工具的分类

数据挖掘工具根据其适用的范围可分为两类：专用挖掘工具和通用挖掘工具。

专用数据挖掘工具是针对某个特定领域的问题提供解决方案，在涉及算法的时候充分考虑了数据、需求的特殊性，并做了优化。对任何领域，都可以开发特定的数据挖掘工具。例如，IBM 公司的 AdvancedScout 系统针对 NBA 的数据，帮助教练优化战术组合。特定领域的数据挖掘工具的针对性比较强，只能用于一种应用；也正因为针对性强，往往采用特殊的算法，可以处理特殊的数据，实现特殊的目的，发现的知识的可靠度也比较高。

通用数据挖掘工具不区分具体数据的含义，采用通用的挖掘算法，处理常见的数据类型。例如，IBM 公司 Almaden 研究中心开发的 QUEST 系统、SGI 公司开发的 MineSet 系统、加拿大 SimonFraser 大学开发的 DBMiner 系统。通用的数据挖掘工具可以做多种模式的挖掘，挖掘什么、用什么来挖掘都由用户根据自己的应用来选择。

2. 数据挖掘工具选择时需要考虑的问题

数据挖掘是一个过程，只有将数据挖掘工具提供的技术和实施经验与企业的业务逻辑和需求紧密结合，并在实施的过程中不断地磨合，才能取得成功。因此在选择数据挖掘工具的时候，要全面考虑多方面的因素，主要包括以下几点。

(1) 可产生的模式种类的数量：分类、聚类、关联等。

(2) 解决复杂问题的能力。

(3) 操作性能。

(4) 数据存取能力。

(5) 和其他产品的接口。

3. 数据挖掘工具介绍

1) QUEST

QUEST 是 IBM 公司 Almaden 研究中心开发的一个多任务数据挖掘系统，目的是为新一代决策支持系统的应用开发提供高效的数据开采基本构件。该系统具有如下特点。

(1) 提供了专门在大型数据库上进行各种开采的功能：关联规则发现、序列模式发现、时间序列聚类、决策树分类、递增式主动开采等。

(2) 各种开采算法具有近似线性计算的复杂度，可适用于任意大小的数据库。

(3) 算法具有找全性，即能将所有满足指定类型的模式全部寻找出来。

(4) 为各种发现功能设计了相应的并行算法。

2) MineSet

MineSet 是由 SGI 公司和美国 Standford 大学联合开发的多任务数据挖掘系统。MineSet 集成多种数据挖掘算法和可视化工具，帮助用户直观地、实时地发掘、理解大量数据背后的知识。MineSet 有如下特点。

(1) MineSet 以先进的可视化显示方法闻名于世。

(2) 支持多种关系数据库。可以直接从 Oracle、Informix、Sybase 的表中读取数据，也可以通过 SQL 命令执行查询操作。

(3) 多种数据转换功能。在进行挖掘前，MineSet 可以去除不必要的数据项，统计、集合、分组数据，转换数据类型，构造表达式，由已有数据项生成新的数据项，对数据进行采样等。

(4) 操作简单、支持国际字符、可以直接发布到 Web 上。

3) DBMiner

DBMiner是加拿大SimonFraser大学开发的一个多任务数据挖掘系统，它的前身是DBLearn。该系统设计的目的是把关系数据库和数据开采集成在一起，以面向属性的多级概念为基础发现各种知识。DBMiner系统具有如下特色。

(1) 能完成多种知识的发现：泛化规则、特性规则、关联规则、分类规则、演化知识、偏离知识等。

(2) 综合了多种数据开采技术：面向属性的归纳、统计分析、逐级深化发现多级规则、元规则引导发现等方法。

(3) 提出了一种交互式的类SQL语言——数据开采查询语言DMQL。

(4) 能与关系数据库平滑集成。

(5) 实现了基于客户/服务器体系结构的UNIX和PC(Windows NT)版本的系统。

4) Intelligent Miner

由美国IBM公司开发的数据挖掘软件Intelligent Miner是一种分别面向数据库和文本信息进行数据挖掘的软件系列,它包括Intelligent Miner for Data和Intelligent Miner for Text。Intelligent Miner for Data可以挖掘包含在数据库、数据仓库和数据中心中的隐含信息,帮助用户利用传统数据库或普通文件中的结构化数据进行数据挖掘。该系统已经成功应用于市场分析、诈骗行为检测及客户联系管理等。Intelligent Miner for Text允许企业从文本信息进行数据挖掘,文本数据源可以是文本文件、Web页面、电子邮件、Lotus Notes数据库等。

5) SAS Enterprise Miner

这是一种在我国企业中得到普遍应用的数据挖掘工具，比较典型的包括上海宝钢配矿系统应用和铁路部门在春运客运研究中的应用。SAS Enterprise Miner是一种通用的数据挖掘工具，按照“抽样→探索→转换→建模→评估”的方法进行数据挖掘，可以与SAS数据仓库和OLAP集成，实现从提出数据、抓住数据到得到解答的“端到端”知识发现。

6) SPSS Clementine

SPSS Clementine是一个开放式数据挖掘工具，曾两次获得英国政府SMART创新奖，它不但支持整个数据挖掘流程，从数据获取、转化、建模、评估到最终部署的全部过程，还支持数据挖掘的行业标准——CRISP-DM。Clementine的可视化数据挖掘使得“思路”分析成为可能，即集中精力在要解决的问题本身，而不是局限于完成一些技术性工作(比如编写代码)。该系统提供了多种图形化技术，有助于理解数据间的关键性联系，指导用户以最便捷的途径找到问题的最终解决办法。

7) 数据库厂商集成的挖掘工具

SQL Server 2000包含由Microsoft研究院开发的两种数据挖掘算法：Microsoft决策树和Microsoft聚集。此外，SQL Server 2000中的数据挖掘支持由第三方开发的算法。

Microsoft决策树算法：该算法基于分类。算法建立一棵决策树，用于按照事实数据表中的一些列来预测其他列的值。该算法可以用于判断最倾向于单击特定标题(Banner)或从某电子商务网站购买特定商品的个人。

Microsoft聚集算法：该算法将记录组合到可以表示类似的、可预测的特征的聚集中，通常这些特征可能是隐含或非直观的。例如，聚集算法可以用于将潜在汽车买主分组，并创建对应于每个汽车购买群体的营销活动。SQL Server 2005在数据挖掘方面提供了更为丰富的模型、工具以及扩展空间，包括可视化的数据挖掘工具与导航、8种数据挖掘算法集成、DMX、XML/A、第三方算法嵌入支持等。

Oracle Data Mining (ODM)是Oracle数据库企业版的一个选件，它使公司能够从最大的数据库中高效地提取信息并创建集成的商务智能应用程序。数据分析人员能够发现那些隐藏在数据中的模式和内涵。应用程序开发人员能够在整个机构范围内快速自动地提取和分发新的商务智能——预测、模式和发现。ODM针对以下数据挖掘问题为Oracle数据库提供支持：分类、预测、回归、聚类、关联、属性重要性、特性提取以及序列相似性搜索与分析(BLAST)。所有的建模、评分和元数据管理操作都是通过Oracle Data Mining

客户端以及PL/SQL或基于Java的API来访问的，并且完全在关系数据库内部进行。

IBM Intelligent Miner 通过其世界领先的独有技术，例如典型的数据集自动生成、关联发现、序列规律发现、概念性分类和可视化呈现，可以自动地实现数据选择、数据转换、数据挖掘和结果呈现这一整套数据挖掘操作。若有必要，对结果数据集还可以重复这一过程，直至得到满意的结果为止。现在，IBM的Intelligent Miner已形成系列，它帮助用户从企业数据资产中识别和提炼有价值的信息，它包括分析软件工具——IBM Intelligent Miner for Data和IBM Intelligent Miner for Text，帮助企业选取以前未知的、有效的、可行的业务知识——如客户购买行为，隐藏的关系和新的趋势，数据来源可以是大型数据库和企业内部或Internet 上的文本数据源。然后，公司可以应用这些信息进行更好、更准确的决策，以获得竞争优势。

思考与练习

1．运用SQL Server 2005设计数据仓库的思路是什么？

2．SQL Server集成服务(SSIS)的主要功能是什么？

3．SSIS中的控制流和数据流的含义是什么？这两者的关系如何？

4．SQL Server分析服务(SSAS)和SQL Server报表服务(SSRS)如何使用？

5．SQL Server 2005 提供的数据挖掘模型有哪些？

6．运用SQL Server 2005进行数据挖掘有哪些步骤？

7．参照国家统计局公布的有关数据，运用SQL Server提供的聚类算法，分析不同地区的物价状况。

8．根据SQL Server示例数据库，建立数据仓库，并运用SQL Server提供的关联算法，分析某些商品销售量的相关性。

9．调查学生助学贷款申请流程，模拟学生申请与贷款批复情况的相关数据，运用SQL Server提供的决策树算法，分析与申请条件对应的批复结果。

案例研究

中国移动通信广东公司的数据仓库应用系统

1．项目情况

中国移动通信集团广东有限公司是我国最早开通移动电话业务的省级公司，在全省的21个市有分公司。中国移动广东公司需要建立一套全新的统一网管应用平台来满足其业务发展的需要。为了追求较低的总体拥有成本(TCO)和满足企业级的业务要求，中国移动广东公司选择了Microsoft SQL Server 2005企业版(64位)。现在，项目在一期市公司已经全面部署了基于X64的Windows Server 2003企业版和Microsoft SQL Server 2005企业版。中国移动广东公司希望通过微软的技术架构，减少TCO，使伸缩性、灵活性和可靠性同时能够达到它的业务要求。

中国移动广东公司决定通过在市公司层面建立一套统一的网管应用平台，有效整合地市公司网管支撑应用系统，规范地市网管支撑应用的开发和维护。新的统一网管应用平台将在全省20多个地市分期部署，一期数据量将达到TB级。移动公司期望其统一网管应用平台的IT基础结构能够取得更低的总体拥有成本，并且在进行大规模部署时还可以保持企业级的性能、可靠性及伸缩性。

在评估了微软公司提供的资料之后，项目开发团队决定使用微软公司的开发工具 Visual Studio .Net

2005，因为开发人员看中了产品新增加的功能，其中包括最新设计的界面和组件。

2. 解决方案

经过前期的比较和测试，中国移动广东公司决定将其统一网管应用平台部署在 Windows Server 2003 和 SQL Server 2005 上。

在微软服务部门的帮助下，中国移动广东公司新的统一网管应用平台采用了统一平台、共享组件、松耦合应用等一系列设计思想，包括了如下组件。

1) 数据获取模块

基于 SQL Server 2005 的数据集成功能，将外部数据源中的数据进行抽取、清理、转换，并加载到当前数据库中。

2) 数据存储模块

基于 SQL Server 2005 的数据库功能，实现对数据的集中存储与管理。利用 Windows Server 2003 操作系统的群集功能，将 SQL 数据库群集配置为 Active(主)—Active(主)模型，从架构上消除单点故障。此外，通过支持分区功能，SQL Server 2005 可以将数据量大的数据表分成多个分区，从而带来了更好的数据存储扩展能力。

3) 前端访问模块

基于 SQL Server 20005 报表服务而实现。考虑到动态查询、固定报表、动态报表及高级分析等功能，需要跟随需求的变化而变化，而且会分布在不同的应用中。该模块将作为平台组件提供给各个应用。

4) 监控模块

基于 Microsoft Operation Manager 2005 产品的监控与管理组件，为运行在平台之上的各个业务系统提供统一监控的接口，将收集的告警信息在 MOM 监控服务器中统一展现，并支持将告警信息通过短信和邮件的方式发送给相应的系统管理员。MOM 通过提供全面的事件管理、超前的监视和警报、报告以及趋势分析，为统一应用平台带来了丰富的操作管理功能。

整个应用系统采用 B/S 结构和 Microsoft .NET 的技术体系，开发工具选择 VS .NET 2005。

3. 应用效果

中国移动广东公司希望在 SQL Server 2005 上的部署能够带来显著的利益，包括：更低的 TCO；64 位带来的可伸缩性、灵活性和易管理性、可靠性；快速开发及降低企业维护管理费用。

TCO 包括了所有通常的因素——硬件成本、维护费用、人力成本等。在 Windows Server 上运行 SQL Server 2005，带来了较低的总体拥有成本。

在全省 20 多个点部署统一网管平台，每个点的数据量及用户量不一致，而且以后数据量的增加需要灵活地扩展。SQL Server 2005 的可伸缩性意味着可以在未来对更多的业务提供支持。通过将 32 位服务平台升级至 64 位的 SQL Server 2005，消除了 32 位操作系统中 4GB 地址空间的限制，允许操作系统线性访问数百 GB 内存的地址。

在 Windows Server 2003 上运行的 SQL Server 2005 非常容易操作和管理。SQL Server 2005 包含 SQL Server Management Studio 工具，它提供了对数据库和分析服务以及报表服务一体化的管理，它还包含了一个数据库优化向导，可以提供时间相关 SQL 优化和 What-If 分析等功能。通过部署网络负载均衡及主—主数据库群集，在系统架构上可以实现无单点故障。

将 SQL Server 2005 和 Visual Studio 2005 进行整合，项目开发人员使用 .NET Framework 和 Visual C#，能够获得最佳的工作效率，且使系统的维护变得简单和高效。

中国移动通信集团广东有限公司网管中心项目负责人林恩华在谈到项目的效果时表示："网管统一应用平台采用 64 位的 SQL Server 2005，为网管部门提供了一种快速开发、快速部署和易于维护的面向本地应用的平台。并且通过应用 SQL 数据库的主—主群集双机功能，建立了统一的网管应用数据库，其管理的网管数据量达到 TB 级。"

附录A 一个简易的数据挖掘工具——Weka

Weka 的全称是 Waikato Environment for Knowledge Analysis，即怀卡托大学知识分析环境，同时，Weka 又是新西兰的一种特有鸟类，Weka 的主要开发者来自新西兰 Waikato(怀卡托)大学。

Weka 是一款优秀的、非商业化的、基于 Java 环境的开源免费软件，其源代码和应用程序都可以从官方网站 http://www.cs.waikato.ac.nz/ml/weka 下载。自 1993 年开发至今，Weka 已经成为全球从事数据挖掘和知识发现人员的首选工具之一。2005 年 8 月，在第 11 届 ACM SIGKDD 国际会议上，怀卡托大学的 Weka 小组荣获了数据挖掘和知识探索领域的最高服务奖，Weka 系统得到了广泛的认可，被誉为数据挖掘和机器学习历史上的里程碑，它是现今最完备的数据挖掘工具之一。Weka 的每月下载次数已超过万次。

Weka 作为一个公开的数据挖掘工作平台，集合了大量能承担数据挖掘任务的机器学习算法，包括对数据进行预处理、分类、回归、聚类、关联规则以及在新的交互式界面上的可视化。如果想自己实现数据挖掘算法的话，可以看一看 Weka 的接口文档。在 Weka 中集成自己的算法甚至借鉴它的方法，实现可视化工具并不是件很困难的事情。

A1 启动 Weka

启动 Weka，显示 Weka 图形用户界面，如图 A1 所示。Weka 的图形界面提供 4 个功能按钮。

(1) Simple CLI：提供一个简单的命令行的界面，以执行 Weka 命令。

(2) Explorer：对 Weka 数据进行处理的环境。

(3) Experimenter：Weka 试验环境，提供对不同挖掘方法进行对比分析和测试。

(4) KnowledgeFlow：一个支持"拖-拉"(Drag-and-Drop)操作的"增量学习"(Incremental Learning)环境。

图 A1 Weka 图形用户界面

Weka 是一个完整的数据挖掘软件包，包含了大量的挖掘算法。Weka 对其使用到的每一种算法都有简单的介绍，同时还对该算法中的各个参数变量设置进行了解释。本部分重点介绍 Weka 的使用，想掌握数据挖掘算法的读者，可参考前面的章节和其他书籍。

Weka 简单易学，即使只懂简单的算法原理或根本不懂原理的使用者，也可以快速方便地使用 Weka 进行数据分析。Explorer 是 Weka 的基本功能，也是最常用的功能。下面介绍 Weka Explorer 的使用，其他功能可以触类旁通，举一反三。

A2 Weka Explorer

单击 Weka 图形界面中的 Explorer 按钮，打开 Weka Explorer 窗口，如图 A2 所示。Weka Explorer 还提供了很多功能。首先熟悉它的界面，然后利用它对数据进行预处理。

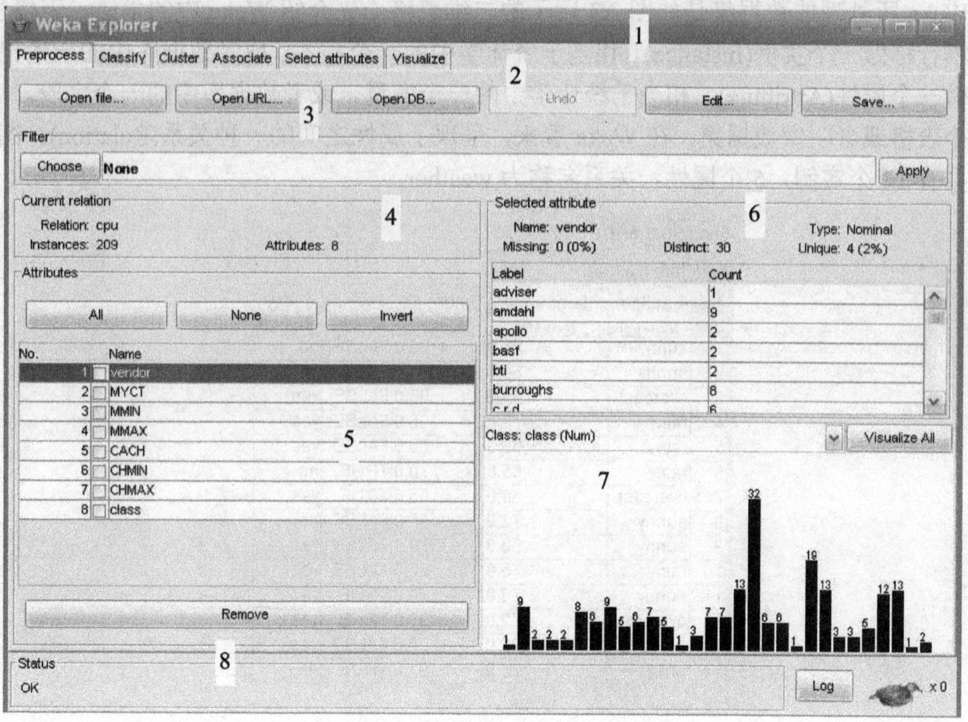

图 A2　Weka Explorer 窗口

图 A2 显示的是使用 3.5 版 Weka Explorer 打开 bank-data.csv 的情况。根据不同的功能把这个界面分成 8 个区域。

区域 1：功能面板选择区

该区的几个选项卡可以用来切换不同的挖掘任务面板，各选项卡的功能介绍如下。

(1) 预处理 Preprocess：选择和修改数据。

(2) 分类 Classify：训练和测试分类和回归算法。

(3) 聚类 Cluster：对数据进行聚类学习。

(4) 关联 Associate：对数据进行关联规则学习。

(5) 选择属性 Select attributes：从数据中选择最相关的属性。

(6) 可视化 Visualize：展示数据的二维相关散点图。

区域 2：数据源操作区

该区是一些常用按钮。包括打开数据、保存及编辑功能。例如，把 bank-data.csv 另存为 bank-data.arff。

区域 3：过滤器选择区

该区用于选择(Choose)某个过滤器(Filter)，实现筛选数据或者对数据进行某种变换。数据预处理就主要利用它来实现的。

区域 4：数据集基本信息区

Weka 所处理的数据集是如图 A3 所示的二维表格。先介绍 Weka 中的术语。表格里的一个横行称做一个实例(Instance)，相当于统计学中的一个样本，或者数据库中的一条记录。列称做一个属性(Attribute)，相当于统计学中的一个变量，或者数据库中的一个字段。这样的一个表格或者叫做数据集，在 Weka 看来，呈现了属性之间的一种关系(Relation)。图 A3 中一共有 14 个实例，5 个属性，关系名称为 weather。

weather.arff

Relation: weather

No.	1.outlook Nominal	2.temperature Numeric	3.humidity Numeric	4.windy Nominal	5.play Nominal
1	sunny	85.0	85.0	FALSE	no
2	sunny	80.0	90.0	TRUE	no
3	overcast	83.0	86.0	FALSE	yes
4	rainy	70.0	96.0	FALSE	yes
5	rainy	68.0	80.0	FALSE	yes
6	rainy	65.0	70.0	TRUE	no
7	overcast	64.0	65.0	TRUE	yes
8	sunny	72.0	95.0	FALSE	no
9	sunny	69.0	70.0	FALSE	yes
10	rainy	75.0	80.0	FALSE	yes
11	sunny	75.0	70.0	TRUE	yes
12	overcast	72.0	90.0	TRUE	yes
13	overcast	81.0	75.0	FALSE	yes
14	rainy	71.0	91.0	TRUE	no

图 A3 Weka 所处理的数据集表示形式

Weka 存储数据的格式是 ARFF(Attribute-Relation File Format)文件，这是一种 ASCII 文本文件。图 A3 所示的二维表格存储在如下的 ARFF 文件中，这也就是 Weka 自带的 weather.arff 文件，在 WEKA 安装目录的 data 子目录下可以找到。

图 A2 的区域 4 中，显示的是数据集 bank-data 的基本信息，现说明如下。

(1) Relation：bank-data 表示数据集(也称为关系，即二维表)的名字是 bank-data。

(2) Instances：600 表示数据集中有 600 条记录。

(3) Attributes：12 表示数据集有 12 列，即每个记录有 12 个字段。

区域 5：属性操作区

该区域中列出了数据集的所有属性。选择无用的属性，单击属性表下方的 Remove 按钮，就可以删除它们，删除后还可以利用区域 2 中的 Undo 按钮恢复。区域 5 上方的一排按钮是用来实现快速勾选的。

区域 6：属性摘要区

在区域 5 中选中某个属性，则区域 6 中显示关于这个属性的摘要。注意，对于数值属性和分类属性，摘要的方式是不一样的。图 A2 中显示的是对数值属性 income 的摘要。

区域 7：可视化区

区域 7 是区域 5 中选中属性的直方图。若数据集的最后一个属性(这是分类或回归任务的默认目标变量)是分类变量(这里的 pep 正好是)，直方图中的每个长方形就会按照该变量的比例分成不同颜色的段。要想换个分段的依据，在区域 7 上方的下拉列表中选择不同的分类属性就可以了。在下拉列表里选择 No Class 或者一个数值属性会变成黑白的直方图。

区域 8：状态栏

状态栏位于窗口的最下方，它显示了系统正在运行的信息。例如，当 Weka Explorer 正在装载一个数据文件的时候，状态栏就会显示相关的信息。

1) 小贴士

右击状态栏中任意位置，会弹出一个小窗口目录，共有两个选项。

(1) Memory information：显示并储存在日志栏中关于 Weka 可用的内存量。

(2) Run garbage collector：使后台运行的 Java 垃圾收集器搜寻已经不用的内存并释放，以便于把更多的内存用于新任务。

2) Weka 鸟图标

在状态栏右边是 Weka 鸟图标，如图 A4 所示。当系统空闲时，Weka 鸟就坐下打盹，鸟旁边的数字表示系统正在同时处理的任务个数，若系统空闲，则该数字为 0，该数字会随着系统处理任务的数量而发生变化。当一个任务开始执行时，Weka 鸟站起来走动。如果 Weka 鸟站起来但是很久不动，那么就是它生病了，也就是系统出了问题，这个时候应该重新启动 Weka Explorer。

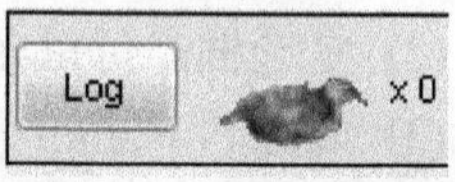

图 A4　Weka 鸟图标

3) 日志按钮(Log Button)

单击 Weka 鸟图标左边的 Log 按钮，会弹出一个独立的窗口，该窗口记录了 Weka Explorer 发生了什么。

A3　数据预处理(Preprocess)

在 Weka Explorer 窗口中，第一个选项卡 Preprocess 即是数据预处理。数据源可以来源于本地文件系统、URL 链接和关系数据库。Weka Explorer 窗口中的第二行的前 3 个按钮(见图 A5)就是数据源选择按钮。

图 A5　数据源选择按钮

1. 装载数据(Open file)

单击数据源选择按钮装载数据。

(1) 打开文件 Open file…：从本机文件系统中选择数据文件载入。

(2) 打开链接 Open URL…：打开 URL 链接。

(3) 打开数据库 Open DB…：从数据库中读取数据(注意，使用这个功能可能必须要在安装目录下的 Weka/experiment/DatabaseUtils.props 文件)。

单击 Open file 按钮时，可以选择多种格式的文件：Weka 的 ARFF 格式、CSV 格式、C4.5 格式或者连续实例格式(Serialized Instances Format)。ARFF 文件扩展名是.arff，CSV 文件扩展名是.csv，C4.5 文件是.data 和.names，连续实例格式是.bsi。

Weka 支持最好的格式是.arff 格式，这是一种 ASCII 文本文件。所幸，Weka 还提供了对 CSV(Comma Separated Value，逗号分值格式)文件的支持，而 CSV 文件是被很多软件所支持的，如 Excel 和 Matlab。值得注意的是，Excle 和 Matlab 存储的 CSV 文件有时默认行(即属性名)或首行不对，用 UltraEdit 打开手动进行修改。另外，Weka 支持通过 JDBC 访问的数据库。

一旦数据装载好之后，在数据集基本信息区会显示当前表格的有关信息，包括关系(表)名、表中的元组(记录)数和属性数。

2. 属性操作(Working With Attributes)

在属性操作区会显示所选择数据集的所有属性，属性栏有 3 个按钮可用。

(1) 序号 No.：属性名称的排列序号。

(2) 复选框：可以在这里选择和取消选择属性。

(3) 属性名 Name：属性的名称，由数据文件决定。

当选择任意一个属性的时候，右边的 Selected attribute 窗口会随之发生变化，这个窗口的作用是显示当前选中属性的具体状态，其内容如图 A6 所示。其中，各项信息的含义如下。

(1) 名称 Name：当前属性的名称。

(2) 类型 Type：当前属性的类型，常见的有类别型和数值型等。

(3) 空缺 Missing：当前属性中空缺值的数量和比例。

(4) 属性取值数量 Distinct：当前属性中不同属性值的数量。

(5) 唯一程度 Unique：唯一属性值的个数和比例。

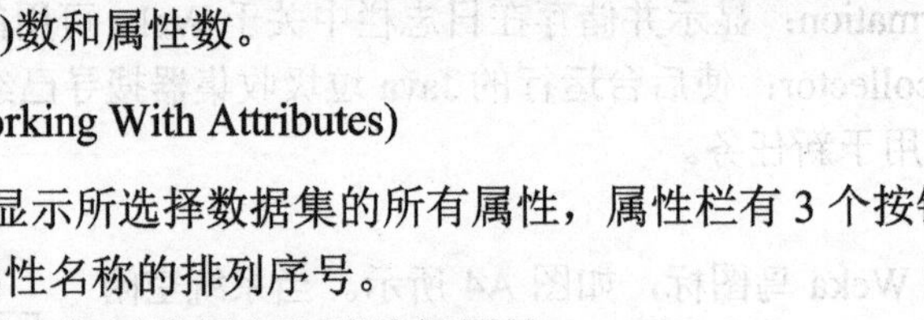

图 A6　所选属性的具体状态

在选定属性 Selected attribute 栏下面显示了更多的关于该属性的信息，显示内容主要取决于其类型。如果是类别型数据，就给出每个类别的数量，如果是数值型数据，则给出 4 个描述性统计指标：最小值、最大值、平均值和标准差。在下面还显示了一些直方图内容，直方图的颜色取决于其类别，单击 Visualize All 按钮，则可以查看全部属性的直方图。

回到属性操作区，这里有 3 个用于选择属性的按钮，如图 A7 所示，含义如下。

(1) 全选 All：选择全部属性。

(2) 全不选 None：取消对属性的选取。

(3) 反选 Invert：取消当前选择，选择当前未选择的属性。

图 A7　属性选择按钮

在选择了一个属性之后，可以使用属性列表下方的 Remove 按钮删除该属性，可以通过 Undo 按钮来撤销前一步的行为，还可以通过 Edit 按钮对属性进行编辑。

3. 使用过滤器(Filters)

预处理过程中最重要的一步就是进行多种方式的处理，过滤器是 Weka 提供的一种数据预处理工具。利用过滤器选择区的 Choose 按钮选择需要的过滤器，一旦选择完毕，则会显示该过滤器的名称和各个参数选项，右击该内容任意部分，就可以打开 GenericObject Editor 窗口。

1)“类对象编辑器”窗口

“类对象编辑器”窗口是配置过滤器的工具，如图 A8 所示。同样的对话形式还存在于其他板块功能(如分类和聚类等)中，在窗口中可以配置该过滤器提供的函数参数选项。例如，可能需要输入字符串，或者在有下拉列表的选项中进行选择，或者是一些参数的选择。针对每个可调选项，都有相关的信息告诉使用者其意义和选择方法。如果需要该选项中更多的信息，可以单击 More 按钮。

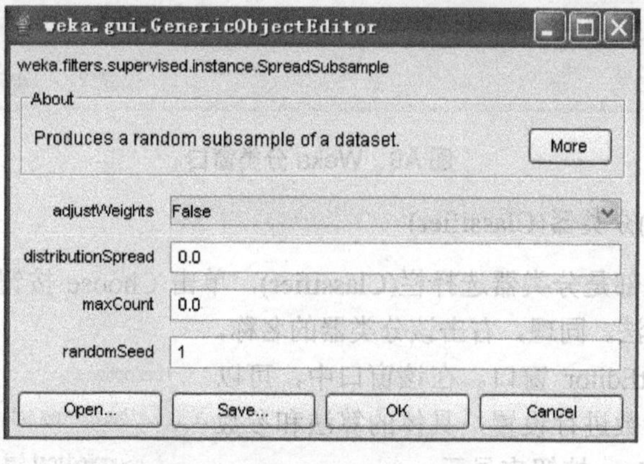

图 A8　“类对象编辑器”窗口

在该窗口的下部有 4 个按钮，Open 和 Save 按钮使得对象配置可以存储以供今后使用，Cancel 按钮用于取消，OK 按钮用于确定配置。

2) 应用过滤器

一旦对过滤器进行了配置之后，就可以使用 Apply 按钮进行运行。而系统开始转换数据，这个过程可以通过 Undo 按钮来取消，同时还可以使用位于过滤器上方的 Edit 按钮对数据进行编辑，使用 Save 按钮对修改后的数据和格式进行保存。

注意： 有些过滤器在不同的类属性配置下表现不一样，使用直方图上方的 Visualize All 按钮左边的选项对类进行选择。特别地，supervised filters 过滤器要求选择一个类属性，而 unsupervised filters 过滤器则会忽视选择的类属性。

A4 分类(Classify)

A4.1 基本操作

启动 Weka，单击 Open file 按钮，载入数据文件 weather.arff，Classify 选项卡，打开分类窗口，如图 A9 所示。

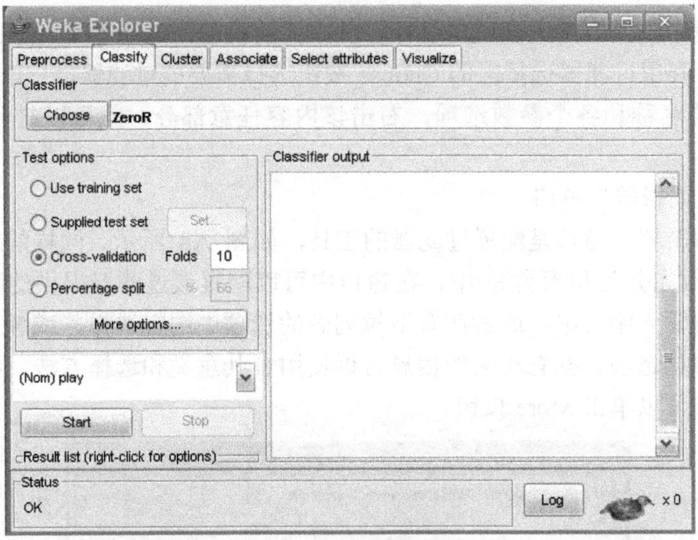

图 A9 Weka 分类窗口

1. 选择(Choose)分类器(Classifier)

在分类窗口的上部是分类器选择栏(Classifier)，单击 Choose 按钮，可以选择 Weka 所提供的分类函数和算法。同理，右击该分类器的名称，会打开 GenericObjectEditor 窗口。在该窗口中，可以对各个分类算法的参数进行设置，具体的算法和参数描述可以通过单击 More 按钮来显示。

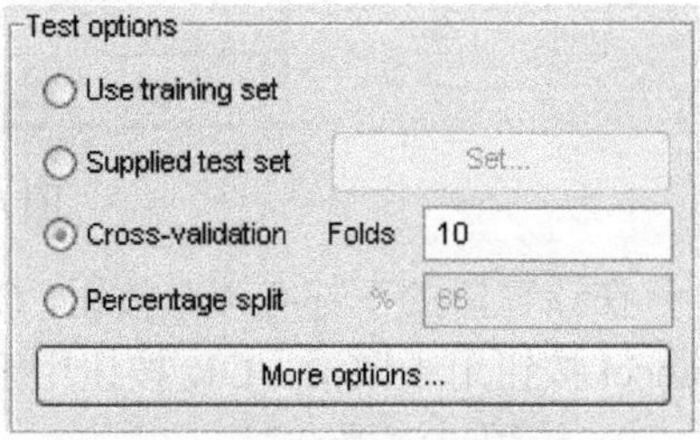

图 A10 Test options 栏

2. 执行选项栏(Test Options)

在用选择的分类器对数据进行分类之前，还要进行选项的必要设置。在分类窗口的左边有一个 Test options 栏，如图 A10 所示。在该栏中，提供了 4 种执行方法。

(1) 使用训练集Use training set：分类器将用来测试对训练集的分类准确率。

(2) 提供的测试集Supplied test set：分类器用来预测装载的数据的分类，使用Set按钮来选择需要测试的文件。

(3) 交互确认Cross-validation：分类器根据给定的Folds值来计算。

(4) 百分比分裂Percentage split：分类器将对对象数据集中的特定百分比的数据进行分类测试，百分比数字由使用者设定。

注意：无论选择何种执行方法，分类器都会对所用的训练集数据进行分类训练。单击More options按钮，可以获得更多的关于测试的选择，包括如下的一些选择项。

(1) 输出模型Output model：输出在训练集使用的分类器模型，默认选择。

(2) 输出每类信息Output per-class stats：输出分类的每一类结果的相关信息，默认选择。

(3) 输出熵估计Output entropy evaluation measures：输出熵估计测量，非默认选择。

(4) 输出混乱矩阵Output confusion matrix：输出分类器预测的混乱矩阵，默认选择。

(5) 存储预测结果以供可视化Store predictions for visualization：记录分类结构，默认选择。

(6) 输出预测结果 Output predictions：输出测试数据的预测结果。注意，当选择Cross-validation单选按钮时，数据中的元组数和地址并不一致。

(7) 成本敏感估计Cost-sensitive evaluation：误差通过成本矩阵来估计。Set按钮允许进行相关设定。

(8) 随机种子数Random seed for xval/%Split：给出随机的种子数。

3. 类属性

Weka分类器针对一个目标属性进行训练，判断分类，所以必须在表格中的众多属性中选择一个作为判断依据，默认的选择是最后一个属性。如果想选择其他属性作为目标属性，在下方的下拉列表中进行选择。

在Weka分类器中，有些分类器只能处理类别型数据，而有些只能处理数值型数据(回归的问题)，其他则可以处理这两种数据类型。

4. 训练一个分类器(Training a Classifier)

一旦上述选项都配置好之后，就可以单击Start按钮运行程序了，然后Weka鸟就开始站起来走动，可以随时停止这个过程，单击Stop按钮即可。

训练结束之后，在Classifier output区域中就展示出了分类的结构。同时，在Result list栏中多了一栏运算结果。

5. 分类器输出文档(The Classifier Output Text)

分类输出文档给出了分类的结果，当然也可以通过拉大窗口的方法来获取更大的浏览区域，输出结果包括以下几个部分。

(1) 运行信息Run information：一些列运行信息、表格名、元组、属性和测试模型等。

(2) 分类器模型Classifier model(full training set)：分类器的文字描述。

(3) 选择测试集的结果。

(4) 总结 Summary：关于分类器进行分类准确性的一系列统计数据。

(5) 类的准确细节 Detailed Accuracy By Class：更详细的分类结果数据。

(6) 混乱矩阵 Confusion Matrix：展示每一个元组的分类情况，行表示分类数量，列表示分类类别。

6. 结果清单(The Result List)

分类运行结束之后，在结果清单栏中会出现新的运算记录结果，单击可以浏览历史运算记录，右击则会打开新的选择窗口。

(1) 在主窗口中观看 View in main window：和单击功能一样。

(2) 在独立窗口中观看 View in separate window：打开一个新窗口观看运算结果。

(3) 保存运算结果 Save result buffer：建立一个单独文件来储存运算结果。

(4) 装载模型 Load model：装载一个事先训练好的模型对象。

(5) 储存模型 Save model：储存当前使用的模型对象。

(6) 重新训练模型 Re-evaluate model on current test set：在 Supplied test set 的执行选择下选择新的数据集用于分类测试。

(7) 可视化分类误差 Visualize classifier errors：打开一个可视化窗口来观看分类结果，正确的分类元组用十字叉表示，错误的分类元组用矩形表示。

(8) 可视化树或图形 Visualize tree or Visualize graph：对于某些特定算法(如决策树和贝叶斯网络)，可以观看其图形化表示。在新打开的图形窗口中，可以右击空白处，以调整图形的大小和位置。

(9) 可视化余差曲线 Visualize margin curve：产生一个散点图以描述分类的预测余差。余差被定义为实际类预测概率和最大其他类预测概率的差值。

(10) 可视化阈值曲线 Visualize threshold curve：产生一个散点图来描述预测中类之间各个阈值的权衡情况。

(11) 可视化成本曲线 Visualize cost curve：产生一个散点图来描述期望成本。

在不同的任务下，如果上述某些选择不可用，则显示为灰色。

A4.2 分类操作示例

首先进入 Weka 预处理界面，单击 Open file 按钮，打开 Weka 系统自带的一个文件，目录是安装目录 Weka-3-4 下的 data 文件夹，打开 weather.symbolic.arff 文件，这是一个分类的训练集，有 5 个属性和 14 个元组，如图 A11 所示。

在预处理窗口中，单击 Edit 按钮，可以观看源数据。

表中一共有 5 个属性，分别是 outlook、temperature、humidity、windy 和 play，注意到这 5 个属性都是类别型数据，即 Nominal，其中，play 是目标属性。分类的目的就是从这个表中挖掘出决定 play 是 yes 还是 no 的分类规则。

选择 classify 选项卡，在分类器中选择 Choose/trees/J48 结点，如图 A12 所示。J48 是基于 Quinlan 提出的 C4.5 算法编制的，在 Weka 中进行分类还可以得到可视化的决策树分类结果图。

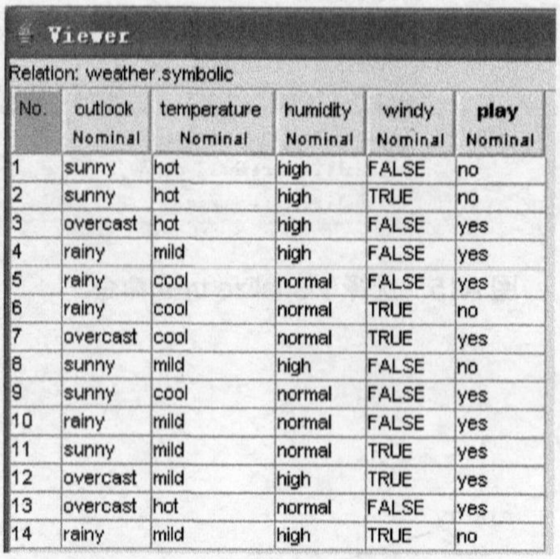

Viewer

Relation: weather.symbolic

No.	outlook Nominal	temperature Nominal	humidity Nominal	windy Nominal	play Nominal
1	sunny	hot	high	FALSE	no
2	sunny	hot	high	TRUE	no
3	overcast	hot	high	FALSE	yes
4	rainy	mild	high	FALSE	yes
5	rainy	cool	normal	FALSE	yes
6	rainy	cool	normal	TRUE	no
7	overcast	cool	normal	TRUE	yes
8	sunny	mild	high	FALSE	no
9	sunny	cool	normal	FALSE	yes
10	rainy	mild	normal	FALSE	yes
11	sunny	mild	normal	TRUE	yes
12	overcast	mild	high	TRUE	yes
13	overcast	hot	normal	FALSE	yes
14	rainy	mild	high	TRUE	no

图 A11 weather.symbolic.arff 文件

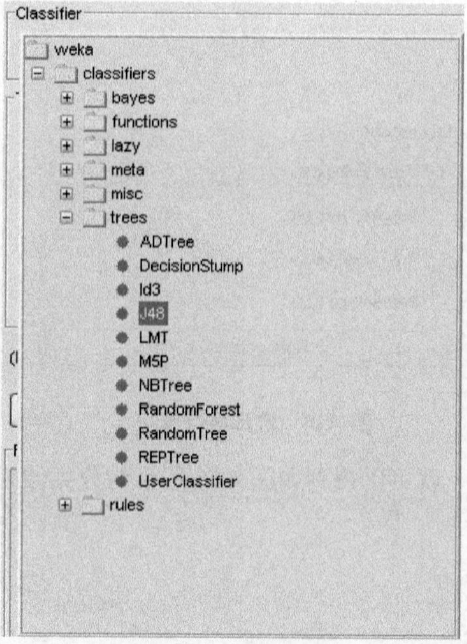

图 A12 选择分类器

右击 J48 算法框中任意部分，可以打开如图 A13 所示的窗口，这里有对该算法的简单介绍和相关参数设置的解释。

选择默认值，然后在 Test options 栏中选择 use training set 单选按钮，如图 A14 所示，其他默认。然后单击 Start 按钮。

运算结果会在右框中显示，这里对结果清单中刚才运算的记录右击，选择 Visualize tree 命令，如图 A15 所示。

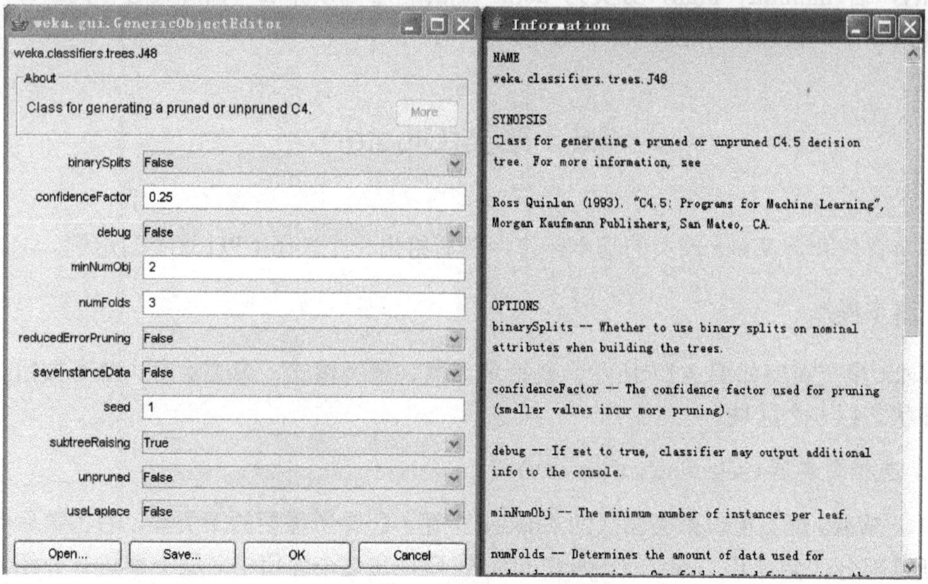

图 A13 J48 分类器的相关信息

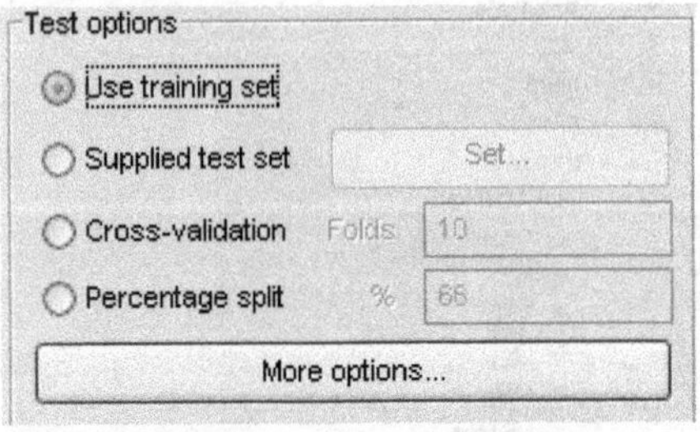

图 A14　选择执行选项

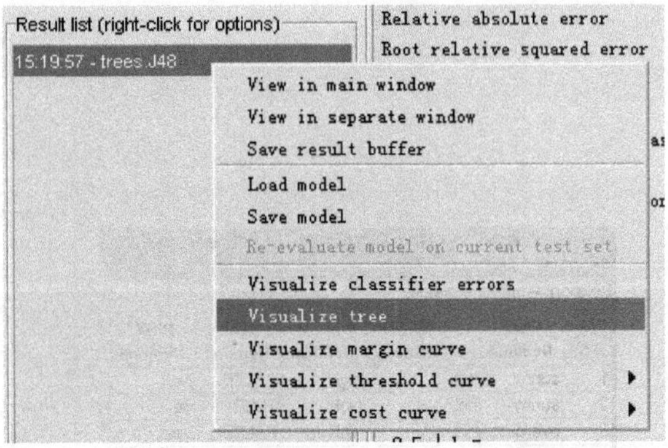

图 A15　选择 Visualize tree 命令

就可以得到如图 A16 所示的分类结果。

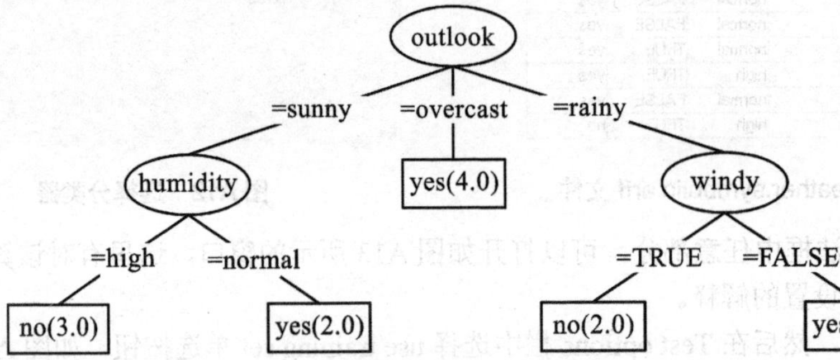

图 A16　分类结果

可见，play 与否的第一关键要素是 outlook，若 outlook 是 sunny 的时候，再判断 humidity，若 humidity=high，分类为 no(3，0)的意思是该算法对训练集进行判断，判对 3 个，判错 0 个，其余内容也做类似的解释。

A5　聚类(Cluster)

本节首先介绍 Weka 聚类的基本操作，然后给出一个关于 CPU 聚类的示例。

A5.1　基本操作

Weka 聚类窗口如图 A17 所示，包括聚类器、聚类模式、聚类输出、命令按钮、结果列表和状态栏 6 个区域。

1. 选择聚类器(Selecting a Clusterer)

单击 Weka 聚类窗口聚类器区的 Choose 按钮，选择所需要的聚类器，右击该聚类器名称栏任意部分，会打开 GenericObjectEditor 窗口，在这个窗口中对聚类器进行介绍，并且可以修改其算法参数。

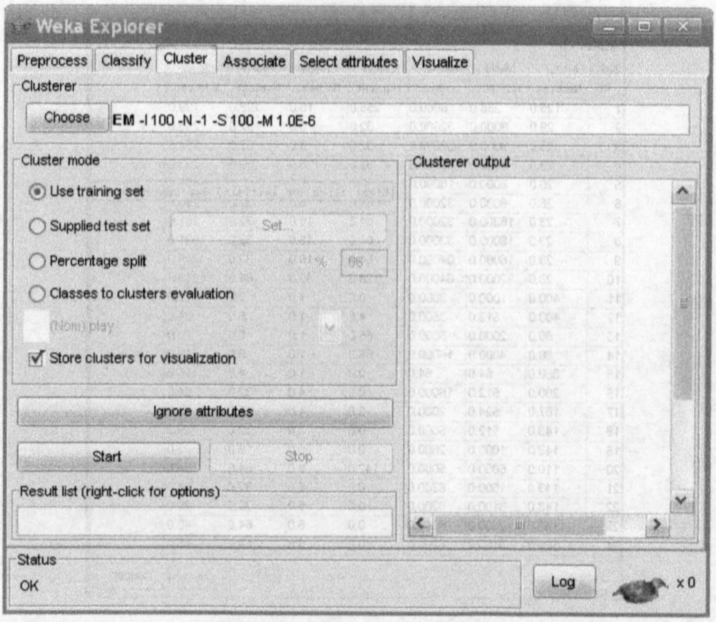

图 A17 Weka 聚类窗口

2. 聚类模式(Cluster mode)

聚类模式栏的训练模式选择与 A4 节介绍的分类中的相关操作类似，Use training set、Supplied test set、Percentage split，其功能也类似。第四个选项，Classes to clusters evaluation 可以比较聚成的类和原分类之间的差别。

还有一个和分类不一样的选项，就是 Store clusters for visualization 复选框，这个选项一般是默认的，但是如果聚类数据是大型的数据集的话，为了节省内存空间，还是应该取消该复选框。

3. 忽视属性(Ignore attributes)

在通常情况下，数据中的某些属性在聚类时是需要忽视的，Ignore attributes 按钮可以打开一个小窗口，在这个窗口中选择需要忽视的属性，按住 Ctrl 键可以多选，而按住 Shift 键则可选择连续的多个选项。当下次再被调用的时候，系统会忽视已选的属性。

4. 聚类学习(Learning Clusters)

聚类窗口中的 Start 和 Stop 命令按钮用来启动和停止聚类学习。右击结果清单，会弹出和分类类似的子选项，除了只有两个可视化选项 Visualize cluster assignments 和 Visualize tree 可选外，其余的为灰色。当选项为灰色时，该选项当前不可用。

A5.2 聚类操作示例

同分类示例一样，首先进入 Weka 预处理界面，单击 Open file 按钮，打开 Weka 安装目录 Weka-3-4 下 data 文件夹中的文件 cpu.arff。这是一个分类的训练集，里面有 7 个数值型(Numeric)属性和 209 个元组，如图 A18 所示。这个文件中的信息是关于各种 CPU 的多种信息。下面，根据这些属性信息对这些 CPU 进行聚类。

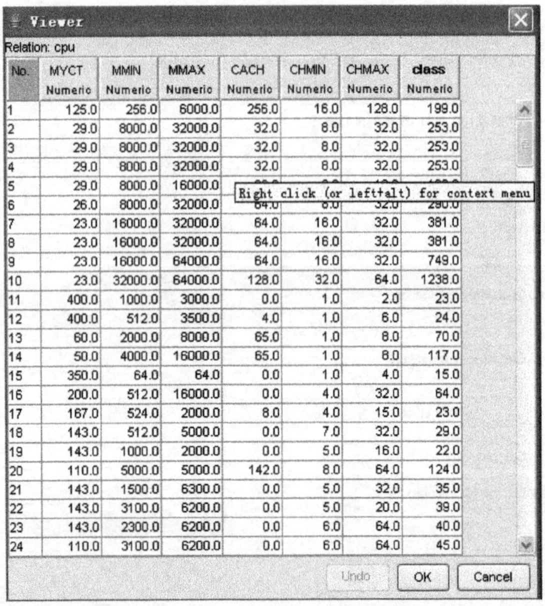

No.	MYCT Numeric	MMIN Numeric	MMAX Numeric	CACH Numeric	CHMIN Numeric	CHMAX Numeric	class Numeric
1	125.0	256.0	6000.0	256.0	16.0	128.0	199.0
2	29.0	8000.0	32000.0	32.0	8.0	32.0	253.0
3	29.0	8000.0	32000.0	32.0	8.0	32.0	253.0
4	29.0	8000.0	32000.0	32.0	8.0	32.0	253.0
5	29.0	8000.0	16000.0	[illegible]	[illegible]	[illegible]	[illegible]
6	26.0	8000.0	32000.0	64.0	8.0	32.0	290.0
7	23.0	16000.0	32000.0	64.0	16.0	32.0	381.0
8	23.0	16000.0	32000.0	64.0	16.0	32.0	381.0
9	23.0	16000.0	64000.0	64.0	16.0	32.0	749.0
10	23.0	32000.0	64000.0	128.0	32.0	64.0	1238.0
11	400.0	1000.0	3000.0	0.0	1.0	2.0	23.0
12	400.0	512.0	3500.0	4.0	1.0	6.0	24.0
13	60.0	2000.0	8000.0	65.0	1.0	8.0	70.0
14	50.0	4000.0	16000.0	65.0	1.0	8.0	117.0
15	350.0	64.0	64.0	0.0	1.0	4.0	15.0
16	200.0	512.0	16000.0	0.0	4.0	32.0	64.0
17	167.0	524.0	2000.0	8.0	4.0	15.0	23.0
18	143.0	512.0	5000.0	0.0	7.0	32.0	29.0
19	143.0	1000.0	2000.0	0.0	5.0	16.0	22.0
20	110.0	5000.0	5000.0	142.0	8.0	64.0	124.0
21	143.0	1500.0	6300.0	0.0	5.0	32.0	35.0
22	143.0	3100.0	6200.0	0.0	5.0	20.0	39.0
23	143.0	2300.0	6200.0	0.0	6.0	64.0	40.0
24	110.0	3100.0	6200.0	0.0	6.0	64.0	45.0

图 A18　cpu.arff 文件内容

选择 Cluster 选项卡，进入 Cluster 功能板块，在选择聚类器选项中选择 K_means 聚类方法，如图 A19 所示。

在聚类时，经常要去掉原表格中的某些属性信息。在本例中，去掉 MMIN、MMAX 和 class 这 3 个属性列，按住 Ctrl 键可以进行多选，如图 A20 所示。具体要去掉哪些属性，取决于挖掘者的挖掘设计和具体的数据情况。注意，为了达到更好的挖掘效果，有些时候需要对数据进行无量纲化处理。

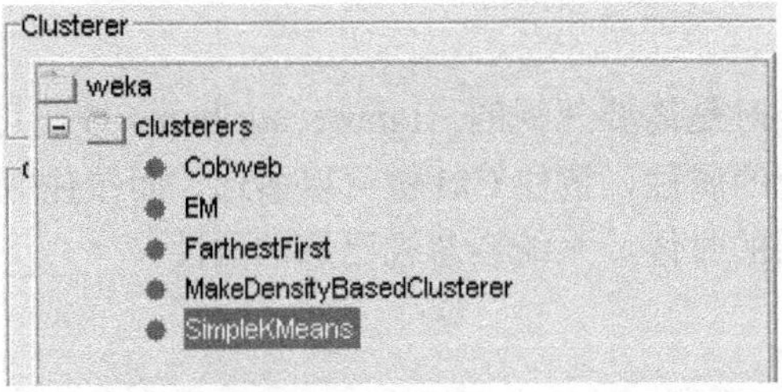

图 A19　在选择聚类器选项中选择 K_means 聚类方法

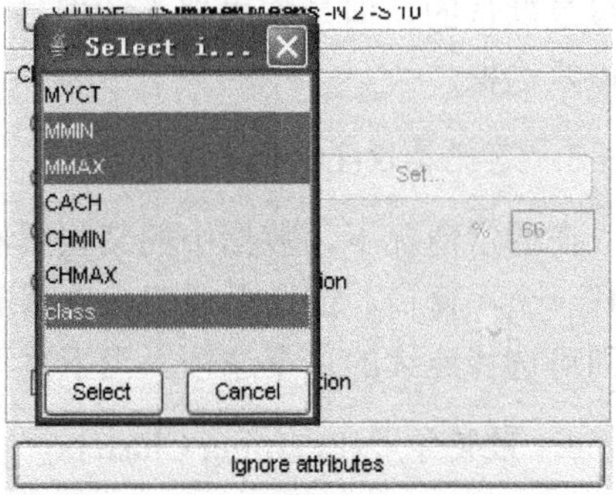

图 A20　选择要去掉的属性

在 Cluster mode 栏中选择 Use training set 单选按钮，如图 A21 所示。

根据不同的聚类要求，对聚类器进行相关设置。右击聚类器名称栏的任意位置，系统会打开“类对象编辑器”窗口，如图 A22 所示。这里，以 Simple K Means 算法的参数设置为例，有两个参数，分别是 numClusters 和 seed，前者定义了聚成类的数量，系统默认是 2，也就是把当前数据聚成两个类；后者定义了初始状态的随机种子数，系统默认是 10。

默认这两个选择，然后单击 Start 按钮，启动聚类分析。运行结果很快显示在右方的结果显示栏中，如图 A23 所示。

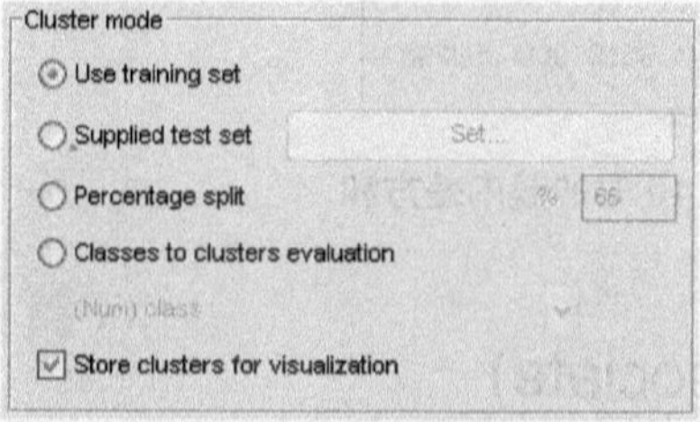

图 A21　选择聚类模式

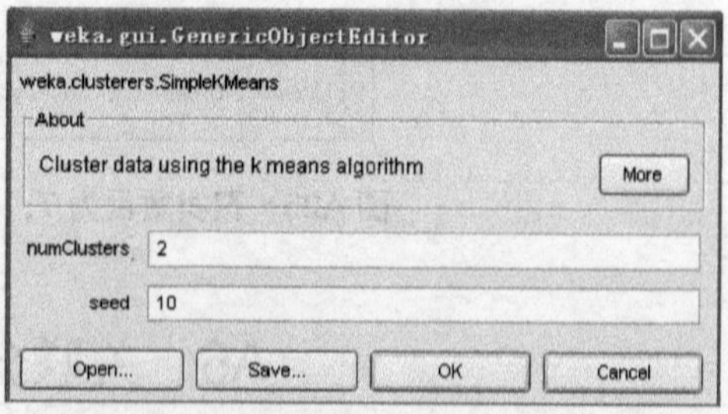

图 A22　“类对象编辑器”窗口

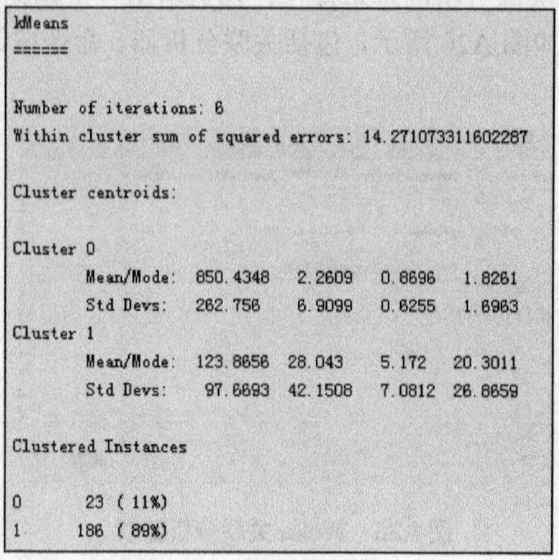

图 A23　聚类结果显示

由图 A23 可知，系统进行了 6 次迭代，分成了两个类：Cluster 0 和 Cluster 1，还给出了每个类的中心点和标准差，第一个类有 23 个点(元组)，第二个类有 186 个点(元组)。

这里有一个比较重要的指标：Within cluster sum of squared errors，即簇内差方和，这个指标衡量了聚类的效果，指标越大，说明聚成的簇内部点分布比较离散，指标越小，说明聚成的簇内部点分布比较集中。一般来说，这个指标会随着所指定的聚类数目的增加而增加，如在聚类器中设置聚类数目为 7，随机种子为 10，如图 A24 所示，则经过 18 次迭代之后，聚类结果为 7 个类，簇内差方和约为 4.52(图 A25)，远小于聚成两个类时的 14.27。具体聚成多少个类应当由操作者根据实际情况来确定。

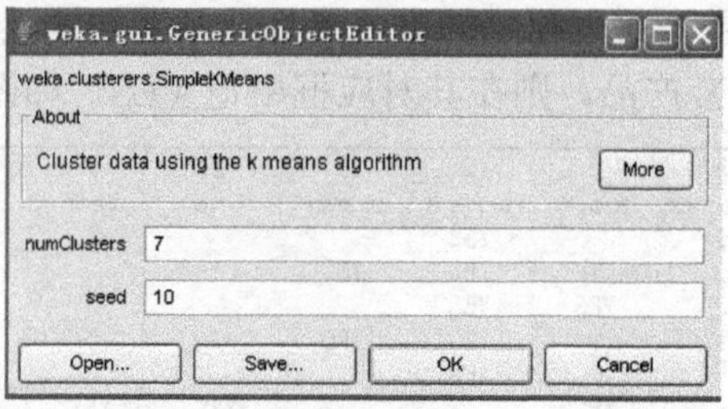

图 A24　在聚类器中设置聚类数目为 7，随机种子为 10

```
Number of iterations: 18
Within cluster sum of squared errors: 4.521679600088298
```

图 A25　聚类数目为 7，随机种子为 10 时的簇内差方和

A6　关联分析(Associate)

本节首先介绍 Weka 关联分析的基本操作，然后给出一个购物篮关联分析的示例。

Weka 关联分析窗口如图 A26 所示，包括关联分析器、命令按钮、结果列表和状态栏 4 个功能区。

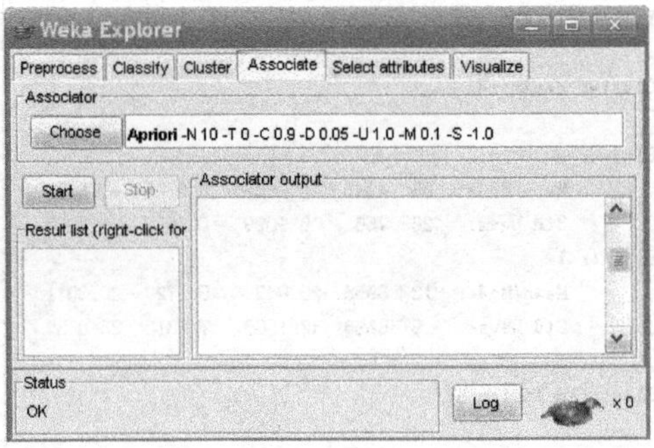

图 A26　Weka 关联分析窗口

1. *初始设置*(Setting Up)

关联分析中对运算规则的设置与分类，与聚类分析中的相关操作类似。

2. *关联关系学习*(Learning Associations)

一旦算法设置完成，就可以开始运行了，对运行结果右击，可进入子选择栏。

3. *关联分析操作示例*

由于 Weka 系统附带的文件中没有很简单易行的关联关系挖掘数据文件，因此，首先通过手工方式来建立一个简单的数据案例，这个过程也可以使读者更加深刻地理解如何把现有的数据转换为 Weka 所支持的格式进行挖掘。

首先，在 Excel 中模拟出一个经典的“购物篮分析”问题。假设该商店共有 6 种产品，然后有 6 位顾客的消费记录，采取矩阵的方式来描述顾客的购买单，这里忽略顾客的购买数量，如果 A 顾客购买了 X 产品，则在其对应框中记 YES，如图 A27 所示。

	A	B	C	D	E	F	G
1	customer	apple	banana	orange	pear	beer	bread
2	1		YES				YES
3	2		YES	YES			
4	3	YES	YES				YES
5	4		YES	YES			
6	5		YES				YES
7	6	YES			YES	YES	

图 A27　在 Excel 中编辑源数据

然后，选择 Excel 中的另存为命令，在保存类型下拉列表中选择"CSV(逗号分隔)"格式进行存储，如图 A28 所示。

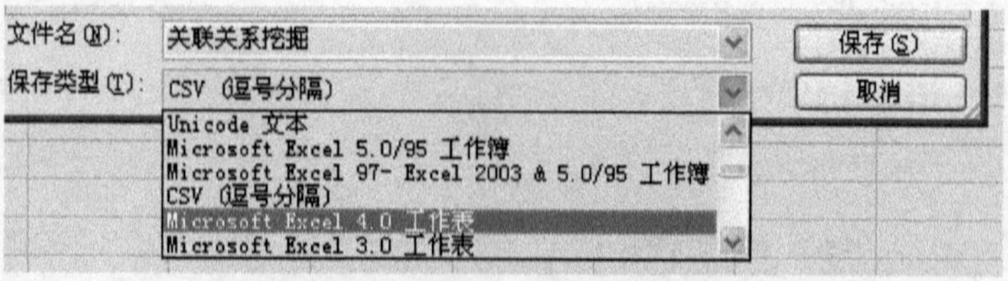

图 A28　以 CSV 格式存储数据

接下来用 Weka 打开刚才存储的 CSV 文件，单击预处理界面中的 Edit 按钮，可以看到刚才在 Excel 中创建的文件。注意，在这里有一个小问题需要处理，原来在 Excel 中空白的地方在转换为 CSV 文件后变成了"？"，这对挖掘有影响。为方便起见，手工将"？"改为空白。

由于关联关系挖掘不能处理数值型数据，且购物清单的 ID 号对挖掘也没有意义，所以，选择该属性并单击 Remove 按钮去掉，这个操作并不会影响源数据文件。

然后选择 Associate 选项卡，进入关联关系功能板块，在挖掘器中选择系统默认的 Apriori 算法，然后进入参数设置窗口，如图 A29 所示。Apriori 算法中的参数较多，在此将默认参数修改成图 A29 所示的情况并保存。然后单击 Start 按钮。

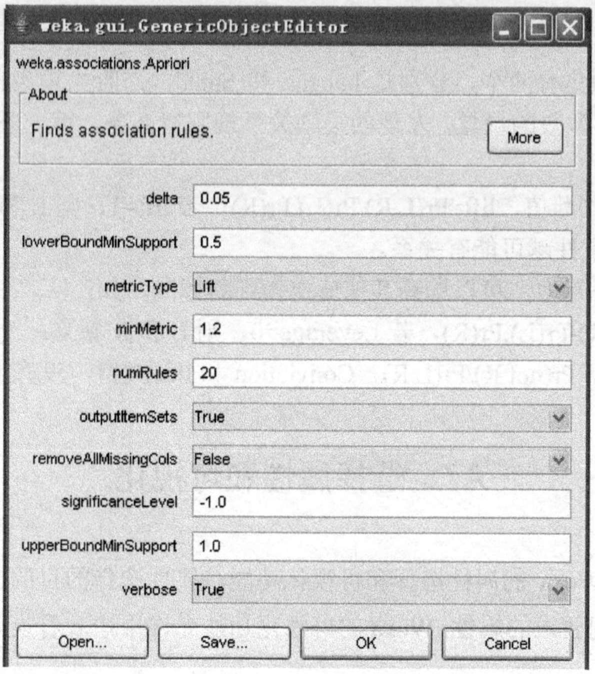

图 A29　Apriori 算法的参数设置

分析结果如图 A30 所示。

```
Apriori
=======

Minimum support: 0.5 (3 instances)
Minimum metric <lift>: 1.2
Number of cycles performed: 10

Generated sets of large itemsets:

Size of set of large itemsets L(1): 2

Large Itemsets L(1):
banana=YES 5
bread=YES 3

Size of set of large itemsets L(2): 1

Large Itemsets L(2):
banana=YES bread=YES 3

Best rules found:

 1. bread=YES 3 ==> banana=YES 3    conf:(1) < lift:(1.2)> lev:(0.08) [0] conv:(0.5)
 2. banana=YES 5 ==> bread=YES 3    conf:(0.6) < lift:(1.2)> lev:(0.08) [0] conv:(0.83)
```

图 A30 关联分析结果

可见，一阶大项集有两个，分别是 banana 和 bread，二阶大项集也是两个，没有三阶大项集。而根据上述参数的设置，发现的关联关系规则有两条，第一条置信度为 100%，第二条置信度为 60%。

lift 是所选择的判断值，lift=Pr(L,R)/Pr(L).Pr(R)，若 lift=1，则 L 和 R 相互独立，lift 值越高，说明 L 和 R 事件越可能有关系。

同样，在参数设置中，可以选择其他值作为判断标准，如：

Leverage=Pr(L,R)-Pr(L).Pr(R)，若 Leverage=0，则 L 和 R 独立；

Conviction=Pr(L).Pr(not R)/Pr(L.R)，Conviction 和 life 类似，没有上限。

A7 选择属性和可视化

本节简单介绍 Weka 的属性选择和可视化功能。属性选择的目的在于从大量的数据集中选择出最符合挖掘要求的属性。Weka 的可视化功能允许用户观看当前表格数据的二维散点图。

A7.1 选择属性(Select attributes)

图 A31 是 Weka 的属性选择窗口。该窗口包括属性评估、搜索方法、属性选择模式、命令按钮、结果列表、属性选择输出和状态栏 7 个功能区。

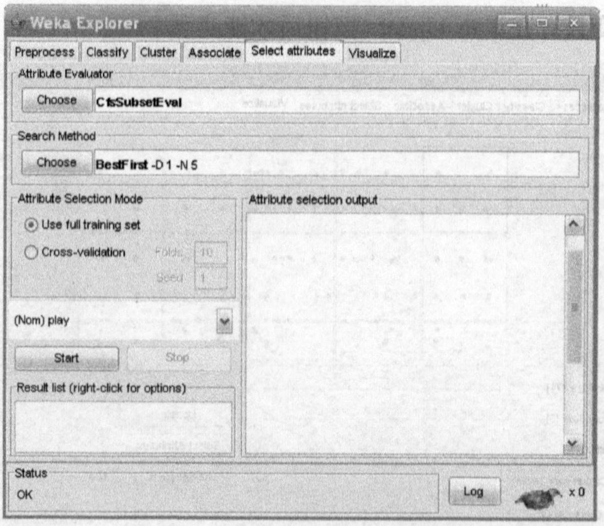

图 A31 Weka 的属性选择窗口

1. 属性评估和搜索

为了从大量的数据集中选择出最符合挖掘要求的属性，首先有两个步骤需要完成，第一是选择属性评估器，第二是选择搜索方法。前者定义使用何种方法来评估子属性集，后者定义使用何种搜索方法进行搜索。

2. 选项(Options)

有两个执行选项可以选择。

(1) 使用全部训练集 Use full training set：使用全部训练集中的数据来选择和评价属性。

(2) 交互确认 Cross-validation：使用交互确认的方法来选择和评价属性。在 Fold 和 Seed 框中选择使用 Fold 的个数和随机种子数。

和分类界面一样，这里有一个下拉列表可以选择类的属性。

3. 执行(Performing Selection)

单击 Start 按钮开始运行，运行结果会出现在右边的结果栏中。右击结果清单也会出现子选择，和其他不同的子选择项有 Visualize reduced data 选项，如果使用一个一个属性作为主成分，可以选择 Visualize transformed data 命令。

A7.2 可视化(Visualize)

Weka 的可视化功能允许用户观看当前表格数据的二维散点图。图 A32 是 Weka 的可视化窗口。

1. 散点图矩阵(The scatter plot matrix)

进入可视化界面之后，可以看到所有属性的散点图矩阵，散点的颜色是由当前选择的类来决定的。用户可以设置散点图的样式，可以改变每个单独的二维散点图的大小，以及图内点的大小，还可以随机颤抖(Jitter)数据，改变属性的颜色，选择只含某几个属性的子集。注意，这些改变只有在单击 Update 按钮后才能实现。

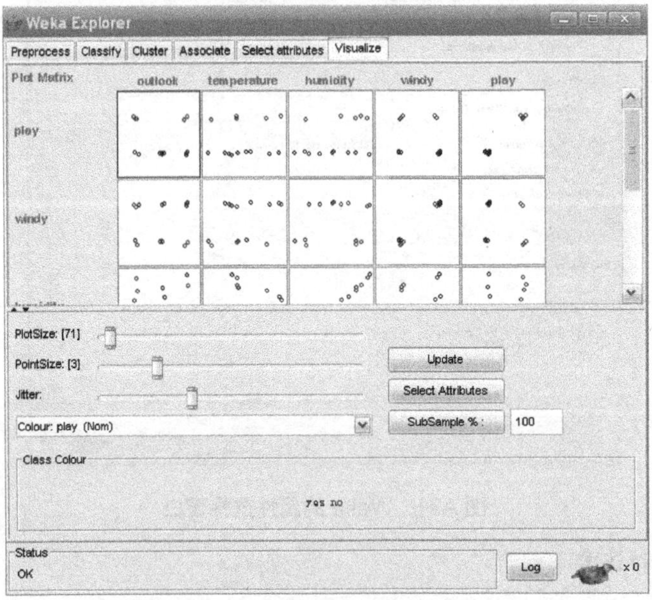

图 A32　Weka 的可视化窗口

2. 选择一个单独的二维散点图 (Selectin an individual 2D scatter plot)

当单击散点图矩阵中的一个子图之后，系统会显示这个子图(同样的结果在其他功能板块也是类似的)，如图 A33 所示。

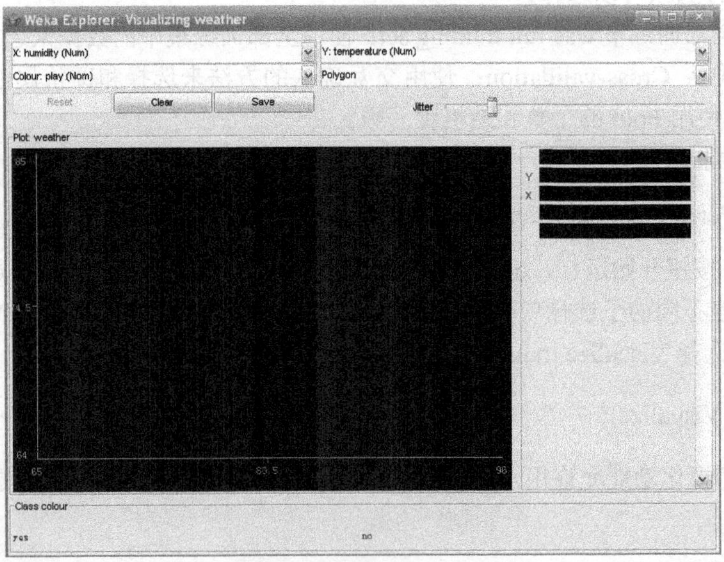

图 A33　二维散点图示例

数据散点分布在一个二维坐标中，在顶部有两个下拉列表选项，可以在这里设置横轴和纵轴的属性，左边的选择是定义横轴(X 轴)，右边的选择是定义纵轴(Y 轴)。

在 X 轴选项下方的下拉列表中可以是选择颜色方案，这里可以对每一个属性定义颜色。

在这个选项下面就是图形。如果数据是离散的，则还可以单击每一个离散点来获取信息并进行修改。

在图形区右边有一系列的水平带，每一个带代表了一个属性，带中的点表示该属性中数据的分布情况，这些值垂直地随机分布，以帮助用户看到点的集中性。可以单击每一个带，单击表示将 *X* 轴定义为该属性，而右击表示将 *Y* 轴定义为该属性，*X* 和 *Y* 显示在带的左边，若 *X* 和 *Y* 重合，则显示为 B。

在属性带上方是 Jitter，其功能是为每一个点进行随机移位。拖动右边的滑块，可以增加颤动的幅度，这对于发现集中点非常有用。如果没有颤动器，在同一个点上的 100 万个元组看起来会没有任何区别，以至于好像只有一个单独的元组一样。

3. 选择元组(Selecting Instances)

当对少数属性集进行处理的时候，这里有一些选择元组的工具，可以更好地展示结果。在 *Y* 轴选项下的下拉列表中有 4 个选项。

(1) 选择元组(Select Instance)：从图形中可以单击一个单独点，弹出关于该点的信息，如果多个点在同一个位置，那么单击后将打开多个窗口。

(2) 矩形(Rectangle)：可以在图形中画一个矩形。

(3) 多边形(Polygon)：可以在图形中画一个多边形，单击开始，单击结束。

(4) 多线条(Polyline)：可以在图形中画一个多线条，和多边形类似。

一旦画出了一个矩形，或多边形，或多线条，则可以通过 Submit 按钮来清除该区域之外的所有点，单击 Clear 按钮可以擦去已画图形。

一旦任何点被从图形中清除，则 Submit 按钮会变成 Reset 按钮，这个按钮可以重置之前的所有操作，当然，单击 Reset 按钮可以保存一个新的 ARFF 文件。

参 考 文 献

[1] [美]W.H. Inmon．数据仓库[M]．王志海，等译．北京：机械工业出版社，2000．

[2] [美]Imhoff C.．数据仓库设计[M]．于戈，等译．北京：机械工业出版社，2004．

[3] [美]Marakas G. M.．数据仓库、挖掘和可视化：核心概念[M]．敖富江，译．北京：清华大学出版社，2004．

[4] [加]Jiawei Han，Micheline Kamber．数据挖掘概念与技术[M]．范明，孟小峰，译．北京：机械工业出版社，2007．

[5] [美]ZhaoHui Tang，Jamie MacLennan．数据挖掘原理与应用——SQL Server 2005 数据库[M]．邝祝芳，焦贤龙，高升，译．北京：清华大学出版社，2007．

[6] [美]特里(Turley，P.)．SQL Server 2005 深入开发系列——SQL Server 2005 报表服务高级编程[M]．谢文亮，译．北京：清华大学出版社，2007．

[7] [美]奈特(Knight，B.)．SQL Server 2005 深入开发系列——SQL Server 2005 集成服务高级编程[M]．杨战伟，译．北京：清华大学出版社，2007．

[8] 朱德利．SQL Server 2005 数据挖掘与商业智能完全解决方案[M]．北京：电子工业出版社，2007．

[9] 刘智勇．SQL Server 2005 宝典[M]．北京：电子工业出版社，2007．

[10] 安淑芝．数据仓库与数据挖掘[M]．北京：清华大学出版社，2005．

[11] 陈文伟，黄金才，赵新昱．数据挖掘技术[M]．北京：北京工业大学出版社，2002．

[12] 王丽珍．数据仓库与数据挖掘原理及应用[M]．北京：科学出版社，2005．

[13] 曾孝文．关联规则数据挖掘方法的研究[J]．计算机与现代化，2006(9)．

[14] 刘莺迎．决策树分类算法的分析和比较[J]．科技情报开发与经济，2008(2)．

[15] 张载鸿．决策树学习算法 ID3 的研究[J]．微机发展，2002(12)．

[16] [美]贝里，利诺夫．数据挖掘——客户关系管理的科学与艺术[M]．袁卫，等译．北京：中国财政经济出版社，2004．

[17] 傅子恒．股权分置改革全接触[M]．北京：经济管理出版社，2006．

[18] 王子林．中国上市公司业绩评价报告(2007)[R]．北京：中国经济出版社，2007(6)．

[19] http://www.cs.waikato.ac.nz/ml/weka.

[20] http://database.ctocio.com.cn/datawarehouse/tt-database-dbck/.

[21] http://www.dmresearch.net/.